JN298129

ネイチャーセンター
―― あなたのまちの自然を守り楽しむために

ブレント・エヴァンズ／キャロリン・チップマン-エヴァンズ＝著

山本幹彦＝監訳　田畑世良＝訳

The Nature Center Book :
How to Create and Nurture a Nature Center
in Your Community

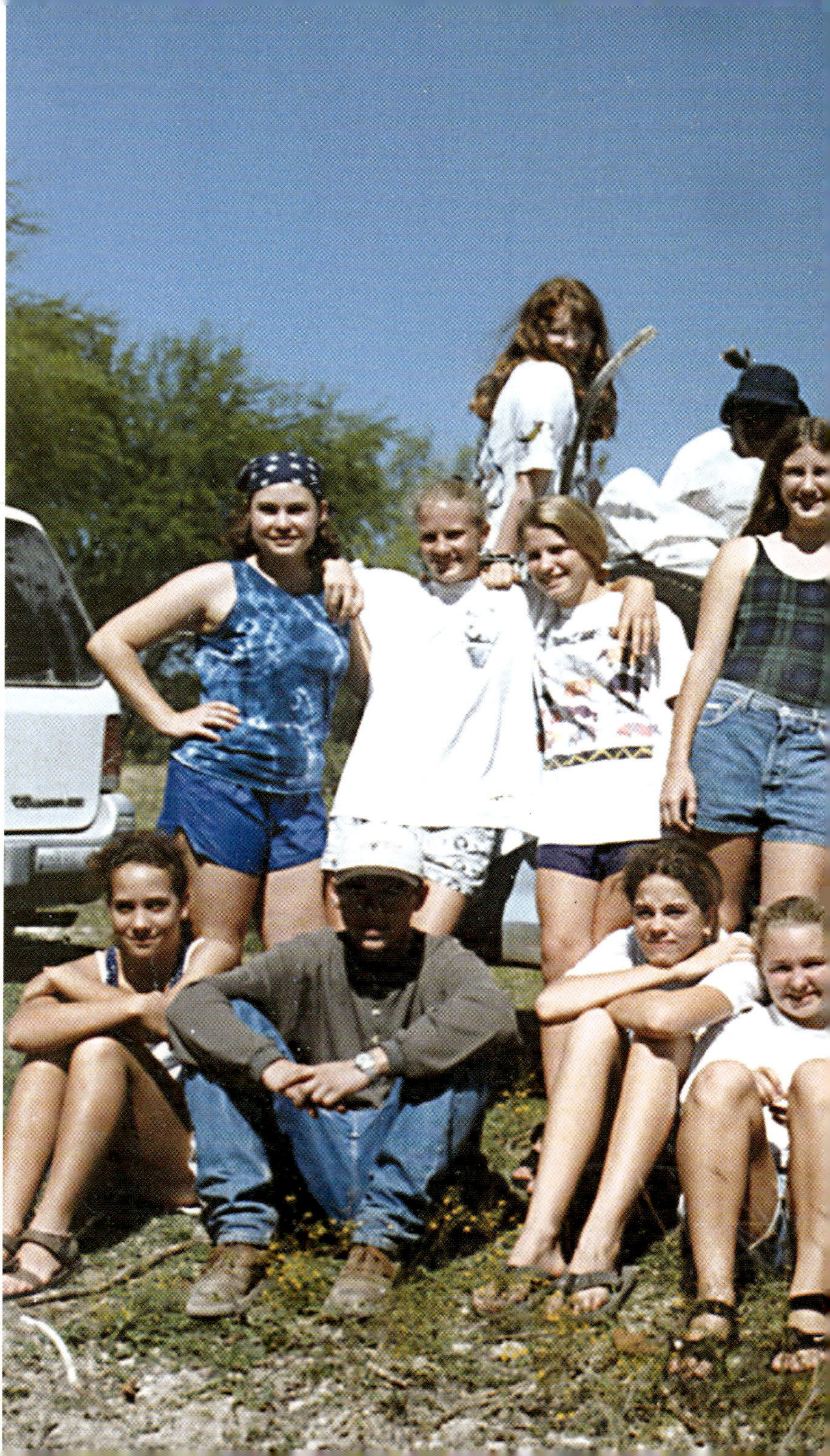

Cibolo Wilderness Trail & Nature Center

私たちに自然を愛することを教えてくれた
両親ワイマン&マリーエヴァンズ、ギー&フアニータ・チップマンと
発見の喜びを教えてくれた子どもたち、ジョナとローレルに
この本を捧げます。

もくじ

日本語版への序文
謝辞
はじめに

I　ネイチャーセンター
- 9　第 1 章＿シボロ・ネイチャーセンター物語
- 29　第 2 章＿ネイチャーセンター設立
- 65　第 3 章＿どうしてネイチャーセンターなの？
- 91　第 4 章＿役割
- 103　第 5 章＿プログラム
- 131　第 6 章＿施設

II　ネイチャーセンター作りの手順
- 155　第 7 章＿準備
- 167　第 8 章＿サポート
- 185　第 9 章＿組織
- 205　第10章＿コミュニティ作り
- 225　第11章＿お金は大切 ―細部に気を配ること
- 241　第12章＿土地の管理
- 255　第13章＿プランニング ―夢を実現するために
- 267　第14章＿希望

監訳者あとがき
参考文献
日本語版ガイド
索引

日本語版への序文

　すべての親が、子どもたちが安心して暮らせる世界を望み、子どもたちがこの地球で上手く生活する術を身につけてほしいと願っているにもかかわらず、ほとんどのコミュニティでは地域の環境との関係がどのようになっているのかを知るための術をもちえていません。

　ネイチャーセンターはそれぞれの文化や風土によってその活動は異なりますが、どこも地元の教育者やナチュラリストに愛されています。ネイチャーセンターには民営や公営の違いや、学校教育の一環として運営されていたり、独立した運営をしているところがあったりしますが、コミュニティの暮らしぶりにかかわらず、盛んに利用されています。ただ、どこにも共通しているのは、直接自然に触れるということです。多くのネイチャーセンターは、たびたび洪水に見舞われる場所など、開発から取り残された場所にありますが、地域の環境の特徴を知るにはふさわしくもあります。また、多くはコミュニティの観光や経済の牽引力となる可能性を秘めていたりもします。

　このネイチャーセンターブックの日本語版は、日本にとって悲しく、かつ挑戦的な時期に出版されることになりました。福島第一原子力発電所の大災害から数ヵ月の出来事は、チェルノブイリでの原発事故のあとに起こったことを思い出させました。1991年、出来たての私たちのネイチャーセンターが行ったエコロジーキャンプに、キエフから子どもたちがやってきました。彼らは事故のあと、汚染されていない田園地方に避難した体験をもっていました。彼らの両親は、避難して街中に子どもたちの姿を目にしなくなった不思議な時のことを悲しそうに話してくれました。

　この経験から、私たちは子どもたちへの愛情や子どもたちの自然に対する慈しむ心以上に、子どもたちにとって希望がいかに大切なのかに気づかされました。いまや世界中の子どもたちや家族が、将来に希望を抱くことのできる健康な心身を作り、休息を得るための静かな避難場所であり、将来の希望を見つけることのできる場でありたいということが私たちの願いです。キエフの子どもたちは、私たちに他のコミュニティのモデルとなるような小さなネイチャーセンターを作るよう心を動かしました。人々が自然と恋に落ち、そして、自然と上手くつきあう方法を学ぶ場として。

　地球上のあらゆる国は、それぞれの環境問題と戦っています。いくつかの国では水不足が深刻で、水の保全と節水を教える必要があるかもしれません。他の国では、汚染された水が食物に蓄積し、魚を死に至らしめ、食料不足と戦っているかもしれません。ネイチャーセンターは、安心で安全な作物の作り方を学ぶ地域の人たちのお手伝いもできます。崩壊しそうな経済と限りある燃料に支えられている食品の流通システムにますます依存するようになったこの世の中で、国際協力と地域の持続性は最高の保険証です。

工業化した社会では、子どもたちがテレビやコンピューター、テレビゲームの前で7時間、いやそれ以上の時間を過ごしている姿を目にします。一方、彼らは健康的でなく、創造的でもなく、生産的でもなく、まったく幸せそうじゃありません。そして、すべての政府がこのような課題に忙殺されている間、それぞれの文化や経済が危機にさらされ、地方に影響が出てくるのです。

　ネイチャーセンターブックを日本語に翻訳したいと連絡をとってきた時から山本幹彦氏との交友が始まりました。お互い気の合う者が出会ったという感じでした。彼は、北海道「道民の森」森林学習センターで子どもたちに自然学校プログラムを運営しています。もちろん、大人を対象としたプログラムも行い、家族にとっても魅力的なネイチャーセンターとなっています。私たちは、彼のこの仕事と、私たちの仕事に対する理解にたいして、ミキヒコに感謝します。本書には、希望と同じように、希望を持ちつづけながら生きていくために必要な取り組みが書かれています。

キャロリン・チップマン‐エヴァンズ
ブレント・エヴァンズ

謝　辞

　本書は自然を愛する人々による協働によって完成しました。関わってくれた人のなかには抜きんでた技術をもったナチュラリストや教員、行政職員もいれば貴重な才能や技術をもったボランティアもいます。本書に収録された情報は、歴史的な資料やベテランの専門家、そして情熱をもってやりたいことをしている素人たちから集められたものです。本書は、積極的な人々――世の中に何かを提供したいと決意し、そうすることを楽しむ人々によって作りあげられた成果なのです。

　私たちは、幸運にも全米インタープリテーション協会（NAI）と、ネイチャーセンター理事協会（ANCA）というネイチャーセンターの分野において先駆的な2つの組織から、具体的な支援をいただきました。本書の初版『*How to Create and Nurture a Nature Center in Your Community*』は、スーザン・アスピナル・ブロック氏、リチャード・C. バートレット氏、そして国立人文科学基金〔1965年設立、アメリカ合衆国の歴史、文学、哲学をはじめとする人文学系分野の教育を支援する合衆国連邦政府の機関〕からの環境に関する研究に対する寄付により、1998年にテキサス大学出版局から出版しました。特にスーザン・ブロック氏からは、出版事業を軌道に乗せ、途中で頓挫しなくてすむ貴重な支援をいただきました。また、彼女は疲れ知らずの行動力をもち、ネイチャーセンターの運営を長年にわたって手伝い、コミュニティへの協力も半端なものではありません。

　この第2版は、初版を1998年度メディア奨励賞の最優秀賞に選んだNAIの出版部（InterPress）によって発行されました。再版にあたってはティム・メリマン氏、リサ・ブロシュ氏、ポール・カプート氏には並々ならぬ協力をいただき、このような機会をいただいたことを素晴らしい名誉と同時に意義深いチャレンジと受けとめています。新しく役立つ情報を盛りこんで改訂し、NAIの高い水準に見合う本に仕上げるよう努めました。何よりも、私たちはネイチャーセンターについてできるかぎり心を込めて伝えたいと願っています。というのも、自然の世界について伝えるインタープリテーションの核心にあるのはハートであり、ネイチャーセンターをただ展示と広い敷地がある施設以上のものにしているのも、ハートだからです。

　第2版はまた、ANCA会長のゴードン・マーピン氏の強力な勧めによって達成されたものでもあります。マーピン氏から、本書はネイチャーセンター運動に必要であり、版を重ねる必要があると強く主張され、私たちが新しいことを学んだり、他のネイチャーセンターと協力したり、より多くのコミュニティがネイチャーセンターを育むのを支援した分だけ、本の内容も発展させることができると私たちを説得されました。ANCAの理事会からは、出版前から多数の購入予約と、多大な資金援助をいただきました。

全米オーデュボン協会と青少年自然科学財団からも、貴重な情報提供をいただきました。私たちと語らい、勇気づけ、豊かな経験を分かち合ってくれた多くのネイチャーセンター理事のご支援に感謝します。

　出版にあたって、経験豊富で高い技術をもった編集者にも恵まれました。編集にあたってくださったのは、ルイジアナ・ネイチャーセンターの創設ディレクターを務められ、現在ロヨラ大学の環境コミュニケーションセンター長であるオーデュボン研究所のロバート・A・トーマス氏と、デラウェア自然学会理事長であり、デラウェア大学環境施設経営学科および専門的リーダーシップ研究所長のマイケル・E・リスカ氏のお2人です。ネイチャーセンターの業界では、お二人の長年の経歴や功績は広く知られていて、お二人の力をいただいたおかげでまとまりました。

　第2版では、NAIが有能なグラフィック・アーティストであり雑誌『Legacy』の編集者でもある美術・出版ディレクター、ポール・カプート氏を派遣してくださり、読みやすく目を楽しませるデザインにしてくれました。NAIのスタッフ、ジェミー・キング氏とジョー・ウィルコックス氏は最終稿を校正し、細心の注意をもって付録の検証をしたチャビン・ディロン氏は付録のほか、様々な情報を最新のデータに直してくれました。チャンダ・ディ氏は子ども用のホームページリストを提供し、ケリー・フィリップ氏からは草稿についてコメントをいただき、ダウン・グイン氏は図表作成を担ってくれました。

　シボロ・ネイチャーセンターは、経歴や信念、方針などがまったく異なる人々によって支えられてきました。自然への熱意を共有するコミュニティ意識は、力強い連帯感を作りだし、過去16年間の寄贈者や賛助者、ボランティアやサポーターのリストを読みかえしてみますと、コミュニティがいかにネイチャーセンターを育み、またネイチャーセンターがコミュニティを育むかを痛感します。人々の関係は家系図のように広がり、新しく伸びた1本1本の枝がプロジェクトに新しいエネルギーをもたらしてくれました。今では、寄贈者やボランティアのリストは千人単位になり、皆さんの実力や誠意、そしてタイミングが家系を育て、繁栄させたのです。

　「シボロ自然友の会」は、テキサス州の丘陵地帯の小さな流域に住む自然を愛する人々の小さなコミュニティで、一緒にネイチャーセンターを育んできました。本書の出版を励ましつづけてくれたシボロ・ネイチャーセンターの教育ディレクター、ジャン・レーデ氏、テキサス州公園・野生生物局のルフス・ステファン氏、シボロ・ネイチャーセンターのボランティア・コーディネーター、スーザン・ヤング氏、ビッツィー・プラット氏、ジュアニタとガイ・チップマン夫妻、デビー・マルツ氏、ロバートとキム・アバー

ナシー夫妻、ボブとリンダ・マニング夫妻ほか、戸惑うほど大勢の人が手伝ってくれました。

　また、夢みたいなことを実現させるためにボランティアや教職員、公益団体、企業、商工会議所と連携して支援していただいたボルン市長を始め、市議会議員、市の職員の皆さんへの感謝を忘れることはありません。

　初版から出版社を変更したため、書名を変える必要がありました。新しい名前を思案していた際、知り合いは皆、何年も本書のことを「The Nature Center Book」と読んでいたことに気づきました。といっても「ネイチャーセンターブック」という題名が示唆するような、究極の権威というわけではなく、私たちは今でも学習者であり、私たちよりも経験やトレーニングを積んだプロは大勢います。

　幼い頃に不思議がいっぱいの自然にたっぷりと浸からせ、自然に対する強い探究心を育んでくれた両親、そして支え、励まし、多くの喜びを与えてくれた子どもたち、ジョナとローレルに感謝します。二人は熱意やアイディア、ボランティアとしての時間、コンピューターの技術、撮影した写真、そして友人までも提供してくれました。

ネイチャーセンター

あなたのまちの自然を守り楽しむために

The Nature Center Book:
How to Create and Nurture a Nature Center in Your Community
by
Brent Evans and Carolyn Chipman Evans

Copyright © 2004 by National Association for Interpretation
Japanese translation rights arranged with author.

はじめに

白人が暮らす町には静寂な場所などない。春の芽吹きの音を聞き、虫の羽音を聞くところなどまったくない…。もし、我々が夜に鳴くヨタカのさみしげな声や、池のほとりでカエルたちが繰り広げる会話を聞くことができないとしたら、人生にどんな意味があるというのだろう？
　　　　　——シアトル酋長　1856年　部族の土地を明けわたす際の言葉

草木が生い茂った野生の庭はどこの町にもあるでしょう。その多くが、開発からとり残されたために生き残ったところです。雨や風、動物や鳥、そして昆虫によって種が蒔かれたこれらの庭には、自然そのままの植生や動物相が息づいています。見向きもされない草地や放置された農場、不便な氾濫原、丘や谷、沼地、川の岸辺、歴史を見つづけてきた木立、野の花が咲く草原など、自然のオアシスはどこにでも見られます。公有地であったり、私有地であったり、未開拓地であったりするこうした場所は、心や気持ちのサンクチュアリとなり、五感を楽しませ、魂の糧となります。しかし、ほとんどの場合、誰かがその地域の自然の豊かさを紹介するまで気づか

〈シアトル酋長の言葉とされる引用文について〉
シアトル酋長が述べた言葉は、何度も翻訳しなおされ、長年にわたって作り変えられてきたことを私たちは知っています。しかし、現代文明にはこの有名な先住民の言葉の核心に込められた知恵が、どうしても必要だと感じているため、この言葉を掲載することにしました。またこの言葉によって、多くの西洋人に先住民の思想に触れるきっかけとなったことに敬意を払います。

れずにいるのです。

　どこのコミュニティでも野生の庭を見つけて保護し、地域住民だけでなく、その地を訪れた人たちに、地域の環境について教える場所のために使うという冒険に乗りだすことができます。市民感覚をもった指導者は、未来の世代のために地域の自然を守りながら経済を向上させる方法を模索しています。もし、あなたのコミュニティにすでにネイチャーセンターがあるなら、支援する方法は無限にあります。例えば、あなたなりのプログラムを作ったり、敷地を広げたり、さらに、コミュニティにもうひとつネイチャーセンターを作ったり。同じ地域にあるネイチャーセンターでも教育プログラムに個性があり、複数のセンターの共存が可能です。

　地域に対する市民の環境意識は高まっています。地域住民一人ひとりの自然とのつながりを取り戻すお手伝いをすることで、地域の野生生物の生息地だけでなく、この惑星そのものと、より健全で持続可能な関係をもたらすことができるのです。私たちは、身近な地域をテーマとした環境教育を行うネイチャーセンターを、世界中のコミュニティに作るように働きかける必要を感じています。自然本来の姿が見られる土地を保護し、人々が自然との恋に落ちる手ほどきをしなければなりません。自然本来の姿を理解し、守っていく方法を教えてくれる教師やインタープリター、ネイチャーセンターが必要なのです。

　世論も自然保護を支持し、2000年の世論調査では、アメリカ人の83％が環境保護運動の目的に賛同し、経済成長よりも環境保護を選ぶと報告されています。1998年に本書の初版が出版されて以来、3,000部が売れました。現在、北米では2,000以上のネイチャーセンターのほとんどが市民の手によって運営され、日々新しい設立計画がもちあがっています。本書の初版『How to Create and Nurture a Nature Center in Your Community』は、アメリカ、カナダ、アフリカ、日本、そして南米で活用されてきました。この本が、ネイチャーセンターが成長し、すくすくと育つ一助となれば、こんなにうれしいことはありません。

　公園や自然の広がる場所は、これまでになく利用されるようになりました。野生動物の観察は、アメリカで人気を博しているレクリエーションのひとつとなっています。

市民の環境意識が高まるにつれ、緑地に対する評価が高まり、真価が認識されるようになってきました。しかし一方で、急増する人口は奔放な開発をうながし、多くの素晴らしい緑地が無謀な事業のために破壊されつづけてもいます。

　分断や紛争の世の中にあっても、自然への畏敬の念という普遍的な価値観は変わっていません。人口が増え、自然資源への圧力が増すにつれ、グローバルな自覚が芽生えてきました。地球上のあらゆる地域の市民が、清潔な水や空気、健全な土壌や食物、その土地固有のものや美の保全に関心をもっています。様々な政治、宗教、経済的な信念を超えて人々を団結させる考え方がひとつあります。それは、人々が住んでいる地域の自然環境を豊かにすることです。

　15年にわたり、私たちはこの小さな町で、市民が成長する姿を見守ってきました。自然を守るために団結し、開発をストップさせ、「品位ある成長」を試みる姿を見てきたのです。私たちのネイチャーセンターは、土地の管理方法を教え、自然保護を念頭においた宅地造成に関するセミナーを催し、緑地（open space）の必要性を提唱するなど、市民の教育において重大な役割を果たしてきました。

　ネイチャーセンターはコミュニティを団結させ、近隣住民が地域の大切な場所を保護したり、持続的な土地利用を行ったり、子どもたちに生命の大切さを教えたりできるようにします。ボランティアやサポーターは、めざそうとしていることを意識し、コミュニティの人たちの心持ちを理解しています。そして、自然を守り、心地よい休養の場を用意し、子どもや先生に野外教室を提供し、真のコミュニティ意識を芽生えさせ、生命の尊厳を育むのです。ネイチャーセンターは、成長し広がっています。雑草と同じように、根強く活動しているからなのです。

　1998年の初版発行以来、私たちは多くのことを学び、アメリカ中のたくさんのネイチャーセンターから、新しい物語やカラー写真が届けられました。読者からのフィードバックにより、今まで以上に幅広く新しい情報を提供できるようになりました。そういうわけで、私たちはこの第2版をまったく新しい本のように感じています。

　このプロジェクトの目的は、ネイチャーセンターを創る、あるいはすでにあるセン

> **叡智へのひと言**
>
> ネイチャーセンターの開設を検討する際、目の前の課題や資金集めで消耗しないよう、科学と芸術の両面を検討することが大切です。生物への情熱のない生物教師によって、泣くほど退屈な思いをさせられる生徒が後を絶ちません。自然を尊び、いつも自然に触れて、小さな思いがけない不思議を人と分かち合うことです。自然のもつ魅力こそ、私たちがネイチャーセンターを立ちあげるために力を注ぐ理由なのです。組織作りの事業に熱中しすぎて、四六時中室内にいることは避けなければいけません。本書を1章読んだら、外へ出ましょう。

ターが成長するお手伝いをすることでした。本書が、ネイチャーセンターの先駆者をはじめ、ボランティアや理事会役員、寄付をしている方々、行政職員、またはセンターの運営について学びたい人々、自分のコミュニティにネイチャーセンターを創ってみたいと思っている人々の参考になればと願っています。ネイチャーセンターを育てるためには、環境科学の博士号を取る必要もなければ、大金もいらず、政治的な力や特別な資格もいりません。唯一、最も大切な条件は、燃えるような夢をもっていることです。

　初版では、シボロ・ネイチャーセンターを創った時に学んだことや様々な情報のほか、お役立ち情報や資金、さらにはコンサルタントによる指導を得ることができる出版物や団体を紹介しました。

　この第2版は大幅に改訂し、より幅広い最新の情報と経験談を盛りこみました。第Ⅰ部では私たちのネイチャーセンターと他のセンターの物語を紹介し、ネイチャーセンターの定義を提案したうえで、自然保護や環境教育、レクリエーションのめざすものをそれぞれ述べています。また、人に関する3つの構成要素である役割、プログラム、施設についても考察しました。第Ⅱ部では、支援を獲得して計画をまとめ、土地や資金、計画を切り盛りするといった、ネイチャーセンターを創設するためのノウハウに焦点を当てています。

　本書が、読者であるあなたを勇気づけることを祈っています。あなたが住んでいるコミュニティが大都市であろうと小さな町や農村であろうと、ネイチャーセンターを創ることができるのです。あなたのもっている力、才能、知恵、そして財産を、地域の保全に関する自然観の形成に費やすことができるのです。有効な支援もあります！

　だから、どうぞ思いきって自然を守る夢をもってください。あなたの人生とコミュニティはあなたの想像をはるかに超えて豊かなものになるでしょう。

I ネイチャーセンター
Nature of Nature Center

シボロ川

第1章　シボロ・ネイチャーセンター物語

自然の大聖堂

> あなたは、木々や星とおなじ宇宙の子。
> あなたにはここに生きる権利があるのです。
> ——Desiderata（希望）

　瞬きする間もなく動くツバメの尾のように、一瞬にして人生が変わってしまうこともあるものです。1988年秋、私たちは何の気なしに市有地へ足を踏み入れてみました。そこはキャロリンの実家が何年も前に売りに出した土地だったこともあり、祖先から伝わる日誌や子どもの頃の記憶から、何かしら引きつけられるものを感じていたところでした。背丈を超す草の間をワクワクしながら歩いていると、どこからともなくツバメがシボロ川へと手引きしてくれました。川辺には草が生い茂り、スギや地面を覆う草や野ブドウ、ツタウルシを除けながら進むと、ぱっと目の前が開け、イトスギの巨木の間をゴボゴボと音を立てて流れる曲がりくねった川に飛び出したのです。目を疑いました。そこは、あたかも自然の大聖堂のように木漏れ日の中でキラキラと輝いていたのです。小鳥はさえずり、魚が苔むすスギの根元を矢のように泳いでいる——。まるで天国のように、誰にも知られず、誰にもその真価を認められず、それゆえ保護されるのを待っているようでした。しかし、ここには野球場やゴルフ場の計画の噂がささやかれていました。腰を下ろし、あたりに目をやると、心が洗われていくようでした。その時は考えてもいなかったのですが、この日、まさにシボロ・ネイチャーセ

ンターが産声を上げたのです。

　私たち二人は、それまでも人と自然の橋渡しのようなことをしていました。キャロリンは「ガーデニングアート」を教えるかたわら、テキサス州ボルン市の樹木条例制定の先頭に立って活動していました。芸術家でもあり、乗馬やカヌーが大好きで、泳ぐのも大好きな健脚ハイカーです。ブレントも自然に取り憑かれていて、長年にわたってソーシャルワーカーの仕事を続けるかたわら、病院の精神科に通う子どもたちを自然の中に連れ出す活動のほか、アースデーや流域会議、国際エコロジーキャンプ、園芸療法などの活動をしてきました。私たちは自然が大好きで、自然に浸ることで得られる精神的な効果に気づいていました。森の中で結婚式を挙げ、隣の家や近代的で便利な生活から遠ざかり、そしてこのような暮らしをこよなく愛しています。森の中で子どもたちを育て、人里離れた野生動物が暮らすようなところで休暇を過ごし、母なる地球の恵みを思う存分楽しんでいます。しかし、ある場所を保護し、地域の人たちに環境教育活動を行うなんてことは想像すらしたことがありませんでした。

　私たちは、保全学や生態学について学んでいたわけではありませんし、行政当局がこの場所を今まで通り自然のままに手をつけずにいてくれるのか、ボルン市の人々がこの本来の美しさを残すことに賛成してくれるかどうか確証もありませんでした。そこで、手始めにネイチャートレイル（自然の中に作られた歩道）を作ってみようと思ったのですが、その作り方を調べはじめるや、あまりにも情報が少ないことに驚きました。偶然にも、1960年初めに発行され、今では絶版になっているオーデュボン協会発行の一冊の本に出会いました。その本は、とりわけネイチャーセンターについて詳しく、人々が自然に関心を持つようになる取っかかりとしてのネイチャーセンターというそのアイディアは、私たちの考えていることとピッタリでした。本には、ネイチャーセンターでは地域の自然を紹介する、とありました。このような、地域に根ざした環境教育に優るものがあるでしょうか？　しかし、この本は発行されてから30年もたっており、以後、このテーマで書かれた本も見あたりませんでした。正直なところ、活動しながら学ぶしかなく、全米のおよそ1,000カ所のコミュニティで同じような試みがなされていたことを知ったのも最近のことです。

　世界中のネイチャーセンター同様、シボロ・ネイチャーセンターも、好奇心旺盛で有能な数人の手によってスタートしました。実際、場所と人材と夢があれば十分なのです。とはいえ、私たちが最初に見聞きした有名なネイチャーセンターは、歴史もあ

り、人口の多い都市に隣接し、豊富な資金をもっていました。しかし、私たちが知りたかったのは、潤沢な資金や多くの会員を獲得するのが難しい、小さなコミュニティにどのようにすればネイチャーセンターが作れるかということでした。5,000人の住民しかいないこの町に、自然を愛し、40ヘクタールの市有地の保護を支持してくれるような人などいないと考える仲間もいましたが、そういった思い込みを覆し、仕事や家族をもつ少人数のグループでもネイチャーセンターが運営できることを明らかにすることができました。

　はじめは、その場所を守ることを目的にネイチャートレイルを作り、シボロ自然トレイル（Cibolo Wilderness Trail）と名づけました。そのうちに支援も増え、自然を守ることの大切さを伝えるという夢が少しずつ形になっていきましたが、同時に、資金を確保する難しさにも直面しました。テキサス州にあるボルンという小さな町で、トレイルやネイチャーセンターの建物を建設する費用をどう賄えるというのでしょう？

　地域の人々をどのように巻きこんでいったらいいのでしょう？　答えは、粘り強さと失敗を糧にする力、そして運だということがわかってきました。

　ネイチャーセンターの立ち上げに際して、資金的な援助やいくつかの団体からの支援もありましたが、私たちは同じ夢を共有する友人や、見も知らない人からの心温まる励ましやご厚意にも恵まれました。このように、小さなネイチャーセンターは多くの人に育てられ、今では数百人の会員と350人のボランティアからなる「友の会」を作るまでになりました。1898年に建てられた建物をビジターセンターとして活用し、22万5,000ドル（約1,800万円）の年間予算をもち6名のスタッフを雇い、様々なプログラムを提供しています。先頃行った資金集めキャンペーンでは250万（約2億円）ドルもの資金を集め、土地を購入し、大講義室や教育棟、地理情報システム（GIS）実験室、教育用ガーデン、事務室もある学習センターを建てることができました。地域の自治体や寄付をしていただいた方々、そしてボランティアとの協働は、地域に根ざした草の根組織のモデルを作りあげ、1995年にはテキサス州で最も優れた事例として知事賞を受賞しました。

　ネイチャーセンターというのは、単なる場所ではありません。自然を体験する場であり、同じような関心をもった人々の出会いの場でもあります。ボランティアのエリザベス・デイビスさんは次のように語っています。

湿地復元プロジェクトのための掘削が開始。プロジェクト完了までに丸1年が費やされる

湿地復元と木道が完了

　木々が覆いかぶさる、まるで木立のトンネルのような道を通り抜けると、小鳥や蝶が飛び交う公園の入り口です。さらに、いくつかの標識を通り過ぎると駐車場に着き、リスが近くの木でおやつをかじっているところ。目の前にはなんとも居心地良さそうな古い家があり、小道を通り、建物に入ろうとすると、ゴミ袋を持った若い男性とすれ違いました。部屋の中にはスズメバチの巣や展示物、ポスターが所狭しと並べられ、人のざわめきに圧倒されるほどにぎやか。そして、ずっと会ってなかった友だちに再会したかのように快活そうな女性が満面の笑みを浮かべて迎えてくれるの。でも、本当にそうなの。

　ここからが私たちの物語です。ネイチャーセンターという夢を追いかける人たちを勇気づけ、たとえ限られた資源しかない小さなコミュニティでも、自然を守り、地域全体の利益となるサンクチュアリ（自然保護区）や観光の目玉を作れるということがわかってもらえたらと願っています。
　1992年、全米に知られたコラムニストであり『地球を救うかんたんな50の方法 *50 Simple Things You can Do to Save the Earth*』の著者でもあるジョン・ジャヴナ氏によって、私たちの設立の物語が文章になりました。ジャヴナ氏は全米に配信されている新聞コラム「アースワークス Earthworks」(*San Antonio Express News*) に以下のように書いています。

　　今日、アメリカ人の多くが伝統的な価値観——強いコミュニティ意識をもつことなどに注目している……。キャロリン・チップマン-エヴァンズ氏がボルン市で明らかにしたように、アメリカのコミュニティを再建するのに有効な方法のひとつは環境保護活動を介すということだ。
　　チップマン-エヴァンズ氏の家の近くには、ボルン市が公園として買収した土地があっ

再利用した建物でできた本部は、教室、展示、ショップ、事務室をそなえ、野外劇場を付設している

た。半分は野球場や陸上競技場、プールに整備されていたが、もう半分は木が生い茂っているか沼地で、その間をシボロ川が縫うように流れる、利用価値のない土地とされていた。「私は、日頃からシボロ川沿いのありのままの自然に惹きつけられていました。小川沿いの自然を調べるにつれ、私にとって特別な場所となっていきました」と彼女は語る。やがて、彼女はそこにゴミが棄てられるようになったのに気づくが、誰も気にかける様子はなく、キャロリンは自分で何かしようと決心したのだ。

ボルン市の公園担当官に面会を求め、シボロ川の周辺は自然散策に相応しいこと、さらに、彼女は市が観光客の誘致に関心があることを知っていたため、その格好の材料になるだろうと提案した。

「私には『行政にはできっこないわ』というような先入観はありませんでした」と彼女は言う。「私は前向きに取り組みました。というのも、ほとんどの市町村の公務員は批判や苦情を山ほど抱えているものですが、トレイルを設置するアイディアが受け入れられたのは、批判ではなく、人々の関心を引きそうなプロジェクトだったからです。」

市は湿地のゴミを撤去し、木道を設置するなどの改良工事に資金を投入した。しかし、このプロジェクトをなす教育プログラムやネイチャーセンターに関する資金が市にないことがわかると、キャロリンは資金を集め、人々の理解を得、教育プログラムを運営するための「シボロ自然友の会」(Frends of the Cibolo Wilderness) というグループを立ち上げたのです。

ジャヴナ氏の記事は、キャロリンが主役になっていて多少気恥ずかしい思いをしましたが、正確に伝えてくれていました。確かに、きっかけを作ったのは彼女でしたが、成し遂げたのはコミュニティの力でした。私たちのネイチャーセンターの歩みは、つながりを紡いでいくようなもので、はじめに集まってきたメンバーは、ちょうどいい時にいい人があらわれるといったように、不思議な力によって引き寄せられてきたよ

シボロ・ネイチャーセンターの解説板

築1898年の古い建物がシボロ・
ネイチャーセンターの本部になる
ため市立公園へ運ばれた

うでした。サンアントニオ植物園のエリック・ラウツェンハイサー氏は、適切なアドバイスや私たちをやる気にさせたあのオーデュボン協会の本を贈呈してくれた、私たちにとって初めての「天使」でした。ボルン市の公園都市計画部長のクリス・ターク氏は早くから私たちの理解者として協力的で、このプロジェクトに実質的な「ＯＫ」を出してくれた最初の人でした。パット・ヒース市長とロン・ボウマン助役の二人は私たちを励まし、支援しつづけてくださいました。また、高校で環境科学を教えるチャック・ジャンゾー先生は、自身のクラスでサービスラーニングの指導をされました。

　私たちは真っ先に沼地の再生計画に取り組み、ボルン市との協働で計画を作り機材や材料、人手まで出してもらいました。まず取りかかったのは、何年も前に埋め立てられた沼地を掘り起こすことからでした。それはもう、さながら戦場のようで、悪いことをしているように思えて心が痛みました。でも、木道がつき、その年のうちに在来の湿地性のパイオニア植物が沼地に自生し、素晴らしい場所になっていきました。最高だったのは、長いピンクの脚とコーラルピンクのくちばしのアカハシリュウキュウガモの群れが沼の中でうれしげに鳴き交わすのを見た、ある朝のことでした。この時は涙が出てしまいました。

　ジョージ・プラマー氏は1898年築の家屋を、ムーレイとバルビー・ウィン夫妻は家屋を移築復元する資金を寄付し、ミルツ・ホーキンス大佐が新しい屋根を葺く資金を拠出し、ライオンズクラブの人たちが工事をしてくれました。また、ビルとスーザン・ブロック夫妻は私たちの守護神そのものでした。このプロジェクトが暗礁に乗り上げずにこられたのは、重要な局面で力強い支援をしてくれた皆さんのおかげです。

第1章　シボロ・ネイチャーセンター物語　15

> **叡智へのひと言**
> 賞は青い空から湧いてくるものではありません。ほとんどの賞が受賞にふさわしいグループや個人に与えられるものです。人に知ってもらうことが肝心なのです。胸を張って賞を受けなさい。テキサス州の丘陵地帯には「自分の尾を振らない犬は淋しい犬だ」という格言があります。

多目的ルーム

　私たちは小さく始め、市への要求も最小限にし、身の丈を越えない範囲で活動を進めてきました。やがて、人づてに評判も良くなり、市は公園の管理をシボロ・ネイチャーセンターにまかせてくれるようになりました。また、青少年育成団体や商工会議所、印刷会社、工務店などの企業、地元紙『ボルンスター』、『ヒルカントリー・レコーダー』、それに多くの個人の協力も得られるようになり、学校教育では教育委員会から校長、教師や生徒たちがボランティアで参加してくれるようになりました。その他にも、ボランティアの方々により、園内の管理、「事務所のお母さん」、ボランティア・コーディネーター、施設管理、会計、そして書籍管理といった組織の重要な仕事を担っていただけるようになっていきましたし、『サンアントニオ・エクスプレスニュース』のコラムニストは、市民に参加を呼びかけつづけてくれました。このような友人たちは、私たちのビジョンを一つ一つ実現していく助けとなりました。

　当初から、土地の一部を保護するだけでは充分でないことに気づいていました。自然保護を自分のものにするには、その土地について学び、情熱をもってそこを利用することが大切なのです。そして、私たちの教育プログラムは、子どもたちを対象としたネイチャーウォーク「ワイルド・ウェンズデー」プログラムのように、平日や土曜日の簡単な活動から始め、報道陣やボランティア、サポーターに関心をもってもらえるようになりました。

　活動がスタートしてから、人から人へと口伝いに参加者が増えていきました。シボロ自然友の会は、学校や一般の人々のための野外教室、観光スポット、様々な市民が互いに出会える場といった、ボルン市だけではなく、ケンダル郡全体の人々に喜ばれるサンクチュアリを作ったのです。実に、この15年におよぶボルン市とNPOのパートナーシップは、他のコミュニティの手本となるプロジェクトに成長したのです。

職業体験学習

　1990年のシボロ自然トレイルのグランド・オープンを伝える報道は盛大なもので、そのなかでも、シボロ・ネイチャーセンターの主催となるアースデー〔4月22日を、地球のことを考え行動する日として、アメリカで始まり、日本でも各地でイベントが行われる〕に、平和と環境保全を願ってトレイルに植樹するソ連からの来訪者たちの様子をCBSの夜のニュース番組で特集してくれたのは最高でした。おかげで、私たちは姉妹公園の除幕式と地元の自然愛好家との交流のために、ロシアとウクライナへ招かれました。

　受賞の数々は、活動の良い宣伝となり、市民の目も私たちの団体を認めるようになり、弾みとなりました。商工会議所所長賞、市民団体賞、そして大統領賞、ボルン地域歴史学会賞、ベクサール・オーデュボン協会スカラーシップ賞、テキサス森林局都市林賞、優秀環境教育賞ファイヤーストーン／ファイヤーホーク賞と、地域だけではなく、州、そして国の認めるところとなりました。

　キャロリンは、1991年度のテキサス州女性環境活動家に選ばれましたし、トレイル・プロジェクトは『月刊テキサスマガジン』に特集され、また、サンアントニオの主な新聞に何度も掲載されました。1990年夏に地方自治体が発行した季刊誌には「そこはもはやありきたりな場所ではなく、行政と市民がひょんな思いつきと力を持ち合わせれば成し遂げられるユニークな実例である」として、シボロ・ネイチャーセンターが取りあげられました。また、1994年11月にはキャロリンとシボロ・ネイチャーセンター、シボロ自然友の会の設立物語が『テキサス・パーク・アンド・ワイルドライフ』誌に特集され、1995年5月には、シボロ自然友の会が、他の250もの候補のなかから優秀環境知事賞を授与されました。

シボロ自然友の会の使命は、「教育による自然の保護」と定義されています。シボロ自然トレイルは、在来種の草原からイトスギの密生する谷間まで、復元された湿地帯から森林地帯まで、テキサス州の丘陵地帯の動物の生息地やその暮らしと在来の植生を横断的に幅広く観察することができます。この場所の生物多様性は、テキサス州原生草原学会やテキサス州原生植物学会、テキサス州公園野生生物局、テキサス州自然資源保護委員会、テキサス州森林局、サンアントニオ植物センター、オーデュボン協会の地元支部などの団体から、固有のものであり非常に価値が高いとされ、支援や激励の手紙が寄せられました。

　シボロ・ネイチャーセンターの本部は、町の中心に計画されていた駐車場予定地から移築された歴史的な建物を修復して再活用したものでした。一辺が約10メートル四方の建物には展示室と会議室、図書室、事務所、建物の周囲にはテキサス州自然景観庭園広場があり、チョウやハチドリなどの野生生物を誘う数多くの植物が繁り、この土地本来の森を形成しています。雨水利用システムや、野外劇場も作られました。

　ポーチに囲まれたシンプルな建物は、キャンプをする時の本部のほか、研究センターや事務所、イベントホールなどさまざまな使われ方をしています。この建物を利用した催しは、活動の支援を得るきっかけとして有効でした。よくキャンドルライトやテーブルクロスで場を演出したものです。初期の頃の本部にあった施設をご紹介しましょう。

・ケンダル郡の鉱物や原生植物、化石、岩石、工芸品、土壌、考古品、原生の生態系の展示。
・羽根や骨格、歯といった動物や植物の一部が置かれ、手で触れることが出来るハンズオン展示（体験しながら学べる植物や動物の入った水槽や飼育器など）。
・自然観察のガイドブックや関連雑誌などの資料室。
・湿地の環境や高台の林、川底や草原などの展示やジオラマ（植物や動物群の展示は、訪れた人に自然の生態系の関係をより深く理解させる）。
・そのほか椅子や机、棚、物置といった必要最低限の事務用品、調査道具、顕微鏡、網、プロジェクター、テレビやビデオ、フィールドガイド、水質調査キット、百葉箱、標本箱、環境教育など教育プログラムに必要な教材。
・大勢のグループを対象としたプレゼンテーションのための野外ステージや劇場。

展示や施設、道具はすべて地域の人たちやボランティア、友人たちからの寄付によるものでした。

　現在、シボロ自然友の会は創立してから16年となり、年間の運営費は22万5,000ドルを超えています。「シボロを育てよう」キャンペーンにより、土地の購入資金や施設はもちろん、教育プログラムの資金をも調達できるようになりました。一人ひとりの寄付や個人的な基金、企業がこのキャンペーンに協力しています。

　隣人でもあるビル・レンデ氏は、私たちに賛同し、励ましや適切なアドバイスをくれ、心強いツテを紹介し、役立つ知恵を授けつづけてくれました。昨年、学ぶことの楽しみを彼に授けたご両親に敬意を表し、300坪以上ものネイチャーセンターとなる新しい建物をレンデ学習センターと名づけました。120万ドル（約1億円）をかけたこの建物は、持続可能で環境に配慮した建築家として知られ、数々の賞を受賞しているレイク｜フラート設計事務所を選びました。着工までに乗り越えなければならないさまざまな課題がありましたが、パートナーであるボルン市、テキサス州公園野生生物局、レイク｜フラート設計事務所、シボロ・ネイチャーセンター、建設業者のフォーカスファイブとで何度も打合せを重ね解決していきました。

シボロ自然友の会ニュース
1993年1月

　シボロ・ネイチャーセンターがもうすぐ誕生します。秋の数カ月にわたり、私たちは公園に運んできた古い家の移築作業を行っていました。窓をつけなおし、壁の内側に断熱材や配線を施し、床に空いた穴をふさぎ、コーキングで隙間を埋め、新しく配管をしなおす——古い家によくある、ありとあらゆる補修に追われていました。そんななかでも、デビッド・パイプ氏、ダグ・メニオン氏、ホセ・コロン氏とムーレイ・ウィン氏などといった仲間の努力により、次々と新しいプロジェクトにも手をつけることができるようになりました。新しいトイレが完成し、ホールの戸棚にはたくさんの教材が収まりました。事務室には棚とメインルームが見わたせる窓があり、薪ストーブが部屋を暖めています。ポール・シュッツェ氏がペンキを塗り、初めてやっとセンターの全容が見えてきました。

　今では、広いベランダが古い家の周りを囲み、車椅子用のスロープが草原を見わたす広いベランダへと続いています。片方の壁のない、ガタガタの古い家が引きずられてやってきた去年の夏からの長い道のりでした。

　今、抱えている課題は、この空っぽの容れ物に命を与えることです。でも新しい年の始まりにあたり、不安を感じてはいません。皆さんの助けがあれば、春には花を咲かせることができるでしょう。目標は、学校遠足や特別行事ができるよう3月末までにオープンすることですが、皆さんの協力なくしてできっこありません。必要な物を書いた以下のリストをご覧ください。シボロ・ネイチャーセンターを支援してくださることが、私たちの美しい丘陵地帯の自然のすばらしさを伝え守ることにつながっていきます。

　　　　　　　　　　　　　　　　　　キャロリン・チップマン－エヴァンズ

お願いリスト

建　材
ブリキ板
手すりに使うスギ材
屋根に使うブリキ板（10 フィート × 14 フィート）
ベランダに使う 2 × 4 の垂木（10 フィート × 14 フィート）
中古で状態のいい棚（1 × 12 段？）

ベランダを覆うための材料

教　材
大型テレビ
複合型顕微鏡
ビデオカメラ
丈夫な手押し車
カセットプレーヤー
スライド映写機
水質検査キット
大きなプロジェクタースクリーン
双眼鏡
気象観測機器

その他必要なもの
折り畳み椅子
折り畳み机
枝切り鋏、くま手、シャベルなど
消火器
カギ付きキャビネット

　私たちの新しい建物には多目的ホール、展示スペース、2,000冊を越える図書室、地理情報システム研究室、インターネットが使える教室や会議室、お手洗い、屋根のあるテラス、教材や資料の保管庫が出来る予定です。テキサス州公園野生生物局と自然管理局の職員のための事務室も計画されています。施設はもちろんバリアフリーですし、生態系への負荷の少ない建物として地域の好例となるでしょう。また、修復された建物の他の部分についても、「野外教室」の分室やビジターセンター、ボランティアの本部棟などを検討しています。
　新しい施設では次のようなことを計画しています。

・パーティーやコンサート、ストーリーテリングなどといったコミュニティ機能をもった出会いの場

- 生息地や野生生物の学習
- 美術や音楽に関する展示
- 地理情報システム（GIS）の研究室
- 地域の自然を観察し記録する方法について教える実験室
- 夏の子どもキャンプ教室のための設備
- 境界例の若者を対象としたプログラムなどのレクリエーションスペース
- 若者から大人までの自然保護を学ぶ教室
- 原生植物学会やガーデニングクラブ、その他の団体（アメリカ退職者協会や商工会議所など）の会議室
- 原生植物や無脊椎動物、脊椎動物の標本コレクション
- 地域の自然資源地図
- 教師の研修室

組織的な活動によって、シボロ・ネイチャーセンターは地域に根づいたネイチャーセンターとして発展してきました。新しいセンターの設計には、ネイチャーセンター建設の経験があり、数々の受賞に輝くレイク|フラート設計事務所を選び、この時、3つの原則を設けました。

1．建物は、訪れた人を周りの風景や庭へと誘い、一体的なものでなければならない。
2．建物は、土地の復元の一助となることができる。
3．人工的な建造物でも、植えこみや自然の生息地と同じようにその土地の本質や精神を映しだしているべきである。

担当したリンダ・マニングはこう書きのこしています。

　持続可能なデザイン、グリーン建築、環境にやさしい——これらは、今日のデザイン業界で重宝される決まり文句のひとつです。しかし、この決まり文句を具現化することは、施主と建築家、施工業者にとって自身へのチャレンジでもあるのです。緻密なプランニングや熱心な情報収集、自由な想像力、妥協にたいする寛容さから、レンデ学習センターはまず図面上に、次に大地の上にその姿を現していきました。建物は背景に溶けこむよ

うに美しいオークの林への影響を最小限に抑え、空調を使わずに建物を冷やすために自然の風を活用し、室内に自然光を取りこみました。閉鎖された歴史的なホテルがあれば、マツやモミの古材を回収して活用し、森林への影響を軽減するために、使い物にならなくなった倒木のスギ材を使いました。また、地元のスギを製材した端切れやプラスチックの牛乳容器を素材とした材料でテラスを作り、資源の再利用をおこなうなど、この独創的な教育環境そのものが私たちの環境保護に対する物語となっているのです。

　この一連の建物は、まさに環境にやさしい建築物のモデルなのですが、ただの建物群に過ぎないともいえます。レンデ学習センターの「教育を通して自然を保護すること」といった使命が達成されるかどうかは、ボランティアや教師、スタッフ、研究者、来訪者といった人々に委ねられているのです。

　私たちのプログラムもどんどん進化しつづけています。一般の人たちや家族を対象とした自然観察プログラム、特別なプログラム、自然の中での冒険キャンプを行うだけではなく、地域の貴重な自然環境の調査や、生徒たちに直接体験を求めている多くの学校のニーズにふさわしい「野外教室」プログラムを提供しています。シボロ・ネイチャーセンターはボルン市の「8つめの校舎」として、どの学年においても自然保護教育や遠足として施設を利用されています。現在、ボルン、コーマル、ニューブラウンフェルズ、そしてサンアントニオを含む15の学区がこの施設を利用し、毎年4,500名を超す生徒たちが遠足などで訪れます。

　教育プログラムのディレクター、ジャン・レーデ氏は、地元の地主たちと土地資源管理グループを結成しました。彼らは、適切な土地管理について学び、教えを求める他の地主たちへアドバイスをしています。社会人対象の「土地管理連続講座」は、水質保全、野生動物の管理、そして土地を適切に管理する手法をテーマとしています。ジャンは地域でも影響力のあるリーダーとして、大学やテキサス州公園野生生物局、地方農政局、テキサス州ザ・ネイチャー・コンサーバンシー、テキサス州森林局と協働で市民参加についての調査を実施しました。

　地元の人々は、地域で大切にされている公園の中にシボロ・ネイチャーセンターがあることを高く評価しています。このプロジェクトは、観光情報誌にも記載されており、市にとっても格好の広報材料となっています。シボロ・ネイチャーセンターには年間10万人の来訪者があり、毎年2,500人の生徒たちが野外教室に参加しています。

教育プログラムでは、地域の生徒を対象とした自然保護カリキュラムのほか、科学プロジェクト、地域の野生生物管理に関するワークショップ、節水園芸法、リサイクル、コンポスト（堆肥作り）、流域管理、スカウトや若者向けの活動、野草ワークショップ、バードウォッチング、エコロジカルな「気づき」のワークショップ、植樹、そして懐かしの自然鑑賞などを行っています。

年間予算は22万5,000ドルで、このうち1万7,000ドルはボルン市のホテル・モーテル税からの資金となっていますが、その他はすべて個人からのものです。何百人ものボルン市民の年会費によってシボロ・ネイチャーセンターのプログラムが支えられているのです。ニュースレターは2,000世帯に発送され、昨年は、350人のボランティアが1万3,000時間以上の労働を提供してくれました。

現在、シボロ・ネイチャーセンターは、生徒たちへの野外授業や体験学習を希望する学校の増加に応えるため、五感プログラムや教育プログラムを提供しています。また、環境教育のインタープリティブセンターとして、地元の学校の生徒向けのプログラムや、教師やガイドのトレーニング、来訪者の意識を高めるためのプログラムなどを提案しています。インタープリティブ・センターとは、一般市民向けの教育活動をおこない、来訪者に責任のある行動を勧め、今までに見たことのない世界を紹介するものです。ネイチャーセンターでのインタープリテーションでは、自然環境への気づきや理解を高め、来訪者に働きかけ、それぞれの人生に新しい視点をもってもらいます。

センターのスタッフとボランティアは、野外展示やハンズオン展示、体験エリア、パンフレット、参考資料、視聴覚機器、そしてシボロ・ネイチャーセンターのために特別に開発されたカリキュラムなどを使い、自然界とその生態系のつながりについて正しく認識し、よりよく理解できるような実践活動を行っています。夏のデイキャンプでは、自然のしくみに驚き、楽しい体験を希望する子どもたちへの奨学金制度も用意しています。普段は帰宅してテレビを見るような子どもたちに、放課後を有意義にすごしてもらうプログラムもあります。

学んだこと

パートナーシップ（協働）というものは、結婚にしろ、ビジネスにしろ、あるいは行政と市民による事業にしても、どんな場合でもチャレンジです。チャレンジという

のは、避けられない摩擦がやってきた時、お互いへの敬意とユーモアのセンスをもって取り組むことでもあります。行政とのパートナーシップのメリットは明らかでした。市は土地を所有し、重機や人材、何より資金をもっていました。美しい自然環境は費用のかかるものです。それなのに、市や郡、州が所有する土地にはしばしば石油などの掘削井戸があったり、汚水処理場や発電所、道路がすでにあるか、いともやすやすと作られてしまったりします。

デメリットはすぐにわかりませんでしたが、次第に明らかになってきたことは、プロジェクトを自分たちの思いどおりにコントロールできないということでした。交通規制や土地の管理計画を決める時、あまり意見を述べられないことがありました。とはいえ、このようなことは些細な行き違いにすぎないとわかるや、市はいつも折り合いのつくような解決策を検討してくれました。最終的に、私たちは市といっしょにマスタープランを作りあげ、借地契約を結ぶことができたのです。このようなパートナーシップにとって、頻繁にミーティングをもつことがいかに重要であるか学びましたし、私たちはとても恵まれていました。

市民グループと行政とのパートナーシップのなかでは、ひどい挫折を経験することもあるでしょう。エゴが複雑に絡み合い、コミュニケーションがうまくいかず、一人ひとりが将来のネイチャーセンターを支えるという共通認識を培うことよりも、互いを負かすことに関心が移ってしまうことも。この国では、多く地域プロジェクトが個人が互いにうんざりしてしまったために破綻してきました。

ですから、ネイチャーセンターを民間事業として実現できるなら、それにこしたことはないでしょう。もし行政の援助なしでも実現できるようなら、行政を巻きこむという誘惑に駆られないようにしなさい、というのが私たちからのアドバイスです。とはいえ、自然を守りネイチャーセンターとして使おうとしている土地が公有地だとしたら、偏見にとらわれずにパートナーを組み、まずは基本的な取り組みについて合意し、できるだけ早い段階で共有できるマスタープラン作りに取りかかることです。

初めから明確なマスタープランがあるにこしたことはないのですが、行政というのは信頼できるまで、あるいはただ監督権を維持するために、しばらくあなたのグループの手腕を監視したがるかもしれません。そういった時はコミュニケーションを欠かさず、信頼関係を築く努力を続けることが真のパートナーシップを培う最も大切な方法です。

地域に根づいたネイチャーセンターは、結局、その地域を反映したものなのです。シボロ・ネイチャーセンターでも多くの点で妥協し、当初のビジョンのすべてを実現しているわけではありません。しかし、これが草の根の自然保護プロジェクトの常なのです。もし、自分でコントロールしたいのなら、自分たちだけで進めることです。しかし、土地を寄付してもらったり購入したりすることができず、またコミュニティを信じることができるなら、地元の行政とパートナーシップを結ぶのが最良の賭けかもしれません。民主主義が私たちの場合にはうまく機能しました。

　選ばれた議員より、むしろ地元の公務員のほうが最大の援助者にもなり、障害にもなるという実例を聞かされていましたが、私たちの場合、地元の自治体とのパートナーシップを真に可能にしてくれたのが市役所の職員でした。市の業務は個々の担当者の手によるもので、彼らとの個人的な関係がパートナーシップを成功させる鍵になります。上手に頻繁に会うことが、結果として良い関係を作り、摩擦を回避し、解決の糸口を見つけてくれるものです。自然好きな人たちは、会議に出席するよりも自然の中を散歩したがりますが、地域に根ざしたネイチャーセンターは関係づくりのできる地域でこそ成功するのです。

　また、私たちのプロジェクトは、思いも寄らない展開やきっかけを通じて成長してきました。新しいボランティアの加入によって、新しいアイディアが湧き出てくるものです。どのコミュニティにも、他にはないユニークな成長の仕方があるでしょう。行政とのパートナーシップには限界がありますが、それでもいくつかのグループが地域の行政と一緒になってネイチャーセンターを立ち上げ、住みよい世界にしていくことが可能だと考えています。

　ボランティアや友人たちの想像力が、このプロジェクトを地域の大きな事業に発展させてくれました。私たちは誰もが目の前のことに忙殺され、自分たちのやっていることが何なのかを理解していませんでした。私たちにできたのですから、皆さんにもできます。あなたに語りかける自然の場所を見つけたら、旅はもう始まっているのです。

地域を巻きこむ

地域に根づいたネイチャーセンターは、センターの敷地の外にも影響を及ぼすものです。以下に地域での活動を年代に沿って簡単にまとめてみました。

1988年　ボルン市が市立公園内に湿地を復元し、ネイチャートレイル（自然遊歩道）と木道を建設することに合意。

1989年　シボロ自然友の会が発足。シボロ自然トレイルに隣接する草原も含むようロビイングを実施。

1990年　シボロ・ネイチャーセンターが開館。トレイルは建設中。

1996年　ボルン市がシボロ自然友の会による約30ヘクタールの緑地の借用に合意、署名。緑道開発業がボルン市とテキサス州公園野生生物局（TPWD）との協働でスタート。市の基本計画の更新にともない、旧鉄道線路を「軌道公園」として整備することになり、ハイキングやサイクリングコース、節水園芸のランドスケープデザインを取り入れることになる。また「川沿いの散歩コース」の整備も推し進められ、シボロ川沿いのノースアップ公園からシボロ市立公園までトレイルを設置することになる。

1998年　シボロ自然友の会が、ランドスケープデザイナーのドキシー・ワトキンス氏にケンダル郡の緑道（シボロ・グリーンウェイ）を通じた緑地計画のコンセプトを依頼。

1999年　シボロ自然友の会の要請により、市が約25ヘクタールの緑道を整備し、レクリエーションや野生生物保護区として管理することを採択。シボロ・ネイチャーセンターの敷地約16ヘクタールも含まれており、恒久的なグリーンベルトの創設が確定。

シボロ自然友の会はランドスケープデザイナーのポール・バーウィック氏の整備計画をもって市と協働で10万ドル（約800万円）の助成金をTPWDに申請。

2000年　ケンダル郡の顧問委員会が郡の文化や自然資源の保護に同意し、公園や緑道の推進に協働で取り組むことを推奨。

2001年　シボロ自然友の会が市に対してボルン湖の保全を働きかけ、車両の乗り入れ制限やトイレの増設、また企画運営についてTPWDの援助を受けることを推奨。

市議会が、旧鉄道の敷地や湖、分譲地の放水路周辺の土地を町のレクリエーションスペースや緑地として利用する基本計画（マスタープラン）を採択。計画には、遊歩道や緑道、鉄道公園などが含まれる。

シボロ地区の旧鉄道9号線で着工。

シボロ自然友の会とTPWDが協働で、市議会にボルン湖の保全に関する提案書を提出。

シボロ自然友の会とシボロ川管理局が協働で、毎年恒例の市民参加のボルン湖清掃を開始。

2003年　ボルン湖清掃運動が全市を巻きこむ「ボルン市美化プログラム」の一部に組みこまれる。シボロ自然友の会の求めに応じ、郡役員会が緑地の買い取りを目的とした郡内の公園管理制度の見直しを承認。
市がネイチャートレイルや緑道に関する市民の参加度調査を実施。
シボロ緑道連合会の発足準備が整う。7月8日、シボロ・ネイチャーセンターで地域の代表者を集めた第一回検討会が開かれ、整備への期待と活動計画（アクションプラン）が討議され、達成目標は地域が主体となっての緑地、緑道作りとした。
緑地に関する市民投票について、シボロ川管理局主催のセミナーに郡役員が出席。
シボロ・ネイチャーセンターのジャン・レーデ氏とルフス・ステファン氏が先頭に立ち、市や郡の担当者、商工会議所を巻きこみ郡全域にエコツーリズムが広がる。
シボロ・ネイチャーセンターのボランティアがデザインし、ボルン市とシボロ・ネイチャーセンターが資金調達を行った旧鉄道9号線の緑道工事が完成真近となる。
歴史的名所調査委員会がボルン市の入り口や河川、美的景観の保全に関する区画整理を検討。キャロリンがその委員会の代表を務める。
水辺の管理に関する郡の新政策指針の審議が始まる。
ルフス・ステファン氏（TPWDとシボロ・ネイチャーセンターの理事）が郡職員に会い、適切な河川管理について指導。
シボロ・ネイチャーセンターが350万ドル（約2億8,000万円）の資金調達キャンペーンのすえに取得した土地にリンデ・ラーニングセンター着工。
2004年　郡が公園・緑地の基本計画を市民投票によって採択。
リンデ・ラーニングセンターが完成。

ブレント扮するグリーンマン

　最近、体験学習と広報のツールとして塗り絵の本を作成。裏表紙には以下のようなメッセージがあります。
　「むかしむかし、町は小川とたくさんのものを守りました。これは、テキサス州ボルン市でちょっとした自然を守ろうという夢へ挑戦した人々のお話です。お話は、身体の半分は植物で半分は人間という、グリーンマンと呼ばれるちょっと奇妙な小さな生き物によって語られます。保護者の皆さんには、ほんとうのヒーローとほんとうの伝説として、子どもたちにグリーンマンの物語を読み聞かせることをお薦めします。」
　この塗り絵は、シボロ・ネイチャーセンターを記念して制作されました。コミュニティ全体（ボルン市、ボルン私立学校区、ボルン市商工会議所、シボロ川管理局、シボロ美術評議会など）の協働のたまものです。この塗り絵は無料で地域の学校に配られ、私たちのネイチャーセンターの物語を伝え、加えてプログラムも紹介し、保護者の皆さんへの友の会への加入の呼びかけともなっています。

第2章　ネイチャーセンター設立

カンザス州ハッチンソンにあるディロン・ネイチャーセンター

> 日々の暮らしに忙殺されるようになった時、自然に目をやり、思索し、魂に落ち着きを取り戻すことができるような、自然らしい自然の場所をいくつか守っておかなければならない。
> ——シガード・オルソン『平和の種 Seeds of Peace』
> 〔アメリカのナチュラリスト。作家〕

　最も役に立った体験は、他のネイチャーセンターを訪ね、運営している人々と意見を交わしたことです。同じ考えをもち、地域に根ざした活動を行っている人々との出会いは、お互いに親しくなり、貴重な情報を教えてもらう機会となりました。できるだけ多くのネイチャーセンターを訪ねてみてください。ネイチャーセンターというのは、その場所の特徴的な自然環境だけでなく、使命や規模、資金、地域との関係、組織のあり方など様々なスタイルがあります。ビジョンを作るにあたり、他の事例を参考にすれば、1から同じことをしなくてもすみます。

　それぞれのネイチャーセンターの物語は一つひとつ違います。青少年自然科学基金はアメリカとカナダにおける1,261件の事例が掲載された『自然科学センター一覧 Directory of Natural Science Centers』の第6版を1990年に出版しています。国内のネイチャーセンター、博物館、環境教育センター、州立公園、植物園、動物園、水族館がリストアップされ、使命や立地環境、プログラムの特色、アクセスの方法まで記載されています。さらに、このリストによって当時の全米におけるネイチャーセンターの

全体像を理解することができます。
- 19%が約2ヘクタール以下の敷地で、また31.4%は200ヘクタール以上の敷地を所有している。
- 80%が日帰りプログラムだけで、20%は宿泊プログラムも提供している。
- 63%がボランティアを活用している。
- 61.9%が専任スタッフが5人以下である。
- 67%が年に1万人以上の利用がある。
- 35.6%が年に5万人以上の利用がある。

1900年代前半に設立されたネイチャーセンターもありますが、多くは全米オーデュボン協会の支援や青少年自然科学基金のジョン・リプレイ・フォービス氏の尽力によって60～70年代に設立されています。1997年、私たちはネイチャーセンター理事協会（ANCA）の会員である、およそ100カ所とその他のいくつかのネイチャーセンターに依頼し、歴史や資金、使命、会員制度、予算、施設概要、サービス内容、プログラム、得意とする資金調達方法などを調査しました。この場をお借りして、情報を提供してくださったネイチャーセンターに感謝します。

ここで紹介している全米各地で成功したネイチャーセンターの多くが、地道な活動からスタートしていました。ですから、今の規模が大きいからといって尻込みすることはありません。設立した人たちですら、これほどまでの大きさに成長するとは夢にも思っていなかったのです。コミュニティというものは、一般市民向けのプログラムが行われるようになると支援者が増える傾向があります。以下に紹介するネイチャーセンターの物語から、施設や設立の仕方には二つとして同じものがないということを知っていただけることでしょう。

大きく育った小さな古い森

「フォンテネーレの森」の設立は、正式には1913年ということができます。というのも、ことの起こりはフランス系アメリカ人の毛皮商人ルシアン・フォンテネーレ氏が交易所を買いとった1828年にさかのぼることができるからです。その後、交易所は先住民保護局の本部として使われるようになり、フォンテネーレ氏の5人の子ど

ものうちの1人、ロガン・フォンテネーレ氏は白人とアメリカ先住民両方の文化で育ち、通訳として働きながら、スー族の兵士の手にかかって30歳の若さで亡くなるまで、誰からも尊敬されたオマハ族の代表として活躍しました。ルシアンとロガン・フォンテネーレの二人は敷地内に埋葬されていて、その森はロガン・フォンテネーレと命名されています。

　1910年、A・A・タイラー博士とハロルド・ギフォード博士に率いられた郷土史研究家と実業家のグループが、オマハのすぐ南方にあたるミズーリ川沿いの美しい土地の保護に立ち上がりました。ネブラスカ州政府は、森林保護区として土地を購入するようにという彼らの請願を受け入れず、グループは自分たちで購入することを決めます。1913年、こうして彼らはフォンテネーレの森協会という非営利組織を結成したのです。

　それ以来、ネイチャーセンターの施設は増築を繰りかえすごとに充実してゆき、提供する教育プログラムの数も種類も多くなっていきました。1971年、フォンテネーレの森協会はオマハの北にあるワシントン郡とダグラス郡の境界にまたがる約48ヘクタールの土地をエディス・ニールという女性から贈与されました。ニールさんの父は1800年代中頃に2人の兄弟とともにこの土地に入植し、彼女は先祖が暮らしていた頃の姿に近い状態で保存したいと望んでいました。これが、ニール・ウッズ・ネイチャーセンターの始まりでした。

　その後、フォンテネーレの森協会の創始者のひとりを父にもつキャロル・ジョナスによって隣接する24ヘクタールほどの土地が寄贈され、キャロルが住んでいた家はニール・ウッズ・インタープリティブセンターとして利用されることになりました。さらに、彼女の遺産として残された45ヘクタールもの土地を、フォンテネーレの森協会が取得することが認められ、その内の25％の森を伐採して草原に戻し、1800年代中頃の様子を再現しました。

　1998年、フォンテネーレの森協会はメトロ・オマハYWCAから、33ヘクタールのキャンプ場を50万ドル（約4千万円）で購入しました。この土地は森と隣接し、建物や芝生広場があり、イベントや教育活動をするのにうってつけで、運営をするにも便利でした。キャンプ・ブルースターと名づけられたこの場所には、幼い子どもたち向けの「子どもの森」計画もあります。2000年には、「フォンテネーレの森協会」から、施設や事業全体を含めた組織を統合した「フォンテネーレ自然協会」へと改称しまし

た。市民を巻きこみ、少しずつ土地を手に入れ、事業を拡大していった草の根運動の事例は、ネイチャーセンター運動のお手本となっています。

心を動かされて

　イリノイ州アーバナにあるアニタ・パーベス・ネイチャーセンターは、約24ヘクタールの私有地の保護区にある公立のネイチャーセンターです。1963年、もともとこの地を含む巨木の森を代々所有していたキャサリン・クラッセンさん一家は、土地を工業団地開発に提供することに決め、低地の森にはレンガや瓦礫が運びこまれはじめました。この名残は今でも見ることができます。この「ブセイの森」が地域の人たちにとってどのような意味があるのか、クラッセン夫人は理解していなかったのでしょう。しかし、「ブセイの森」の破壊に反対する投書が新聞に寄せられたのを見て心を動かされ、この土地を公共の団体に買ってもらうことを提案しました。その後、ブセイの森保全委員会が発足し、この森を自然保護区とするための方法を模索しはじめたのです。

　1971年、クラッセン夫人と妹のタウニーさんは「ブセイの森」を学術調査地区とするため、イリノイ大学財団に寄付することにしました。1974年の末には、アーバナ公園局が「ブセイの森」の20年間にわたる借用契約をイリノイ大学と結び、この森を自然観察地区とする基本計画が出来あがったのです。

　1970年代初頭、全米に環境保護運動が起こったのをきっかけに、地元でも市民グループが結成され、生徒たちを自然観察ハイクに連れだすようになります。この「自然学習グループ」がブセイの森の中にトレイルを作り、学校遠足を案内するボランティアを育てたのです。1973年には、学校遠足のプログラムをアーバナ公園局に移管するとともに、公園局による環境学習センター設立を支援することになります。

　アニタ・パーカー・パーベスは、この「自然学習グループ」のメンバーで、アーバナ公園局顧問委員会の創立委員でもあり、地元の学校の自然学習特別授業を指導するかたわら、ソンバーン環境学習センターの設立や運営にも尽力していました。彼女が1975年にガンで亡くなったとき、その遺志によりネイチャーセンター建設のための記念基金が設けられました。1979年、彼女の夢はついに叶います。公園局は、アニタ・パーベス・ネイチャーセンターをオープンさせ、開所式では次の言葉が捧げられました。「地域の子どもだけでなく、私たち大人にも、すべての生き物のつながりの大切

アニタ・パーベス・ネイチャーセンター

さを情熱をもって伝えてくれた、若くて活発な女性に、この建物を捧げます。」
　アニタ・パーベス・ネイチャーセンターはクリスタル・レイク公園の北の端にあり、市民に開放された環境教育施設として、4つの多目的室と展示室、観察室、オーデュボン協会のギフトショップ、教員のための資料室を備えています。また、草原を含めると24ヘクタールにもなる「ブセイの森」には屋外でも使える車椅子があり、一般の人だけでなく学校向けの様々なプログラムが用意されています。
　年間3万人を超える人々が、アニタ・パーベス・ネイチャーセンターとブセイの森を訪れています。プログラムやイベント等の活動が年間を通して用意されており、学期中には、就学前の子どもから大学生までの5,000人以上のプログラム参加を得、また学校独自の活動に利用されたりしています。
　1995年には、4つの新しい教室と展示ホール、野生生物観察室、ギフトショップが新しく建てられたため、古い建物は職員の事務所と教員向けの資料室に改築され、建物の外観もすっかり見違えるようになりました。また、施設を取り囲んでいた草木の90％がいったん刈り払われ、多くのボランティアグループの協力により、草原性の植物や低木、そして林に自生する野草が移植されました。この改修にあたり、職員自らがセンターの教育目的によりふさわしい景観計画をデザインしたのです。「生息地ガーデン」と名づけられたセンターの周りでは、訪れた人自身に、チョウやハミングバード、小鳥といった野生の生きものを惹きつけるための工夫をしてもらうようになっており、野生生物を観察する部屋の外には、在来種の草木が植えられ、餌場や巣箱、水飲み場が設けられています。
　教員向けの資料室には、最新の環境教育関係の資料や貸し出し用の教材が用意され、さらに、恐竜やミミズ、地学、昆虫、草原、熱帯雨林といったテーマごとに教材ボックスがあり、自然のモノや写真、参考図書、器材、事例集などといったものが入

れられています。この他、学習用の毛皮、貝殻、巣、ビデオ、スライドなども貸し出ししています。

「ネイチャーセンターと農場」モデル

　オハイオ州デイトンにあるアールウッド・オーデュボンセンター＆ファームは、その約28ヘクタールの土地を1957年から市民に開放しています。マリー・アール夫人が当時の全米オーデュボン協会の会長だったホン・H・ベーカー氏に、中西部で初めてのネイチャーセンターを作る話を持ちかけたことがきっかけでした。彼女は、教師や生徒たちが植物や動物、生態系の概念について学ぶことができる自然のサンクチュアリを夢見たのです。彼女が寄贈した土地と、センター建設のための基金、オーデュボン協会へ寄せられた寄付金によって、最終的には140ヘクタールもの規模にもなる全米最古のネイチャーセンターが設立されたのです。

　1962年、アールウッド・オーデュボンセンターに隣接する50ヘクタールもあるアントリウム農場が売りに出され、アールウッド川に流れこむ美しい清流が開発にさらされそうになったとき、アール夫人は農場を買いとり、その一部をオーデュボン協会に寄付しました。この時、彼女は子どもたちが家畜と触れあい、作物が育つところを目のあたりにできる「子ども農場」を夢見たのです。この施設は、1978年に統合されるまで、センターとは別の独立した組織として運営されていました。1979年には、地域の理解や資金援助を得やすくするため「アールウッドの友」として法人化し、1986年、オーデュボン協会からセンターの運営と基金の管理を任せられるようになりました。1989年、農場は「アールウッドの友」の運営のもと、デイトン財団に委譲されました。

　今では1,700人の会員と67万ドルもの年間予算をもつアールウッドの施設は、ネイチャーセンターと教育を目的とした有機農場とで成り、農場には築百年の納屋、羊小屋、鶏・ウサギ小屋、製糖所、井戸小屋、トラクター倉庫、開墾されて丈の高い草の生い茂る約50ヘクタールの草原が広がります。20もの自習プログラムやガイド付のプログラムが学校や青少年グループ向けに用意され、教師や指導者対象のワークショップも数多く行われています。夏休みや冬休みには子ども向けの特別なプログラムや、大人を対象とした様々なワークショップも用意され、週末や平日の朝や夜には、

オハイオ州デイトン、アールウッド

アールウッドの牧場

ガイドウオークやプログラムが一般向けに行われ、ほかにも、野生生物フェスティバルやリンゴ祭り、魔法の森、ハッピーバード・デー、アーミッシュキルト・オークション、ホリデー・オープンハウス、アースリズム、そして様々な展覧会が開かれています。

何度でも挑戦しよう

　1992年、アン・リリングとジャネット・ケンナのふとした思いつきが始まりです。ハチドリが大好きなアンはバードショップを開くことを、ジャネットはネイチャーセンターを作ることを語り合ったのです。その翌年、この2人のナチュラリストにキャロリン・ジョンソンとウィンストン・ダインズが加わり、非営利のネイチャーセンターの建設と土地の取得について検討しはじめました。アンはコロラド州アニマス川沿いの約16ヘクタールの土地に目星をつけると、所有者に話を持ちかけ、ついにネイチャーセンターとして利用する目的でこの土地を長期にわたって借り受ける了解をとりつけたのです。

　その後、4人は半年をもかけてプログラムを練り、土地の利用や牧舎の改修計画について熱心に話し合っていたその時、所有者が土地の提供をご破算にするという最初の試練に直面したのです。完璧に出来あがったプログラムと4人の構想はそのままに、急いで新しい場所探しに取りかかりました。そして、ロレーン・ヒグビー夫人から、約16ヘクタールの土地提供の申し出をとりつけます

　ヒグビー家の所有する土地は、魅力的な自然に溢れ、敷地を流れるフロリダ川は水辺の教育にうってつけでしたし、カメや魚、タニシ、そして水生昆虫が生息する池やポンデローサ松の森や草原、そして、そこにホリネズミが棲息しているなど申し分のない自然に囲まれていました。

　1994年6月、ドランゴ・ネイチャー・スタディーズ（DNS）が活動を始め、日本か

アン・リリングと友人たち

ドランゴ・ネイチャーセンターは1998年6月にドランゴ・ネイチャー・スタディーズにより創設されました。

らの交換留学生グループを皮切りに、1994年秋までに地元の368人もの生徒たちに「キッズ自然探検プログラム」を提供しました。この年、DNSは初代の理事会を組織してNGOとなり、10人のボランティアの自然案内人を育て、5,600ドルもの会費を集めたのです。

4人は仕事をそれぞれの自宅でこなしていましたが、1995年、コロラド州にあるベクトラ銀行がDNSの事務所用にと倉庫を寄贈してくれました。このキッズ自然探検プログラムに参加する子どもたちは、2001年には年間で2,300人に達するまでになり、DNSは、毎年7つのプログラム、延べ13,500時間、約5,000人の生徒たちが参加するまでに成長します。

しかし、ヒグビー家の所有地を借用してから3年後、2度目の試練が訪れます。またもや土地を探さなければならなくなったのです。その時は、ドランゴに住むラングハート夫妻がDNSのためにカレッジ・メサの所有地の一部を提供してくれることになりましたが、ネズの木が生え、草原や人工とはいえ池があり、馬が放牧されているその土地は、今までの環境とは違い、新たにプログラムを作り直さなければなりませんでした。

DNSのスタッフと理事たちはこの出来事によって、自分たち自身が土地のれっきとしたオーナーにならなくてはいけないという思いを強くします。そこで、我が家と呼ぶことができ、プログラムに合わせて手を入れ、いつまでも使いつづけられる土地の情報収集と資

金集めに本気で取り組みはじめたのでした。そうした折、ある145ヘクタールもの牧場が、分割して売りに出されており、56ヘクタールもの広さの土地がまだ残っていることがわかりました。助成金や寄付、募金によって42ヘクタールの土地を購入するだけの資金を集め、1998年に13万ドル（約1,000万円）で買い取りました。その後、残りの土地を買い足すため、まず友人たちにこの土地を買い取ってもらい、保護区のための地役権を設定することで開発を最小限に抑え、税金も免除されることになりました。その後、2000年の初めになって、ようやくDNSは残りの土地を1ドルで購入し、6年もの歳月をかけてすべてを所有できるようになったのです。

　DNSは多くの支援によって成り立っています。大規模なキャンペーンで会員は300人になり、その会費や寄付が基盤です。その他にも、ハロウィンの幽霊屋敷やネイチャー・リーディング（お気に入りの作家の作品を読む会）の夕べといった活動が収入源となり、1995年には2万1,872ドル（約170万円）だった組織の収入は、2001年には17万2,175ドル（約1,4,00万円）にまで膨らみました。

　ドランゴ・ネイチャー・スタディーズの歩みは、忍耐と勝利の物語だといえます。1993年には数名の親しい友人たちだけの夢が、今日では確実な形になっているのです。4人の創設者たちは、使命に向かって時間と能力を捧げつづけ、組織は変化という試練を乗り越え、障害を克服してきたのです。DNSには3人の常勤スタッフがおり、契約した大勢のナチュラリストと訓練を積んだボランティア組織が手伝い、サマー・キャンプや学校プログラム、夜や週末の遠足など、様々なプログラムを毎年7,000人の子どもたちと1,000人の大人たちに提供しています。

環境錬金術——公衆トイレをネイチャーセンターに！

　ハートオブサンド・ネイチャーセンターは、行政が運営するネイチャーセンターです。私たちはこの事例に感動し、NAI（全米インタープリテーション協会）の雑誌（*Legacy*, Mar./Apr., 2003）に次のような記事を書きました。

　　この現場を訪れた時、この物語を伝えなければならないと心から思いました。小さな建物は超現実的な不毛の白い砂丘に浮かびあがり、さながらスター・トレックに出てくる着陸船のよう。建物の屋根には大きなソーラーパネルが設置され、まるで砂嵐の中

着工前：未来のハートオブサンド・ネイチャーセンターは「ある特定のニーズ」をもったビジターだけを引きつけていた

完成後：ハードワークと想像力がハートオブサンド・ネイチャーセンターを実現させた

に勇者が立っているようでした。水や生命が乏しいこんな所にある、これは本当にネイチャーセンターなのだろうか？　人工的で、高度な知性をあらわしていることははっきりしていました。この洗練された、小さな自然案内所は、あたかも月面に存在しているように思われました。しかも、この驚きは物語の始まりでしかなかったのです。

　ニューメキシコ州アラモガルド近くのホワイトサンズ・ナショナルモニュメントにあるビジターセンターから約11キロ、ハートオブサンド・ネイチャーセンターは植物や動物の砂丘への適応について語りかけています。

　私たちは、1988年にテキサス州ボルン市にシボロ・ネイチャーセンターを立ちあげて以来、全米インタープリテーション協会やネイチャーセンター理事協会に積極的に関わり、ネイチャーセンターのマニアになっていました。

　1998年には本も出版しました。アメリカ全土にある2,000ものネイチャーセンターのうち約100カ所について調査し、それぞれにユニークな成長のしかたがあることに気づいたのです。ほとんどのネイチャーセンターは、夢物語を語るほんの数人の田舎者のアイデアから始まり、それぞれが独自の物語を紡いでいます。しかし、この冷たい月面のような風景はあまりに衝撃的でした。どうやったらこんなことに？！

　（中略）

　世界一広大な石膏の砂丘という神秘的な風景の真ん中にぽつんと佇む、この小さな建物に私たちが辿りついたのは2002年5月のことでした。大チフアフアン沙漠の北の端にあるツラローサ盆地には、7万ヘクタールもの光り輝く白い砂丘が広がり、絶え間なく動き、変化しつづけています。風の吹きすさぶような日に、正気でここを訪れる観光客なんていませんが、私たちは執念で、風に煽られた1対の丸まった枯れ草のように転がりつきました。

　あいにく、ハートオブサンド・ネイチャーセンターは閉まっていましたが、案内板や

展示の様子からネイチャーセンターだということはわかりました。窓から中を覗いてみると、立派な砂丘の断面模型と昼間に見られる動物の展示が目に入りました。センターの裏へまわってみると、インターンの学生が古い公衆トイレをネイチャーセンターに作り変えたと書いてありました。なんと、トイレがインタープリテーション施設へと変身したのです！　これこそ奇想天外な発想ではありませんか！　とたんに、醜いアヒルの子や灰の中から復活する火の鳥、ジャックと豆の木のイメージが頭をよぎりました。辺鄙なところに建てられた公衆トイレを、いったい、どうやってネイチャーセンターに変えることができたのでしょう？　私たちは、1898年建造の古い建物を移築し、再利用してネイチャーセンターを作ったことをいつも誇りに思っていましたが、ここは究極の改造のようでした。

　私たちは、ホワイトサンズ・ナショナルモニュメントの主任インタープリターで、この前例のない改造に関わったジョン・マンギメリ氏に会って話を聞きました。1993年のこと、テキサス州のクリスチャン大学から来た研修生クリスタ・コバックは、卒業研究としてネイチャーセンターをテーマとしていました。翌年、パークレンジャーとなってこの地に赴任してまもなく、彼女はマンギメリ氏と管理人のデニス・ディットマンソン氏のところにやってくると、ネイチャーセンターにしては「奇想天外なアイデア」を提案したのです。生物学と同時に彫刻を専攻していた彼女のアイディアは、砂丘のイメージにふさわしいコンクリートで出来た放射状の建物で、費用は20万ドル（約1,600万円）もするものでした。二人の答えは、「すばらしい！　だけど、今ある公衆トイレの建物と1万ドルで何ができるかを考えてほしいんだ」。彼女は現実へ引き戻されました。（公衆トイレは20メートル四方足らずの建物で、しかも汲み取り式でした！）

　彼女はデザインのコンセプトを練り直し、計画を縮小したうえで、ボランティアの建築作業員とホワイトサンズ・ナショナルモニュメントの施設管理スタッフと一緒にリフォームに取りかかりました。ソーラーパネルを据えつけ、電気の配線工事を行い、床をタイルに貼り代え、スタッフは彼女が溶接機や工具、工作室が使えるように手配をし、次から次に出てくる課題を解決するためのアイデアや専門的なサポートを行いました。「施設管理スタッフあっての成功でした。」（汲み取り式トイレはどうやって改修したんでしょう！?）

　次に、彼女はマンギメリ氏の指導の下、インタープリテーションのテーマを練りは

じめました。マンギメリ氏は人の才能を見抜き、育てる方法をよく知っているようです。43度を超える暑さのなか、水道も電気もない現場で彼女は案内板やハンズオン〔手で触れる〕展示、そして壁画を完成させたのです。道路を走りまわって、車に轢かれた動物の死骸を見つけては剥製にして展示に使い、砂場を作り、子どもたちが木でできた動物の足型で足跡をつけられるように工夫し、さらに、このプロジェクトに南西部公園モニュメント協会から8,000ドル（約64万円）の助成をとりつけます。

ここからは彼女の芸術家としての本領発揮です。紙と針金と液体ラテックス（ゴムの原料）を使って砂丘の植物を作りはじめました。ある日のこと、センタウリーという小さなピンクの花の出来ばえに自信がなく、色を塗る前のものを持ってビジターセンターへ行くと、何人もの来訪者から「野草を採っちゃだめでしょ、法律違反よ！」と叱られてしまいました。この出来事で不安は打ち消され、彼女は部屋いっぱいに第一級の展示物を完成させたのです。このジオラマ展示には、昼行性のキツネやガラガラヘビ、夜行性のコヨーテ、アメリカワシミミズク、植物ではウルシやユッカの木も見られます。

製作には地元の小学生も参加しました。また、地域で標語コンテストを開催し、ルール作りから、記者発表、優勝者の撮影、資料や賞品の用意まで準備し、優勝した標語はネイチャーセンターに貼り出しました。こういったイベントを行うことで保護者や教師を巻きこみ、地元のメディアに取りあげられ、地域づくりに貢献していったのです。

着工から10カ月後の1995年5月27日、必要な電気のすべてを太陽光発電によって賄うハートオブサンド・ネイチャーセンターがオープンしました。現在、この施設はボランティアによって支えられ、ほぼ毎日開館しています。このセンターは、人々の暮らしに寄り添い、才能と努力、それに、この地が日々の生活を祝福し、世界を元気にするマジックを伝えてくれています。

私たちがクリスタ・コバックさんにやっと会えた時も、彼女の創造性は衰えておらず、故郷ミズーリ州の環境保全部の職員として展示の担当をしていました。この若い頃の成功がインタープリテーションの専門家としてのポジションを確かなものにしたのです。ホワイトサンズで経験を積んだ後、彼女は国立公園局ニュージャージー州海岸保護区に勤務し、案内所やトレイル沿いの野外展示物を製作。現在、ミズーリ州ハーツバーグにある事務所で州の5つの大きなネイチャーセンターを受け持ち、イベントやスポーツショー等で使われる移動展示に関わっています。

ジョン・マンギメリ氏は現在もホワイトサンズの主任インタープリターとして働いて

います。「この建物は大勢の来訪者が訪れる公園の中心にありながら、インタープリテーションがほとんど行われておらず、公園についての教育ができていなかったのです」と懐かしそうに語っていました。

ハートオブサンド・ネイチャーセンターの成功の秘訣は何だったのでしょう？ クリスタ・コバックは「特徴となる素晴らしい自然はもちろんのこと、基本的な備品をそろえることができる予算と公園職員全員の協力、壮大なビジョン、そしてすべてを1つにまとめあげるのに適した人物がいたこと」と語ります。

私たちの頭にローラ・インガルス・ワイルダー（Laura Ingalls Wilder, 1867-1957。アメリカの作家。テレビドラマシリーズ「大草原の小さな家」の原作者）の言葉が浮かびました。「ある1つのことについて大勢の人が考え、よく働くなら、それは実現するのだと思うわ。風とお天道さまが機会を与えてくれるのよ。」

2人の地質学者の物語

バトルクリーク・サイプレス沼ネイチャーセンターは、3つの公園と22万5,000ドル（約1,800万円）の年間予算、敷地面積約40ヘクタールの施設から成っています。ワシントンDCに本社があるアメリカ地質調査会社の2人の地元職員が、この一帯はメリーランド州でも他では見られない驚異的な自然だと気づいたことが始まりでした。1957年、メリーランド州ガーデンクラブ連合会から資金を調達し、この沼地を買いあげるようザ・ネイチャー・コンサーバンシーに働きかけます。そうすると、地元カルバート郡の職員がこのすばらしい自然環境の可能性に気づき、ザ・ネイチャー・コンサーバンシーからこの自然保護区を借り受け、敷地を管理し、適切な改修工事を施すよう郡政府を説得しました。1977年、郡は隣接する約10ヘクタールの土地を購入し、まずは管理人を雇い、ネイチャーセンター建設と木道設置の資金を提供。資金は郡からの予算のほかに、「友の会」から毎年およそ2万5,000ドル（約200万円）の賛助金を得、現在ではカルバート郡自然資源部門として、6名の常勤職員と10人の季節勤務と非常勤職員によって環境教育を目的とした3つの公園を運営しています。

ケンタッキーの判事とその妻

　ケンタッキー州にあるブラックエーカー州立自然保護区は、森や草原、池、小川からなる約84ヘクタールの自然保護区です。裁判官のマコーレー・スミス氏とその妻エミリー・ストロング・スミス夫人によって、タッカー・ステーション・ロードに所有する牧場を1979年に設立されたばかりのケンタッキー州自然保護委員会に寄付し、ケンタッキー州で初の自然保護区が作られました。スミス夫妻は、1844年築のプレスリー・タイラー邸と周辺の土地ブラックエーカーを1950年から所有し、かつての農業地帯フロイズ・フォーク盆地を蝕む開発から守りたいと考えていました。その後、1983年には財政支援と土地や歴史的建造物の管理のため、スミス夫妻はブラックエーカー財団を立ちあげます。

　保護区の施設としては、遊歩道やアパラチアン様式の納屋、太陽熱暖房のモデル住宅、リサイクルセンター、コンポストトイレ、雨水利用システム、菜園、家畜小屋、それに歴史的な家屋があります。財団は、自然保護委員会とジェファーソン郡立学校との協働によって運営され、それぞれが保護や経営、維持管理といった役割を担っています。現在では幅広い環境教育プログラムがルイスビルとその周辺地域で展開されています。

ブラックエーカー州立自然保護区で水質を調査する様子

スミス判事の妻エミリーはこのように語っています。「私たちが寄贈したのは、歴史的な建造物を守るためではありません。建物は神聖なものではなく、火事や竜巻きで簡単に破壊されてしまいます。神聖なのは大地です。大地は、ブルドーザーやアスファルトで舗装されてしまったら二度と元には戻せません。50年もすれば、都会の人々は博物館に保存されているものではなく、この農村風景を見たがるだろうと私は想像します。その頃にはほとんど見られなくなっているでしょうから。」

小さな古い学校

　5ヘクタールのチルドレンズ・スクールハウス自然公園の沿革は、1894年に開校されたオハイオ州カートランド・タウンシップ学区のリバーサイドスクール2号館を由来としています。1988年、当時のオーナーが子どもたちに自然について教えるための環境教育施設として、郡の公園であるレイク・メトロパークへの寄付がきっかけとなりました。この歴史的な校舎は修復されて2つの教室としてよみがえり、棟続きの建物は展示室や野生動物観察室、直接手で触れて体験できるディスカバリー・ルームとして改築されました。

　チルドレンズ・スクールハウス自然公園には以下の施設が揃っています。

・草原や森、小川、湿地からなる約5ヘクタールの土地と1キロメートルほどの散策道
・無脊椎動物園やチョウの飼育ケージ、季節の自然を展示する「ベーツマン氏の部屋」、2つの川の模型は、生徒たちに川による侵食を教えるのに使っています。
・壁に巣が描かれている巣の物語の部屋や野生生物観察室
・屋外に設置された集音装置を使って鳥の鳴き声を室内で聞くことのできる野生生物餌付けエリア
・ディスカバリー・ルーム。ここでは「手で触って！」がルール。ディスカバリー・ボックスに手を入れて中のものを探ったり、顕微鏡を覗いたり、箱ガメやサンショウウオ、ヘビ、魚などを観察したりして自然について学びます。
・教室として使うことのできるデッキ

チルドレンズ・スクールハウス自然公園は活動内容や展示について、いくつもの賞を受賞しています。また、ユニークな資金調達の実例として、施設やプログラムを題材にした歌のアルバムを販売し、ファミリーコンサートも開催しています。

穏やかな物腰が印象的な教師

カリフォルニア州カーミシェルにある敷地面積が31ヘクタールもあるエフィー・ユー・ネイチャーセンターは、一人の革新的な自然保護家の努力によって誕生しました。アウトドア好きの小学校教員エフィー・ユーは、1950年代からクラスの子どもたちを自然の中へ遠足に連れ出し、アメリカンリバー・パークウェイを考案し、サクラメント郡の50カ所もの自然観察区域の指定を推進し、さらにアメリカ河川保護協会を創設し、樹木法令を後押しし、自然環境への啓蒙に努めていました。1970年に亡くなった時、彼女の名を冠したネイチャーセンター設立の声が多くの人たちから起こり、1976年、彼女が子どもたちとよく足を運んだ森の近くにエフィー・ユー・インタープリティブ・センターが開設されたのです。

センターはサクラメント市の公園局によって年間43万2,000ドル（3,500万円）の予算で運営され、全長4.5キロのトレイル、約8,000平方メートルの芝生広場、約5,000平方メートルのマイデウ村のレプリカ、そして数々の展示、飼育動物、ギフトショップが入った約145坪のネイチャーセンター本館と野外円形劇場があり、800人の会員を有する非営利のアメリカンリバー自然史協会が支援団体となっています。

大地を崇拝した男

ニュージャージー州エンゲルウッドにあるパリセード傾斜地の西に位置するフラット・ロック・ブルック・ネイチャーセンターは、約60ヘクタールの保護区と環境教育センターから成っています。このネイチャーセンターの物語は、1960年代初頭、キャンベル・ノースガードという1人のナチュラリストで自然写真家の話から始まります。彼は自分の所有する土地に隣接する、手つかずのまま残された土地の行く末を案じていました。そこには、太古のパリセード森林の名残が唯一残っていて、1億8,000万年前に形成された火山性の岩床や湿地、池、それに小さな滝が連続する小川や草地、

アイジャム・ネイチャーセンター

石切場や採石場などがありました。この土地を開発することは、その地域の人々にとってかけがえのない宝ものを失うことでもあります。彼は女性有権者連合の協力を得て、「エンゲルウッドに緑地を」という団体を立ちあげ、様々なイベントやキャンペーンを行い、最終的には17の町の20以上の学校から2,500人もの生徒たちが利用する公立の環境教育センターとして花開かせたのです。フラットロックブルック・ネイチャー協会では、年間予算の3分の1に当たる年間5万ドル（約400万円）の資金調達を目標に活動を続けています。

夫婦が暮らした思い出深い土地

ハリーとアリスのアイジャム夫妻は、このような言葉ができる前から「環境活動家」として活動していました。1910年、2人は「愛情をこめて植物を育てることのできる場所を守る」ために、テネシー州クノックスビルの南に広がる8ヘクタールの土地を購入し、家を建て、家庭を築き、土地の手入れをし、温室を作って草花やシダを育て、在来の水生生物を保護する池を作り、40年を過ごしました。

自然はいつも、彼らの暮らしや仕事の一部であり、ハリーは芸術家として自分の土地の植物の絵を地元の新聞に寄稿していました。ハリーが美しい花の絵を書いている間、アリスは花の手入れを続けました。ガーデニングはアリスにとって生き甲斐であり、手を汚すことなど気にも止めませんでした。実際、彼女は何時間も土を掘り起こし、草を取り、肥えた土地に種を撒いていたものです。こうして、アイジャム夫妻は晩年を庭の手入れに費やし、環境問題について発言し、最も尊い財産である土地を守りつづけたのです。

ハリーは1954年に亡くなり、10年後にアリスも後を追うと、クノックスビル・ガーデンクラブとクノックス郡ガーデンクラブ委員会、クノックスビル市は、2人を永遠に記念するために夫妻の土地を購入するべく動き、やがて市の資金と政府の自然保護基金によって、土地を買い取ります。

　1976年、発足したばかりの理事会は、生徒や一般市民を対象とした環境教育プログラムのための資金調達に乗りだし、今ではクノックスビル市とクノックス郡からの補助と、プログラム参加費、イベントによる寄付、会費、助成金によって運営費用が賄われるまでになりました。

　これから20年の間に、センターは敷地を50ヘクタールほど広げ、管理棟と展示ホールを建設し、テネシー川沿いに木道と約1.5キロのトレイルを設け、数万人もの自然愛好家に訪れてもらう計画を立てています。

　一年を通して、公園は生命に満ちあふれています。夏になると、昆虫やサンショウウオ、アライグマなどを探して子どもたちがトレイルを走りまわり、秋には緑色に輝いていた葉が黄色や赤、オレンジ色に染まって歩道に落ち、外気が冷たくなってくると、雪の季節にふさわしいプログラムでビジターセンター内が熱くなります。そして3月、いつものように公園に楽しみをもたらしてくれる美しい花々が咲き、春が終わりのない季節の巡りを告げてくれます。

　アイジャム・ネイチャーセンターが今日あるのは、環境活動家だったアイジャム夫妻のおかげで、2人の前向きな考え方（文字どおり！）によるところが大きいのです。

風変わりな牧場主

　J・デイビッド・バムバーガー氏は仕事に就き、事業を立ちあげて成功を収めるという普通の暮らしをしていました。しかし、1969年、すべての私財を売り払い、地元の農業普及センターが「ブランコ郡で最も荒廃した土地」と評した、テキサス州の2,200ヘクタールものセラー牧場を購入したのです。その時からバムバーガー氏はこの地下水もなく、牧草地を灌木が覆いつくし、野鳥も48種しか確認できないような灌木の生えた丘陵地の改良に生涯を費やしました。理想郷のような土地を手に入れるのではなく、放置され、過放牧で痩せた土地を私財を投じて購入し、セラー・バムバーガー牧場保護区という理想郷にしたのです。

セラー・バムバーガー牧場保護区のシロオリックス

チロプトリウム（人工洞窟）からオヒキコウモリの群れが沸き立つように飛び出す

　広大な面積の草を刈り、種を播き、植樹をくり返し、池を掘り、今までにない地下水管理の手法を導入することにより、セラー牧場は今では肥沃な草地と豊かな水をたたえる小川、在来の樹木が育つ林に、そして160種以上もの野鳥を観察することができる土地に生まれ変わったのです。しかし、バムバーガー氏の熱意は衰えることを知らず、約260ヘクタールの土地に国際的な繁殖プログラムを導入し、絶滅が危惧されていたオリックス（ウシ科の哺乳類）の保護に踏みだしたのです。

　さらに、コウモリ、とりわけその大群が好きなバムバーガー氏は観察所をそなえたチロプトリウムという人工の洞窟を作りました。この鉄とセメントで出来た洞窟は、1998年に塞がれてしまいましたが、それまでは、つねに数百から数千匹のコウモリが居つき、「バムバーガーの阿呆宮」と言われたものです。でも、彼が愚か者ではないことは明らかで、今では全米で25万匹ものオヒキコウモリがチロプトリウムをねぐらとして使っています。開発による生息地の減少を少しでも防ぐよう、バムバーガー氏は他のコウモリ愛好家も人工洞窟を作るよう願っています。

　また、妻でありパートナーのマーガレットとともに、野草や鳥、高木や低木、水の管理や牧場のおこす問題、コウモリやオリックスなどをテーマにした自然観察会やワークショップといった多くの教育プログラムを作りました。ドーム型のロッジには48名まで宿泊することができ、2001年には6,000人もの利用がありました。

　最近、バムバーガー夫妻はセラー・バムバーガー牧場保護財団を設立しました。ホームページ（www.bambergerranch.org）でこのように述べています。「牧場は営利を目的として運営されていますが、牧場の利益だけでは教育プログラムのスタッフの雇用や、施設の維持、必要な教材の経費は賄えません。自動販売機やギフトショップ、レストランなどを設け、牧場経営を効率化・商業化することで、セラー牧場での体験学習の参加費を低く抑えるように努力しています。」このように、財団は施設の維持と

様々な教育プログラムに必要な費用を賄う計画です。バムバーガー牧場保護財団は2003年の夏に非営利組織としてIRSの501(C)(3)〔アメリカ国内歳入庁の寄付者への免税処置認定非営利団体登録。日本の認定NPO法人登録〕に認められました。このケースは、牧場とオリックスやコウモリの保護区、そして成長しつづけるネイチャーセンターというユニークな組み合わせとして発展しつづけています。

オーデュボン協会ルイジアナ・ネイチャーセンター

市政とのデリケートな共演

1974年に開設されたオーデュボン協会ルイジアナ・ネイチャーセンターは約35ヘクタールもの市有地に設けられ、現在では60万ドル（約4,800万円）の年間予算と6,000人の会員を有しています。

創設ディレクターのロバート・トーマス氏は以下のように語っています。

　ルイジアナ・ネイチャーセンター（以下LNC）の初年度（1978年）、私たちは市当局と慎重なおつきあいをしていました。というのも、センターの土地は市のものでしたし、市をとおして最初の建物を建てるための助成金を獲得していたからです。私たちは公園道路管理委員会に届けを出し、35ヘクタールのうち1ヘクタールほどを建設ゾーン（市から許可を得れば利用可能な地区）とし、3ヘクタールをバッファーゾーン（LNCと市が互いの許可を得る必要がある地区）、残りの31ヘクタールを私たちが利用できる地区とすることにしました。この土地はLNCの予定地として指定されたのですが、一部を駐車場にするとか、ゴルフ場やラジコン飛行機を飛ばすグラウンドを作るとかいう計画に絶えず脅かされていました。また、建物は入館料を取ることができますが、敷地に入る入園料は取れませんでした。そこで、1981年（3年後）、31ヘクタールの土地に木道を敷くための助成金10万ドルを獲得する際、管理されていない放置された土地のために寄付する人などいないと市を説得し、3ヘクタールのバッファーゾーンを34ヘクタールに拡張することを提案しました。市は拒否することもできましたが、私たちも自分たちの土地

では誰も無謀なことはさせないと保証することで、やっと了解をとりつけることができました。模範的な市民として地域社会に貢献していることを証明した私たちは、公園道路管理委員会を再訪し、保護のために土地を囲って入園料を取るための請願をしました。彼らは私たちの提案を受け入れ、認めてくれたのです。私たちが公有地の最良の利用法を模索している有志のグループであることが知られていなければ、こうしたことは起こらなかったでしょう。

現ディレクターのボブ・マーエ氏はさらにこう話しています。

　ネイチャーセンターの設立は、入館料やプログラムの参加費、ギフトショップの売り上げ、会費、個人からの寄付や協賛金などによって可能になりました。公的な資金はそれほど大きな役割を果たしていません。ネイチャーセンターの成功の大きな要因は、献身的なボランティア組織を立ちあげ、トレーニングを積み重ね、活動を持続することです。このセンターにおけるボランティア活動は、少なくとも過去5年間の平均で年間のべ2万時間以上になります。

　ルイジアナ・ネイチャーセンターは見事な資金調達と地域からの援助により、芸術的なまでの展示室を完成させました。総額250万ドル（約2億円）を投じた教育施設には、70席の円形の視聴覚室、ディスカバリーロフト、ギフトショップ、ボランティアルーム、動物保護施設、50坪ほどの入れ替え可能な展示室、倉庫などが備わっています。カニや蚊、動物の棲みかなどの生き物をテーマにした他に例をみない屋外展示は17万5,000ドルをかけて1979年に完成しました。その後、以下の特別展が催されています。「ミシシッピ川デルタ地帯の自然」9万ドル、「クジラの世界」1万ドル、「鳥のように飛ぶ」1万2千ドル、「海岸の湿地帯」3万ドル、「メキシコ湾の自然」3万ドル、「古生物学研究室」1万ドル、「チェフンクテ族の人々」4万ドル、そして「爬虫類研究室」1万ドル。1994年、ルイジアナ・ネイチャー＆サイエンス・センターは全米オーデュボン協会に合併吸収されています。センターの業績の多くは精力的な理事会やスタッフ、会員の皆さんに負うものです。

グレート・スピリットの地

　ニューヨーク州ガリソン市にあるマニトガ協会は、エコロジカル・デザインにもとづいて建設されたラッセル・ライト邸を利用した教育センターです。この至高の場所は、150年もの間にわたって採掘や伐採によって破壊されていたところを、工業デザインの先駆者ラッセル・ライト氏が1942年に購入した約32ヘクタールの土地でした。彼は1930年代から50年代にかけて、「ラッセル・ライトのデザイン」といえば即座に反応があるほど、アメリカの家具デザイン界で最も知られたデザイナーの1人であり、アメリカの美の提唱者でした。自然で有機的なフォルムで知られ、ドラゴン・ロックと名づけられた彼の家は自然と調和した美学の代表作です。彼は、30年にわたって土地に手を入れ、訪れる誰もが「大地との本能的な親近感」を体験できる生きた劇場をデザインしたのです。
　ライト氏はアメリカ先住民の人々のように地球に対して敬意を払い、「大いなるスピリットの場所」を意味するアルゴンキン族の言葉から、この土地を「マニトガ」と名づけました。景観は自然そのものに見えますが、実は在来の樹木やシダ、コケ、野草を取り入れて丁寧にデザインされているのです。
　亡くなる1年前の1975年、ライト氏はこの場所を一般に公開しました。彼の遺志を継ぐべくマニトガ協会は、生態学や科学、美術、デザインを学ぶ子どもや一般の人たちを対象に年間を通じてプログラムを提供しています。これらのプログラムは550名の会員によって支えられ、年間予算は16万5,000ドル（約1,320万円）にもなります。

蛇行するトラッキー川

　ネバダ州レノ市にあるオックスボー自然学習エリアは変わった状況から生まれました。1961年、ネバダ州魚類・野生生物委員会は野生動物の生息地保護やレクリエーションのため、「ドイル島」の名で知られるトラッキー川沿いの約2.3ヘクタールの土地に対する公有地譲渡証書を総額50ドルで政府から受け取りました。この川はシエラ山脈からタホ湖、レノ市を通って沙漠へ流れ、神秘的なピラミッド湖へと流れこんでいきます。この小さな保護区は21年近くにわたり閉鎖されたままでした。しかし、1979年にレノ市の公園レクリエーション委員会が政府の野生生物委員会に対し

ネバダ州レノ市のトラッキー川にあるオックスボー・ネイチャーセンター

て、釣り人の立ち入りや自然解説が可能になる長期のリースとして譲渡するよう求め、1981年に99年間のリース契約が承認されました。市は公道へのアクセス道用地を含む隣接地約0.7ヘクタールも購入し、1986年にはオックスボー自然学習エリアの開発計画も承認され、観察用の展望台や木道、障害者用釣り桟橋、解説板、そして環境教育センターが盛りこまれ、予算総額は56万3,000ドル（約4,500万円）にもなるものでした。

　しかし、1997年1月、水深4.5メートルにも達したトラッキー川の激流が、オックスボー自然学習エリアを呑みこんでしまいました。濁流はすべてのトレイルを流し去り、残された草地には新しい川筋が刻みこまれました。砂浜と砂丘を交えた新しい岸辺は、この川筋の一部となりましたが、トラッキー川は元に戻り、かつてのオックスボー（川がU字型に湾曲するところ）をさざめきながら流れ、その7ヘクタールほどの豊かな生息地にはニジマス、渡り鳥、マスクラット、ミンク、ワタオウサギ、そしてミュールジカが生息しています。

　今では、公園は12ヘクタールにまで拡張し、年間2万人もの人が訪れています。管理はレノ市の公園課に属していますが、ネバダ州野生生物課の職員であるオックスボー・インタープリターによって運営されています。

　ネバダ州野生生物局がワシュー郡学区のアメリコープ〔学校卒業後、一定期間をNPO等で働きながら行うサービス・ラーニングシステム〕のボランティアと協力して提供している野生生物と水生生物に関する教育プログラムは、2000年には大統領賞を受賞し、全国に知られるようになりました。地域での体験を中心とした教育は、コミュニティの結びつきを深め、そのすばらしい功績が認められたのです。オックスボー自然学習エリアでは、中学生が遠足で訪れる小学生に水生生物や野生生物について指導しています。

　現在、公園はオオアオサギやカンムリウズラ、クーパーハイタカ、ミュールジカ、ビー

パイン・ジョグ環境教育センター

バー、ニジマスなどの生息地となりました。オックスボー自然学習エリアはネバダ州野生生物局とレノ市公園局が協同で運営し、SBCテレホン・パイオニア財団が公園の美化に協力しています。また、トラッキー川フライフィッシャーの会がネバダ州野生生物局と協力し、教育プログラムのひとつとしてマスの放流を実施しています。

庭園からスタート

パイン・ジョグ環境教育センターは、フロリダ州のウエスト・パーム・ビーチに囲まれた約60ヘクタールの自然の中に、アルフレッド・G・ケイ夫妻によって開設された野生生物の保護区です。ケイ夫妻は花や果樹、野菜を育てる目的で1946年にこの土地を購入しましたが、コミュニティの慈善プロジェクトに数多く関わった経験から、1960年、自然環境について若い世代に教え、環境に配慮する心を養うための環境教育センターを設立したのです。センターは1970年にフロリダ州立アトランティック大学と正式な契約を結び、官と民とのニークな協働関係を作りだしました。

パイン・ジョグ環境教育センターは、今ではアトランティック大学教育学部に属する独立した施設として、年間予算は60万ドル（約4,800万円）、7人の常勤職員と15人の非常勤職員をかかえ、年間2万9,000人の来訪者を受け入れています。最近、2人の寄贈者から1,300万ドル（約10億4,000万円）以上の寄付金と贈与品が寄せられ、パイン・ジョグ環境教育センターの夢が約束されました。教育施設として地域にしっかり根を下ろし、全米でも最も成功したネイチャーセンターのひとつです。

灰の中から

テキサス州カーヴィレ市にあるリバーサイド・ネイチャーセンターは、シボロ・ネイチャーセンターと同じ時期に発足したため、私たちはその歩みを身近に見ることができました。決断力と地域参加の素晴らしい事例です。以下は設立ディレクター、スーザン・サンダー氏による彼らの物語です。

ネイチャーセンターを設立する案は1987年の3月に芽生えました。その時、私は丘陵の斜面で紫色のストークビルやブルーボネットなどの野草の花を撮影していました。1カ月後、その場をもう一度訪れ、グリーンスレッドとインディアンブランケットの穂が丘を黄金色に染めた様子を撮影していました。私は新聞社のカメラマンとして働いており、テキサス州には比較的新参者でしたが、環境共生型土地利用プランニングという修士号を取得したてでした。私は自身に問いかけてみました。この土地は誰が所有しているんだろう？　そしてこの土地をどうするつもりなんだろう？

　その土地は、ヒューストン投資グループが1983年に商業開発目的で購入したもので、売りに出されているということがわかりました。しかし、土地にはその土地の歴史が刻まれています。その3.5ヘクタールの土地はグアダループ川沿いにあるカーヴィレ市の歴史的な一角に位置し、高さ10メートルの切り立った岬には南北戦争の指揮官ウィットフィールド・スコット氏の生家がありました。彼は1897年にビクトリア王朝風の家を建て、「リバーサイド」と呼びました。ほとんど手つかずの景観は、入植前のカーヴィレ地区の自然遺産を代表するもので、植生も90％が在来種で覆われ、商業開発のために失ってしまうには惜しい場所だと思ったのです。

　2年もの間、私は変わりゆく丘陵地帯に育つ野草の写真を持ち歩き、耳を傾けてくれる人皆にネイチャーセンター建設の夢を語りました。そして、ついに1989年3月、小さな会合をもち、9月には非営利の教育的な組織をめざして歩みはじめたのです。協会の設立認可がおりた年の終わりには、会員が125人に増えていました。

　気がかりだったのは、土地の所有者が160万ドル（約1億2,800万円）を要求していたことぐらいでしたが、そこへ運命が立ちはだかります。カーヴィレ市で最も古い木造家屋であった「リバーサイド」が、1991年11月12日、煙火の中に消えたのです。と同時に、私たちの夢の数々も消えてしまいました。そこで、もう一度私たちは自身に問いかけることになりました。その土地を使って本当にしたいことは何か。それは、一般の人および学校の生徒たちに、私たちの日常の一部である自然について教えること。私はすでにカーヴィレ市公園局と協働して学校教育や成人教育プログラムの指導に携わっていました。また、会員は増えつづけていましたが、100万ドルもの資金は難問でした。そこで、他の土地を探すことにしたのです

　1992年7月8日、リバーサイド・ネイチャーセンターとして活動を始めていたグループは、川の上流に元牧場だった小さな土地を購入しました。タウン川とグアダループ川

の合流点でしたが、カーヴィレ市の商業地区の一角でもあり、原生自然とはほど遠いものです。1.5ヘクタールもの竹林、チャイナベリーやネズミモチ、アザミが茂り、建築物は公共施設として使うには危険でもありました。それでも今思いかえしてみると、この場所にしたのは賢明でした。センターは交通量の多い道路に面していて、地域の人たちは私たちのゆっくりと、しかし着実な歩みを見守ってくれたのです。私たちは竹を切り払い、古い建物を改修し、テキサス州在来の木を100種以上集めた樹木園を作り、路肩には在来種の低木や野草を植えました。

4年後の現在、会員も400人を越え、土地の支払いも済みました。植樹後2年の樹木園もよく育ち、プログラムの種類や日々の来訪者も増えています。会費や法人からの寄付、市民のトラスト運動からの助成金など、すべて地域の人々に支えられています。これらの支えによって、近くの食品雑貨店を改修してビジターセンター兼事務所として使用したり、プログラムやイベントで使う日除けテントを作ったり、非常勤の管理人を雇ったりすることが可能になりました。

工業の猛威を生き抜く

ウィスコンシン州ミルウォーキーにあるリバーサイド都市環境センターは、近年ネイチャーセンターに改修された5ヘクタールの郡立公園です。工業団地や宅地の開発が盛んだった1890年にリバーサイド・パークとして開園し、ボートや水泳、散歩、冬のフェスティバルなどに利用され、人々が集まるレクリエーションの拠点でした。1890年から1920年にかけて重工業が盛んだった頃、ミルウォーキー川は汚染され、川辺への立ち入りが禁止されます。1929年の大恐慌では公共予算が激減し、結果的に公園管理が行き届かなくなっていきます。1940年から60年にかけて、この地区の工場は閉鎖あるいは縮小されてしまい、1976年にミルウォーキーの公立学校が新しい体育施設を設けるために公園の一部を借り受けることになりました。公園内を走っていた谷やトンネルは埋められ、公園はもとの自然の状態に回復しつつありました。さらに、1990年にノース・アベニュー・ダムが完成すると、植物がふたたび水辺に姿をあらわすようになったのです。

1991年、リバーサイド都市環境センター友の会が環境科学者や詩人、建築家、地域の有力者などから資金を集めて施設を作りました。現在では都市エコロジーセン

ターと名称を変え、4万5,000ドル（約360万円）の年間予算と250人の会員を有し、2部屋あるトレーラーハウスでは年間2,500人ほどの生徒に学校向けプログラムを提供しています。また、コミュニティ向けのプログラムや大学生対象のインターン受け入れ、高校生対象の実習生受け入れ、教員対象のワークショップなど、様々なプログラムを提供しています。

ロリータの遺産──子どもたちのために

　ウォーターマン自然保護教育センターは、ニューヨーク州アパラチンにある民間の施設で、年間予算は21万9,000ドル（約1,750万円）です。サスクエハンナ川を見下ろす丘の木立に囲まれて建つこのネイチャーセンターは、ロリータ・C・ウォーターマン夫人より36ヘクタールの農地の寄贈を受けて1975年に開設され、のちに隣接地の教会の建物を購入して発展してきました。建物は改修され、自然史博物館、講堂、教室、図書室、ネイチャーギフトショップ、事務室、キッチン、トイレを擁するインタープリテーション施設としての体裁を整えるようになりました。

　1970年代初め、ニューヨーク州ティオガ郡で起こったいくつもの動きが一つになり、フレッド・L・ウォーターマン自然保護教育センターの設立にいたります。まず、ティオガ郡にあるコーネル大学の地域連携部門と複数の青年団の調査により、地元住民たちが緑地保全や自然保護、レクリエーション施設の必要性に関心をもっていること、また、教職員を対象とした特別調査でも、自然保護教育に力を入れることを望んでいることがわかりました。1973年、コーネル大学地域連携広域計画委員会は自然保護教育センターの設立を推奨し、このプロジェクトに職員を従事させることにしました。

　同じころ、アパラチン在住のウォーターマン夫人が100ヘクタールの農地を開発から守り、野外教育センターとして活用できるようティオガ郡に寄贈する話をもちかけていました。夫人は自然に対する尽きない愛情をもっており、子どもたちが自然の素晴らしさや不思議に出会える場所が必要だと考えていました。彼女はこう述べています。「私は時々農場へ歩いて行き、自分の子どもたちがもっと自然に触れられる場所があったらよかったのにと考えました。こんな郊外に住んでいても、子どもたちには自由に歩きまわる場所さえなかったのです。」

ウォーターマン自然保護
教育センター

　1975年後半に設立検討会議がもたれ、1976年初めに民間の非営利組織としてティオガ自然保護センターが発足。その年の6月にはウォーターマン夫人からさらに36ヘクタールの農地を譲り受け、夫人の亡き夫にちなんでフレッド・L・ウォーターマン自然保護教育センターと名づけました。夫人はこう述べます。「訪れる人を土地から追い出すための貼り紙など貼るような夫ではありませんでした。大地は万人の共有物だと思っていたからです。訪れた人たちが、自分のもののようにしていいのです。」

　この施設は4カ所の所有地からなっており、中心となる自然解説施設には40ヘクタールもの林や草原、庭園があります。約1キロにもおよぶトレイルは、峡谷や小さな滝、多様な段階の植生が観察できる草原を通り、伐採後の荒れ地が徐々に森に育っていくすべての段階を目にすることができます。また、野外円形劇場でプログラムを楽しんだり、餌付けエリアで野生動物を観察したり、日除けテントの下でピクニックしたりできます。人気なのは、アカオノスリやアメリカワシミミズクといった猛禽類のプログラムです。

　ウォーターマン自然保護教育センターには野生生物を観察するための隠れ場所が設けられた湿地帯があり、このブリック池自然保護区にはビーバーの群れも生息しています。もともとの敷地はピーター・エリス氏から1997年に寄贈された10ヘクタールで、1999年にはさらに約2.4ヘクタールが寄贈されました。トレイルには浮き橋があり、池の周囲を散策することができます。

　最近取得した土地はサスクエハンナ川に浮かぶヒアワタ島という約45ヘクタールの自然保護区で、環境調査や野外レクリエーションとして利用されています。この美しい島はあわや砂利の採掘場になるところを地元の市民グループに救われたところです。彼らは資金調達のプロの力を借り、地域の人たちによる寄付などによって38万6,100ドル（約3,000万円）を集めて購入し、センターに寄贈したのです。島へ行くに

は渡し舟が頼りです。また、センターはほかにも州政府の所有地である16ヘクタールの野生生物自然保護区、アパラチアン湿原も管理し、民間の非営利施設として運営費はすべて900人からなる会費とプログラム参加費、寄付、イベントやショップからの収益、特定のプログラムに与えられる助成金で賄われています。

家までの長い道のり

オハイオ州ウィルモットにあるウィルダネスセンターをひと言で言いあらわすと、根気と信念です。1964年の早春、設立したてのカントン・オーデュボン協会は、野外教育センターの開設について公開討論をおこないました。熱心な市民たちが委員会を結成して候補地を探し、やがてウィルモット近郊にあるシグリスト家が所有する100ヘクタールの土地を提案しました。この土地の相続人は、まさに所有地を売却しようというところで、手に入れるためには、今すぐにでも行動しななければなりませんでした。

そこで、全米オーデュボン協会と市民による特別委員会が設けられ、独立した非営利法人を立ちあげ、全米オーデュボン協会のネイチャーセンター部門に所属する調査チームに850ドルで査定を依頼することになりました。その後、法人化と同時にシグリスト家の所有地を5万ドル（約400万円）で購入するオプション契約が成立し、1,000ドルの保証金が支払われました。保証金は6カ月後の1964年12月19日までに残りの金額が支払われなかった場合に没収されてしまうことになります。この1,000ドルの保証金は、ベルニス・マッケンジー・フリース夫人とトーマス・ソーンレン博士がそれぞれ500ドルずつ負担し、目標金額の5万ドルを集める努力を促す信用寄付というかたちのものでした。

その間、資金獲得のための運動が積極的に行われ、彼らの信託金は取り戻され、野外教育センターの夢が実現します。12月2日にはカントン・ナショナル銀行から4万4,000ドルのローンを借り受け、カントン・ガーデンセンターからの5,000ドルの寄付と合わせて、期限の15日前に土地を購入することができたのです。1965年1月21日には、スタークカウンティ財団が3万ドル、続いて1月26日にはチムケン財団が6万7,000ドルの寄付を発表します。このように、彼らの夢に対する財団からの投資により、多くの人々の誠意が報いられることになったのです。

ウィルダネスセンター

　また、隣接するワーストラー家の28ヘクタールの所有地には素敵な丘と、6つの部屋をもつ屋敷があり、センターの発展に不可欠な場所だと思われたため、1964年9月12日に購入総額1万7,500ドルのうち300ドルを支払い、購入のオプション契約を成立させたのです。その後、スタッフの雇用や新たな土地の取得、インタープリテーションのための施設の建設、先駆的な農場の整備、ウィルダネス湖やキワニスタワー、トレイルの整備など、ウィルダネスセンターは何年もかけて発展してきました。ピクニックシェルターは、頭上まで達する三方の扉を天候に合わせて開閉できるように設計されており、教室としても利用できます。天体観測施設は、従来のドーム型展望台のように細長い隙間から観測するのではなく、屋根全体が回転して星空全体を見ることができるように設計されています。

　センターの年間予算は42万6,000ドルで、9人の常勤職員と2名のパートタイム職員で年間10万人の来訪者を受けいれ、地域に大きく貢献しています。

アメリカで最も野心あふれた野外教育センター

　アイランドウッドの創始者であり理事長のデビー・ブレイナード氏は、「センターを作ろうという思いつきは、その土地そのものの印象と、シアトルの学校に通う子どもたちの半数しか野外泊の教育プログラムを受けていないという事実からでした」と述べています。

　ワシントン州ベインブリッジ・アイランドに、5,000万ドル（約40億円）の資金を調達して建設されたこのネイチャーセンターは、最先端の教育施設です。300万ドル（約2億4,000万円）の年間運営資金をもち、創設まもない若い組織でありながら、地

アイランドウッドのガーデン・クラスルーム

域が一つの夢に向かって突き進む際のとてつもない成長ぶりを示しています。デビー・ブレイナード氏は次のように語ります。

　1997年にベインブリッジ・アイランドの南端にあるポート・ブレーキー・ツリー・ファームが400ヘクタール以上の土地を売りに出していることを知り、視察に出かけました。その美しい土地を見た私たちは、宅地開発以外の利用を検討すべきだと考え、数週間後、子どもたちのための野外教育センターとして利用できないだろうかと夫のポールに相談したのです。私の考えは、子どもたちを人工的な環境や都市から連れだし、森で過ごしたり、自然やピュージェット湾周辺の文化史を学んだりする機会を与えるというものでした。

　このアイデアの可能性を探るため、6カ月間にわたって調査を行い、その必要性を確信しました。ワシントン州では1990年に環境教育が義務化されましたが、教員研修やプログラムの開発、施設を建設する予算が計上されたことさえなく、地域の小学生のほぼ半数が、宿泊しながらの野外教育プログラムに参加したことがないばかりか、自然の中で過ごした経験すらない状況でした。

　2年にわたる調査の後、のべ2,500人以上の人を巻きこんでコミュニティ・ミーティングをもちました。教員や科学者、芸術家、技術者、文化史研究家などからなるコアグループは、成人や家族をも対象とする教育プログラムを手伝ってくれています。私たちが接した先生たちは、美術や科学、技術の専門家の協力によるプログラム開発の必要性を訴えていたのです。

　この教育研究プロジェクトはアイランドウッドの教育観や哲学を構築するうえで役立ちました。ピュー慈善トラストからの助成を受け、模範的な学習内容を研究・考察した結果、子どもたちを野外へ連れ出し、自然体験を中心にした活動を行った場合、室内で

の講義中心の学習と比べ、子どもたちの学習能力がどんな分野においても高まることが明らかになりました。この成果は、学びの手法を理解することにもなり、アイランドウッド野外教育センターを設立しよういう意欲をかき立てました。

1998年末、440ヘクタールの土地のうち、100ヘクタールをポート・ブレーキー・ツリー・ファームとベインブリッジアイランドの住宅開発業者から手に入れ、この時から「子どもたちにとって魔法のようなところ」となる最高の教育センターを設立する計画が本格的にスタートしたのです。

全国25カ所もの野外教育施設を訪問した結果、施設のデザインやプログラムについて最高の実践モデルをつくることができました。他の州でプログラムに参加した経験は、1年間の滞在型修士課程プログラムを提供する決断につながりました。その地に滞在することで、科学者や教育者は、どんな「物語」を子どもたちに伝えられるのかを見きわめることができます。生態学者には25ヘクタールの湿地や沼地、二次林、小川など、この土地の生物の多様性はもちろん、所有地に隣接するブレークリー湾の臨海河口公園へのアクセスの良さも魅力でした。

建築家や設計士たちは子どもたちと協働して教育施設とトレイルシステム、野外フィールドの設計を手がけました。ワシントン大学ランドスケープアーキテクト専攻の学生たちは小学校高学年の子どもたち250人以上といっしょに、自然のなかで学ぶためのアイデアを追究しました。子どもたちは冒険的なプログラムへの関心が高く、空中教室や水に浮かぶ教室として吊り橋やキャノピーウォーク（樹冠を観察する設備）、ツリーハウスといった施設は彼らのアイデアから生まれました。

センターは2000年の夏に着工、2002年9月には建物が完成し、日帰りのプログラムが実施されるようになりました。

現在、アイランドウッドは、森林やガマの生えた湿地、沼地、小川、1.6ヘクタールの池、河口といった6つの異なる生態についてプログラムを提供しています。環境そのものを教室として、経験豊富なナチュラリストや教育専門職員、大学院生が以下のテーマをあわせもったカリキュラムを提供しています。

- 科学——自然界のことや、持続可能性、エネルギー創造、自然保護や資源の管理、ガーデニングなどに注目。
- 先端技術——最先端の器具を使っての観測や記録、収集、考察発表、データ管理など

・芸術──自然の中で体験したことをクリエイティブに表現して人に伝える機会を提供

　サステナブルデザイン・センターでは、資源のリサイクルや太陽光を使った発電や蓄熱利用、省エネルギー型の機器や節水器具などについても学べるようになっています。
　今では、あらゆる年齢の人たち、家族連れから教師までもが大地から学び、センターの教育専門員やナチュラリスト、大学院生、専属スタッフといった人たちが理想としたことを実現させています！

天使の島（エンジェルアイランド）

　国立公園や州立公園の近くにある自治体は、共同で教育や自然保護プログラムを支援するNPO法人を運営しており、そういった施設が地域に根ざしたネイチャーセンターと同様の役目を果たしています。例えば、サンフランシスコ湾の歴史豊かな島、エンジェルアイランドは州立公園になっており、ビジターセンターでは中国人の入植から軍事利用までの歴史と固有の生態系について解説しています。人間が居住しはじめる前、エンジェルアイランドの植生と動物相は本土のマリン郡と似たようなもので、北と東に面した傾斜地はナラやカシ林に覆われ、西と南に面した傾斜地はその土地固有の草が、北の海岸には固有の低木が優勢な森でした。アメリカ先住民の火の利用が草地を拡大し、森林や薮の広がりを妨げてきたことが、絵画や写真に残された島の様子からわかります。
　19世紀になると、ヨーロッパから持ちこまれた非常に繁殖力の強い草類（おもに1年草）が在来種（おもに多年草）にとってかわり、また、北東斜面に生えていたカシ林のほとんどが薪のために切り倒されてしまいました。現在では、在来種の高木や低木も広範囲で再生し、19世紀に軍関係者などが島に持ちこんだ多様な植物とともに繁茂している様子を見ることができます。
　動物や鳥も、陸と海に生息する種が同時に観察でき、多様性に富んでいます。アシカやトドの姿を見かけたり、声を聞いたりできますし、島にはシカやアライグマが生息し、ツグミやスズメ、ハチドリ、キツツキ、タカ、フクロウ、カモメ、カモ、シラサギ、カイツブリ、クロガモ、カワセミの仲間やアメリカカケス、ユキヒメドリなどの鳥がよく観察されます。アオサギやカッショクペリカン、モモイロペリカンなど、

他にも様々な水鳥が沖合いで餌を食べていたり、湾内の他の餌場へ移動するため島の上空を通過していたりします。サケやストライプバスなど多くの魚が海とサクラメント川のデルタ地域を行き来するためラクーン海峡を通過していきます。

NPO法人エンジェルアイランド協会はカリフォルニア州立公園と契約を結んでいますが、独立した組織として、職員やボランティアの研修、施設の修復や補修管理の他、教育プログラム提供に必要な費用の調達まで行っています。行政の管理する公園を市民団体が支援し、環境教育を含むプログラムを提供しているわけです。エンジェルアイランドはネイチャーセンターとしては知られていませんが、地域の自然について教育する自然解説センターという使命を担っています。

日本の北海道「道民の森」

日本の北海道に事務所を置くNPO法人 当別エコロジカルコミュニティー理事長の山本幹彦氏は、2001年にカナダのバンクーバーで本屋を物色していた時、たまたま本書の初版『*How to Create and Nurture a Nature Center in Your Community*』を見つけました。当時、山本氏は北海道の1万2,000ヘクタールにおよぶ道民の森で学校団体や親子連れを自然の森に連れ出し、森に親しんでもらうプログラムを行っていましたが、本書に出会い、日本語訳を検討するため私たちに連絡をとってきたのです。山本氏はアメリカの様々な組織から環境教育に関する多くの資料を収集していましたが、「地域を巻きこむ」ことこそ彼が求める公園システムの要だという結論に達したのでした。

道民の森は、1985年の「国際森林年」を記念して北海道が計画し、北海道に適した森林レクリエーション・エリアとして、また「森にふれることを通して、市民に自然と共生する意識を養う」ことを目的として創設され、1999年には「森林学習センター」が開設されました。北海道には560キロヘクタールという広大な森の中に560万人の人口しかすんでいませんから、1人当たりが1ヘクタールの森に暮らしている計算になります。2003年の来訪者は3万人の宿泊者を含め約27万人を数えます。

2002年には環境教育プログラムを提供する「ワンダースクール」がスタートしました。以下は道民の森で行っている教育プログラムのテーマです。

北海道にある森林学習センター

・自然や森の仕組みや機能、役割を学ぶ
・持続的な森林資源の管理について学ぶ
・「集い、わかちあう」プログラムを通して人との関係のあり方を学ぶ
・自然の中で楽しむ
・森の環境やアウトドアスポーツを通じて身体を動かし健康について学ぶ
・北海道に記念の森を設け、その森に親しむ

　森林学習センターには会議室が2部屋と体育館、展示室があります。山本幹彦氏は2000年から道民の森の環境教育プログラムに関わるようになり、学校団体を対象とした「ワンダースクール」のほか、森のようちえんや週末のプログラムを運営しています。

　また、山本氏は1997年に『子どもが地球を愛するために』を翻訳、出版しています(人文書院)。レイチェル・カーソンの名言である「センス オブ ワンダー」を子どもたちにいつまでももってもらうことが彼の目標であり、この言葉から2002年から始めたプログラムにワンダースクールという名前をつけたのです。ワンダースクールは学校団体を対象として『プロジェクトラーニングツリー Project Learning Tree』や『プロジェクトワイルド Project Wild』といった環境教育教材をアレンジして提供するほか、植樹や育樹プログラムなど、年間約3,000名ほどの子どもたちにプログラムを提供しています。

　ワンダースクールでは常勤職員1名の他、2名の非常勤職員と多くのボランティアがスタッフとして働き、北海道庁と施設管理の公益法人とのパートナーシップを組んでいます。

山本氏がシボロ・ネイチャーセンターを訪れた時、ジャン・レーデがインタビューし、以下のようなメモを残しました。「山本氏が勤める森は、かつてアイヌの狩人が暮らし、自然の恵みである野生動物を狩った地である。200年ほど前に稲作や木材供給のため森林が伐採された。今日でも森の周囲は農地として使われているが、「道民の森」は徐々に自然に戻りはじめ、ふたたびシカやフクロウ、キツツキ、キツネ、ヒグマなどが生息する地となっている。」

　北海道の道民の森には観光客のための素晴らしい施設があり、整備されたトレイルとレクリエーション施設が完備されています。そこに森林学習センターという充実した施設が加わり、地域を巻きこんで発展していけば、観光施設という使命を超えてネイチャーセンターの領域に達することでしょう。これは森にとっても北海道民にとって良いニュースです。

　以上の物語は、ネイチャーセンターの創設にいたる様々な道のりのほんのわずかな例を紹介したにすぎません。今、あなたの地域にネイチャーセンターがなかったり、あるいはあまり活用されていなかったり、もう1つのセンターが必要だったり、どんなときも、必ず何かしら方法があります。この次、自分のコミュニティを見まわす機会があったら想像してみてください。自然が残されているところはどこだろう？　野生動物が今でもたくさんいるのはどこだろう？　野外教室があったら大喜びする生徒や先生はいないかな？　あなたの地域には、ここ最近の開発によって何かが失われてしまったと感じている人はいないだろうか？　そして、環境保護は賢明で、素敵な取り組みだと感じている皆さん、取り組んでみませんか？！

第3章　どうしてネイチャーセンターなの？

インディアナ・デューンズ
環境学習センター

　　　　　　　　　　　　自然から離れた人の心はかたくなになる……
　　　　　　　　　　　　成長する命への敬意を失った者は、
　　　　　　　　　　　　人に対しても敬意を失うだろう。
　　　　　　　　　　　　　　　——ラコタ族の信仰「大地に触れる」

　誰もが、自然の美しさに目を向けることでしょう。小川のせせらぎや浜辺に打ち寄せる波音、巨木の姿や花の微笑みに。政治や宗教、文化、世代に関係なく、人は世界中でこのような風景に心を奪われてしまうものです。森や公園、川、湖、山や砂漠、あるいは裏庭での体験は、自然界のすべてものとつながっているのです。人は壁に窓をあけ、部屋には自然の絵や写真を飾り、庭には花や野菜を植え、ペットを飼っています。子どもの頃、自然の不思議に夢中になった体験がたくさんあるでしょう。人口の75％が都市に住み、その近郊が開発されるにつれ、公園や緑地が求められるようになりました。私たちの地球には説明書などなく、この惑星について教えてくれるところが必要なのです。

　ネイチャーセンターは、人々の心を引きつけ、何かに気づかせてくれるような土地を守っています。それは住民が行楽や教育のために大切に利用してきた、地域固有の環境のサンプルなのです。一般的には、開発から免れ、かつ住宅地の近くにあり、自然科学をテーマとした野外実習や自然観察、保護などの解説を行っています。大自然

そのものをネイチャーセンターとしているところもあれば、景観デザインや大規模な植林、生息地の復元を手がけているところもあります。建物が1つもないセンターもあれば、博物館や設備の整った教室をもった施設もあります。その可能性は想像力と資金調達のおよぶ限り広がっているのです。

ネイチャーセンターは地域の自然保護区であり、学校や市民のための野外教室であり、また旅行者を惹きつけ、そして何よりも、郷土愛を育みます。地域の人たちは、様々なプログラムに関わりながら、ボランティアや運営スタッフ、自然案内人、指導者、そしてエンターテイナーとしての自らの能力に目ざめていきます。プログラムの一例を紹介しましょう。学校を対象とした自然保護の授業や自然調査活動、在来の野生生物管理のワークショップ、乾燥地帯の景観設計、リサイクルやコンポスト（堆肥作り）、河川の流域管理、ボーイスカウトやガールスカウトの活動、青少年向けの野外活動、野草ワークショップ、バードウォッチング、釣りや狩猟のガイド、生態系への理解を深めるプロジェクト、植樹、ストーリーテリング、野外コンサート、歴史をテーマにした出し物や在来種の自然鑑賞など、数えたらきりがありません。

ガーフィールド・パークの昆虫フェスティバル

定義

野生生物の保護区には様々な形態があります。「自然保護区」とは生息地を守るため、一般の立ち入りを制限している場所のことです。「緑地 green space」とは利用されていない公有地の一部をレクリエーションのために整備した保護区域のことです。「緑の回廊 green corridor」や「緑道 greemway」とは、公有地や私有地の中でハイキングやサイクリング、乗馬やピクニックなどの活動が許可された所です。「ネイチャーセンター」とは在来種の植物相や動物相を保護・保全し、自然解説プログラムやナチュラリストの活動、自然保護の思想を広めるイベントなどをとおして地域の人たちを教育する所です。

「ネイチャーセンターというのは、大地に根ざし、地域のコミュニティを対象とし、人と地球の持続可能な関係を築いていくところです。優れたネイチャーセンターは人々の視野を広げ、地球とのつながりや人とのつながりについて深い洞察を与えてくれます。」
(*Interpretive Centers*, 2002)

「ネイチャーセンターは、生命あるものへの関心や畏敬する気持ちを高めるために人々を導くと同時に、自然資源の賢明な利用と配慮について、一人ひとりの責任感を育むところです。」(*Armand bayou Park and Nature Center Field Survey and Guidelines for Development*, 1974)

ネイチャーセンター理事協会ではネイチャーセンターを以下のように定義しています。

ネイチャーセンターは、訓練を積んだ専門家の指導のもとで、体験をとおして自然とのつながりを見つけだし、人々と環境をつなげていくところで、以下の要素から成り立っています。

1. 教育的なプログラムを実施する自然環境、または拠点があること。
2. 組織によって管理され、明確な使命をもち、法的にも認められた独立した組織。
3. 有給の専門スタッフがいる。
4. 確立した教育プログラムがある。

ネイチャーセンターのコンサルタントであるドン・ワトソン氏は、500におよぶ施設を訪れ、以下の3つの定義に整理しています。

ネイチャーセンターは、自然保護や保全を目的としている。
ネイチャーセンターは、直接自然を体験する入り口である。
ネイチャーセンターは、環境に対する責任ある態度を身につけることを重視している。

ネイチャーセンターと公営の公園にある自然解説（インタープリテーション）施設

> **シボロ自然友の会ニュース**
> 1993年5月
>
> 　陽の光が空に低く輝き、芽吹いたばかりのイトスギやハナミズキの真新しい葉っぱを透かす時、私は過去に連れ戻されてしまいます。シボロに新しい足跡が記されるまで、その森の主はリスやシジュウカラたちで、すべてが彼らのものでした。今、この小道を歩く時、自分はお客さんなのだと気づかされます。言葉にならないほどの美しさ、みずみずしいこの楽園を、シボロに人が足を踏み入れるずっと昔からここで生きてきた者とすごすことができるというのは名誉な特権なのです。リスやシジュウカラたち、ミズキやイトスギが代々引き継いできたこの土地を保護しなければならないのは当然で、散歩をしていると心が舞い上がり、安らかな心に満たされ、私たちのしたことが正しかったことを実感します。
> 　　　——キャロリン・チップマン−エヴァンズ

との根本的な違いは「コミュニティ」です。多くの国立公園や州立公園にはビジターセンターがあり、インタープリテテーションや教育プログラムを提供しています。しかし、そうした施設は行政の資金で運営されているため、一般的に「トップダウン」になりがちです。また、対象も広く、地域の環境や人に特化しているとは限りません。地域に根ざしたネイチャーセンターには公有地を使っている場合とそうでない場合がありますが、いずれも周囲のコミュニティと関わりをもっています。（全米インタープリテーション協会は公私両方の施設を運営し、インタープリテーションに力を入れています。ネイチャーセンター理事協会も両施設を運営していますが、基本的に地域に根ざした問題に取り組むことを目標としており、資金調達や方針づくりなどにまで関わっています。）

　行政が運営する自然解説センターは監督している機関の予算や方針に従わなければいけませんが、コミュニティに根ざしたセンターは直接、地域住民に応えなければなりません。公営の施設はプログラムやショップ、施設管理を手伝う「友の会」があったとしても、センターの意向や方針の決定権は行政の手の中にあります。

ネイチャーセンター現象のルーツ

　アメリカ人は古くから自然保護の伝統をもっています。1626年、プリマスの植民

シボロの「ルーツ」

地では6年間の開拓によって土地がダメージを受けていたため、木材の伐採や売買を規制する法令を制定しました。1681年には、ペンシルベニアの地主ウィリアム・ペン氏が、イギリスで無計画な皆伐の結果を見た経験から、開拓民は移住のために土地を2ヘクタール開拓するごとに0.4ヘクタールを森のまま残さなければならないと決めました。しかし、森は無限にあると思われていた当時、そうした規制は経済的な圧力の下に無視される結果となってしまいます。

1764年のイギリスの童謡が自然保護の感覚のめばえを表しています。

公の土地からガンを盗んだ男と女
男は首吊り、女は鞭打ちの刑
でも、ガンから大地を盗んだ
もっと悪いやつは野放しさ

ニューヨーク州が1853年にマンハッタンの貧民街の中心地にあった約340ヘクタールの土地を公有地と定めた当時、それだけの広さの私有地を公共のために購入した街はアメリカ中を探しても見あたりませんでした。今では、セントラルパークは市民が自然へ逃げこめる、90キロ以上にも及ぶ小道が整備されるまでになりました。自然保護運動が拡がるにつれ、国や州、地域の各行政機関は公園やレクリエーション用地を保護するようになっていきます。

アメリカ国内における一般向けの野外活動プログラムは、1900年代初頭にチルドレンズ・ミュージアムで始まりました。1892年にシエラ・クラブを設立し、公教育を推進したジョン・ミュアは次のように言いました。「かつて無限で無尽蔵と思われ

レイチェル・カーソンは小鳥も鳴かない春がやってくると「沈黙の春」で警告した

た我が国の大自然は、すべての面において一気に侵略され、踏み荒され、壊れやすいものはすべて壊されつつある。景観は低地や高地にかかわらず、すべて踏みにじられ、埋め立てられている。」彼の請願を受けたルーズベルト大統領は、やがて国立公園制度を整備するにいたり、フォンテネーレの森ネイチャーセンターも20世紀初頭に創設されています。

1886年、『森と渓流 Forest and Stream』編集者のジョージ・バード・グリネルは鳥への危害に反対する読者に投稿と誓約を呼びかけました。4万人近い読者からの反響により、グリネルは誓約した人々を野鳥の保護を訴える団体として組織し、野鳥画家ジェームズ・オーデュボン（1785-1851年）の名にちなんでオーデュボン協会と名づけました。彼らは、ご婦人方の帽子を飾る羽根のためにサギやシラサギが虐殺されるのを防ごうと、啓蒙と鳥類保護のための新しい法律の制定を提唱する活動を推し進め、1905年には、ニューヨーク（当時婦人帽子業と羽根売買の中心地だった）に本拠地をおく全米オーディボン協会（National Association of Audubon Societies、1940年に National Audubon Society と改名）となりました。

オーデュボン協会は、1924年にルイジアナ海岸のポール・J・レイニー・サンクチュアリ、ロングアイランドのオイスター湾にあるルーズベルト大統領の旧邸において自然保護区プログラムをスタートさせ、1936年にはメイン州のホグ・アイランドを手に入れて、初めての成人対象の野生動物教育キャンプを行いました。その後、1943年になってコネチカット州のグリーンウィッチ・オーデュボンセンターがオーデュボン協会初のネイチャーセンターとして開館することになります。

1953年、レイチェル・カーソンはある講演会で、「人間は、自らが作りだした人工物の世界にどっぷりと漬かってしまっていて、大地と水と大きく成長する種からなるという本来の世界から、鉄とコンクリートでできた都市に自らを隔離してしまってるのです。自身の力に陶酔し、自分と世界を破壊する実験にどっぷりとはまり込んでしまっているようです」と語っています。レイチェル・カーソンは1962年に『沈黙の春』という、殺虫剤DDTのはかり知れない影響について一般市民に暴露する画期的な著書を出版し、社会全体の環境意識を目覚めさせました。

1950年代には、ジョン・リプレー・フォーブスがネイチャーセンターに資金を提

供し、のちの青少年自然科学基金（Natural Science for Youth Foundation）の元となります。60〜70年代は環境意識が高まった時期でした。

> 年齢に関係なく誰の目をも見開かせ、誰もが野外に広がる美の世界を堪能し、ともにその不思議を永遠に保護していくという、この楽しい仕事に私たちは自らを捧げます。
> ——オーデュボン哲学の声明、ロバート・S・レモン、1956年

全米オーデュボン協会はネイチャーセンターの設立運動を推し進め、全国の何百というネイチャーセンターに資金やアイディアを提供しつづけています。環境教育が全盛期を迎え、WWFが創設され、ドナルドとジョアン・リーズがヨセミテ・インスティテュートを作り、ヘッドランド・インスティテュートとスクアウバレー・インスティテュートの開発に着手します。1970年に始まったアースデーは国際的な動きを引き起こしました。

現在、全米オーデュボン協会の会員は55万人にもなり、525の支部、15の野外研究所をもち、250カ所を超える国立および民間の野生生物保護区を管理しています。2003年にはハワイで初めてのワイメアバレー・オーデュボンセンターを開設。みずみずしいワイメアバレーに生息する、絶滅が危惧されるハワイ諸島固有の植生や動物相に簡単に接することができ、数百ヘクタールにおよぶ歩道やハイキング・トレイル、世界有数の植物園、豊かな考古学的史跡を特徴としています。

「自然保護文化」を育むために全米オーデュボン協会はコミュニティに根ざした教育システムの重要性を訴えています。全米オーデュボン協会はオーデュボン協会の自然保護区、地域のネイチャーセンター、コミュニティの店頭、国立公園や州立公園の売店、商店街などでも実験的な事業を計画していますし、誰でも参加できる電子会議室「バーチャル・オーデュボンセンター」を通じて、オーデュボン協会のネイチャーセンターにアクセスできるようになっています。こうして、新旧にかかわらずすべてのネイチャーセンターは、地域のオーデュボンセンターと連携して必要な情報を入手することができるようになりました。

全米の多くのネイチャーセンターの理想は、地域とともに成長していくことです。人口が増え、自然に触れ、学びたいという願いがふくらみつづければ、もっとネイチャーセンターも増えていくことでしょう。

ネイチャーセンターを作る目的は、自然保護、教育、レクリエーションの3つに集約することができます。焦点をしぼり、目的に向かって事業を展開させるためには、明確な達成目標をもつことが重要です。

ブラックストーン・リバーバレーでの
水生生物調査

自然保護

　ネイチャーセンターは自然保護区内にあるところもありますが、決して保護区ではありません。ネイチャーセンターには、生息地を保護すること以上にしなければならないことがあるのです。というのも、人々の態度や行動が変わらない限り、多くの生息地が見向きもされないまま壊されてしまうのです。ですから、ネイチャーセンターは、できる限り生息地を保護しつつ、その価値を理解し、自然を守るという価値観や態度を身につけてもらうために活動しているのです。地域のネイチャーセンターは、「Think globally, act locally」（地球規模で考え、地域に根ざして活動する）を実践する場なのです。環境問題を解決するにあたり、情報はすでにあるが、政治的な意志が欠けている、と多くの研究者が言います。自然を守ろうとするなら、そのコミュニティに訴えなければいけないのです。市民を啓蒙すれば、政治家も変わります。

　コミュニティにネイチャーセンターが必要なのは、地球規模と地域規模の2つの理由からです。国際的には、より多くのエネルギーを消費する機械や家電製品、交通機関などの需要は止まるところを知らず、大量消費社会の拡大が、自然の仕組みに与えるグローバルな影響を考慮しないまま進行しています。消費社会を突き進む先進国の市民も、地球の温暖化について真剣に取り組んでいません。2002年には北極の氷が1970年代にくらべ166平方キロも縮小していることが記録され、アラスカの氷河は過去の調査結果の2倍以上の早さで溶けています。南極では、1万2千年ものあいだ凍っていた、ロードアイランド島と同じ大きさの氷塊が砕け落ちたことがあります。しかし、温室効果ガスの排出量を2012年までに1990年レベルの5.2％削減することを先進国に呼びかけた京都議定書に、この惑星にもっとも影響を与えている国アメリカは批准していません。世界中の地域コミュニティが、無計画に成長を続け、公害をまき散らし、周囲の生態系を破壊するなど、それぞれに特有の環境問題を抱えているのです。

このような自らの行動の結果を省みない態度は、過去の文明の滅亡の歴史を思い出させます。チャールズ・マッカイ・LL・Dは著書の中で以下のように述べています。「多くの民族の歴史をひも解いてみると、個人と同じように気まぐれで独特の癖があり、刺激を求める向こう見ずな時代があることがわかります。コミュニティ全体が突如として1つの事柄に取り憑かれて狂気に陥ったり、また何百万人もの人がいっせいに1つの妄想を追い求めたり、また、それに代わる魅惑的な愚かなことに関心が向くまで追求し続けたりするものです。」(*Extraordinary Popular Delusions and the Madness of Crowds*, 1841)

　私たちの思考は、莫大なエネルギーと自然資源をむさぼるライフスタイルにセットされ、生態学的に退廃した破滅的な時代に暮らしているのです。全米科学アカデミーや英国王立協会、憂慮する科学者同盟、そして多くのノーベル賞受賞者といった世界中の科学者が人類と自然界は破滅の道を辿っていると警告しています。

　人間性が問われているともいえる地球環境問題について、多くの人々が無関心でいる間に身近な地域では問題が顕在化し、人々も目をそらすことができなくなってきているのです。都市の無秩序な拡大、生息地の喪失、大気汚染、河川や海岸の汚染、減少する野生生物といった問題は、すべて根を同じくする兆しなのです。孫の世代のことを考えて計画を立てるよりも、今すぐ利益のある物事を手がけたほうが簡単だし、近視眼的で利己的な事柄が長期的で未来の世代を視野に入れた事柄に先んじて取り組まれることは時代を超えたジレンマです。私たちのライフスタイルが生みだす重大な影響についての理解なくして、持続的な経済活動が行われ、暮らしやすい、活き活きした地域づくりを計画することなんてできっこありません。

　ネイチャーセンターは、自然保護の倫理を普及し、単に公園内の保護だけではなく、地域にあるあらゆる生息地を保護の対象としています。公園内で行っていることを、地域の土地所有者への適切な土地管理の普及活動へ応用し、緑道整備の推進や緑地保全への公的資金の投入、名所・旧跡など敷地の外へ活動を広げることもできます。地方自治体や州政府に対しては土地管理の手助けやアドバイスを提供できますし、水道局や開発計画の担当者には持続可能性や環境への影響について教えることもできます。訪れた人々は地域の景観に心を奪われ、地元で行われている保護活動に参加する気になることでしょう。

　多くのネイチャーセンターがコミュニティ内の自然の大切さに気づきはじめてい

コロラド州ファウンテンのファウンテンクリーク・ネイチャーセンターでの保全活動

ます。これは全国的な傾向で、緑地に関する住民投票には85％のアメリカ市民が参加し、全米不動産仲買業者協会の調査では74％の市民が地元の行政による緑地の買取りを支持しているそうです。このように、大多数のアメリカ人が自然遺産を保護したいと考えていて、そのために票を投じているのです。

　住宅を求める人たちの多くは、味気ない無秩序な郊外の宅地には関心がなく、自然に囲まれた暮らしを求めているのです。開発業者も計画の中に緑地が盛りこまれているほうが高い地価を期待できることに気づきはじめています。不動産調査会社によると、「無節操な開発ほど、地価を暴落させる危険はない」と言います。

　ネイチャーセンターは市民を啓蒙し、自然が残された地域の保護を重視しているため、緑地の保護を提唱するにはもっとも相応しい立場にあります。緑地を守るということは、生活の質、きれいな空気や水、余暇活動、そして健全な経済活動を手に入れることにもつながります。河川や山道沿いの緑地や緑の回廊は仕事を生みだし、地価を高め、地域経済を発展させ、新規起業あるいは移転先としてビジネスを引きつけ、地域の税収を増やし、地域行政の支出を削減し、住民のコミュニティ意識を高めるのです。このような地域づくりに関わるということは、ネイチャーセンターが敷居をこえ、先見性をもった施設として地域に認められ、その使命の達成を助けることにもなります。また、地域における協働事業が、思いもよらない展開につながることもよくあることです。

　未利用緑地は公費あるいは私費によって手に入れ、守ることができます。また、トラスト団体の支援があれば、地主が土地を保有したまま敷地の自然を保護することもできます。公有地トラスト、自然管理局、アメリカ農地トラスト、土地トラスト連合会などは、自治体や個人の所有者が土地を保護するための支援をしており、次世代に遺産を引き継ぐために重要な仕組みです。

　ネイチャーセンターは地元のトラスト団体とともに、土地所有者が自分たちの土地を手放さないですむよう、地役権やその他合法的な様々な選択肢を検討することがで

きます。トラストとは財産や遺産を守り保護するためのもので、所有者の望み通りにその土地を守り、その望みが永遠に認められることを法的に保証する方法です。所有地を代々受け継ぎ、将来の不必要な開発からも守りたいと望んでいる地主は、その土地にふさわしいと思われる規制を加えることができます。私有地の保護のための方法を以下に挙げておきます。

農地への免税
野生生物に関する免税
生態学的研究用地
レクリエーション用地、公園、景勝地としての指定
保全目的の期限付き地役権（他人の土地を自分の便益に供する権利）
保全目的の恒久的地役権の寄贈
散策路用地としての地役権
自然保護のための土地購入団体
格安での土地の購入
行政機関との協働による土地購入
開発権の購入または移転
トラスト団体への土地の寄付
トラスト団体による土地の購入
無償奉仕のボランティアプログラム
自然保護のための区画指定

　土地トラストは、地主が税負担の軽減方法を見つけ、所有地を守れるよう手助けすることです。では、その方法は？　自然保護を目的とする地役権は、将来にわたって望まない開発を制限し、一方で所有者の希望によっては居住やレクリエーション、農業、牧畜目的の活用を認めるというものです。
　相続人がいなくても、トラスト団体へ寄付することで土地を守り、未利用緑地や自然保護区を未来の世代へ贈ることができます。また、生きている間にトラスト団体への寄付を遺言として書面にしておくことで、免税が受けられるうえ、亡くなるまでその土地に住みつづけることもできます（余生の権利）。トラスト運動によって、個々

> わたしは、子どもにとっても、どのように子どもを教育すべきか頭を悩ませている親にとっても、「感じる」ことは「知る」ことよりずっと重要だと固く信じています。（……）美しいものを美しいと感じる感覚、新しいものや未知なものに触れた時の感激、思いやり、憐れみ、賛嘆や愛情などのさまざまな形の感情がひとたび呼びさまされると、次はその対象となるものについてもっとよく知りたいと思うようになります。そのようにして見つけだした知識は、しっかりと身につきます。消化する能力がまだそなわっていない子どもに、事実をうのみにさせるよりも、むしろ子どもが知りたがるような道を切りひらいてやることのほうがどんなに大切であるかわかりません。
> ——レイチェル・カーソン『センス・オブ・ワンダー』
> 　　　　　　　　　　　　　　　　　　　1965年

の私有地の地主がそれぞれ自分たちに合った、さらに土地に合った相続方法を選ぶことができるようになりました。

ネイチャーセンターとトラスト団体との協働は、ネイチャーセンター用地の取得、事務所の共有、研修ワークショップなどでも協力しあえます。フィラデルフィア州にあるシュルキル環境教育センターでは、最近、都市生態学やコミュニティ開発、都市景観の専門家を10名ほど招き、「都市や郊外の自然生態系を豊かにする」というテーマで日帰りのワークショップを開催しました。こうした取り組みによって、ネイチャーセンターはコミュニティ設計において重要な協力者となるのです。さらに、土地管理や遺産相続といった両面から土地所有者を対象としたワークショップを開催することもできます。

地元のトラスト団体で活動している人たちと親しくなり、地域の遺産の使い方をより良いものにしてゆきましょう。多くのネイチャーセンターは、地域の美しい自然を永遠に守りたいという地元の人々の要望から生まれました。ネイチャーセンターは土地管理のモデルを示し、来訪者はそのありように注目することでしょう。土地利用や環境特性を理解するための科学的な調査は、土地の管理者や都市計画のプランナーにも基礎的な情報を提供します。ネイチャーセンターが地域に受け入れられ注目されるようになると、自然保護活動自体の活動の領域を超えて地域文化の共同体意識に働きかけることができるようになります。

教育

教育が最大の使命なのだと、私たちが知り合ったネイチャーセンターの館長のほと

ロラドタフト・フィールドキャンパスのロックビューから見た景色。イリノイ州オレゴン

んどが語っています。水を守り環境を保全することの大切さやその方法、健全な環境を創造する生活慣習などを学ぶうえで、体験学習は最も有効な方法です。多くの住民が地元の植生や動物について学びたいと思っていて、その関心は野草、樹木、草、野鳥、蝶、野生動物、気象、水、土壌など、あらゆる自然科学の分野に及びます。

　教育哲学やその目的、手法については、教育者のあいだでも議論が続けられています。自然科学に基礎をおき、様々な生物種の名前や機能を教えるものもあれば、生態系における関係性を強調するもの、また人間が及ぼす影響に焦点をあてるもの、ライフスタイルを見直し、環境に対してより健全な習慣を身につけることをめざすプログラムもあります。これらは決して些細な見解の相違ではなく、今日のネイチャーセンターの現場で根本的に問われていることです。私たちは自然について教えているのでしょうか？　それとも自然と関わる最良の方法を教えているのでしょうか？

　教育目標が明確であることは極めて重要です。例えば、自然の真価を理解し、残された自然を大切にすることは、市民が知るべき必須要素です。こうした目標を念頭に置くことで、スタッフやボランティアは、生徒たちに伝えるべきことの明確なビジョンをもち、単に生物の名前や機能や形などを生徒たちに覚えさせるといった従来の方法から解き放たれるのです（より詳しくは The Earth Education 参照）。

　教育プログラムは、地元の専門家による連続講座から始め、地域の学校の授業案作りへの協力、一般市民を対象にしたプログラムといったように発展させることができます。人々の関心が高い分野について、地元のナチュラリストにゲスト講師をお願いすることもできます。

　学校の教師と親しくなれば、革新的でエネルギッシュな皆さんにとっての先生となってくれることでしょう。多くのネイチャーセンターでは、体験活動を中心とした「野外教室」を地域の学校と一緒に開発しています。子どもたちは詩を書き、計算の方法を学びながら、自然に対する畏敬の念をもち自然を理解できるようになるのです。生徒たちは野外に出ると、いつもより活き活きとし、自然に関心を向け、課題に対してより斬新で創造的な解決能力を発揮する傾向があると先生たちは報告しています。す

フロリダ州ホームステッドにあるビスケーン国立公園で底がガラスになっているバケツを使った観察

チョウゲンボウを持つシェーバーズクリーク環境センターへキャンプに来た人

でに、教材として『プロジェクトワイルド Project WILD』、『プロジェクトラーニングツリー Project Learning Tree』、『グリーンボックス Green Box』、『レンジャーリック Ranger Rick』、『プロジェクトアドベンチャー Project Adventure』、『オーデュボン・アドベンチャーズ Audubon Adventures』など様々なものが出版されていますし、ジョセフ・コーネル氏は子どもと大人に自然のよろこびを紹介する素晴らしいシリーズを執筆しています（文献リスト参照）。

　アースエデュケーション研究所は、当時、ほとんどの学校で行われていた環境問題への取り組みとは違うアプローチを提供するものとして、環境教育の評論家でもあるスティーブ・ヴァン・メーター氏を中心とする数名の仲間によって1974年に創設された民間団体です。「サンシップ・アース SunShip Earth™」や「アースキーパーズ Earthkeepers™」といったプログラムは、今では世界中の学校やネイチャーセンターで使われています。アースエデュケーション研究所のプログラムは、行政や企業が行う環境教育に代わる新しいモデルだとヴァン・メーター氏は説明します。さらに、「過去30年間にわたり、この地球の環境問題への教育の果たしてきた役割の大きさを信じこまされてきたのですが、本当はそうじゃないんです。始めた頃から、教育によって丸めこまれ、効果を弱められ、周縁化されてきただけだったのです。今まさに、持続可能な未来への舵取りができるかもしれない時期にあり、地球市民の一世代を丸ごと失う崖っぷちに立たされているのです。残された時間は多くないのです」と語ります。

　地球にやさしい暮らしの手ほどきをすることは、数学や科学、歴史や言語を習うことと同じくらい重要なんだとヴァン・メーター氏は断言します。

　「将来にわたり生命体として豊かで健康な星を享受しつづけるためには、自分たち

シボロ自然友の会ニュース
1992年5月

　エンビタイランチョウ〔南北アメリカ産のヒタキの一種。雄はツバメのように尾の左右の羽根が長い〕が広大な草原を矢のように飛び、カタアカノスリが怒ったモノマネドリの鋭い攻撃からすばやく身をかわし、キツネノテブクロとニワゼキショウが地面を占領している——この季節……これらは私のお気に入りのうちのほんの一部です。シボロ自然トレイルで過ごすひとときは、物事をより深く理解し、秘密を解き明かし、無限の畏敬の念といった新しい体験への窓を開いてくれるでしょう

　発展は、必ずしも自然を痛めつけるものではなく、自然の復元（restoration）は90年代に起きた真の発展のしるしです。ボルン市はいまや、先見性があり、真に豊かな暮らしに配慮するコミュニティという名声を得、手つかずの自然が残り、貴重な自然を保全する活動が盛んなところとして知られています。

　しかし、私たちは今まで以上に努力しなければなりません。無駄にする時間なんてないのです。環境が、地球が、子どもたちの未来に対して、私たちの責任と前向きな変化を必要としているのです。誰もが自分たちの暮らしに目を向け、行動に出なければいけないのです。できることはたくさんあります。

　シボロ自然友の会は、自然に対する感謝と理解を啓発することが重要な目標であると感じています。簡単に言うと、人は自分の愛するものを大切にするということです。自然の中で体験を積みかさねることで、未来の世代は環境を保護する能力をずっとよく身につけることになるでしょう。それこそ、シボロ・ネイチャーセンターで身につけさせているものなのです。トレーニングされたガイドが、周辺の学校の子どもたちにプログラムを提供し、本の世界から直接体験へと連れだします。そして、子どもたちは楽しい思い出以上のもの——未来のための道具——を手に入れるのです。

——キャロリン・チップマン-エヴァンズ

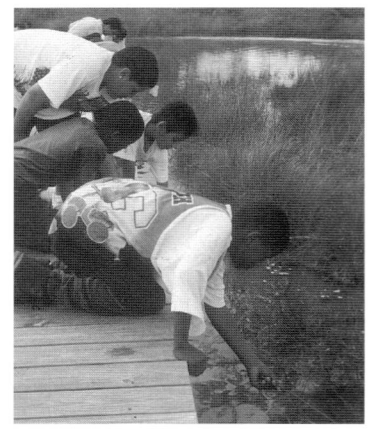

人は、自分の愛するものを大切にします。

と地球およびその自然、コミュニティとの関係を変えなくてはなりません。その関係を4つのRで言い表すことができます。すなわち、読み（Reading）、書き（wRiting）、算数（aRithmetic）、関係性（Relationship）です。でも、どうも多くの教師が、環境教育とは生徒にゴミ拾いをさせ、ジュースの空き缶をリサイクルさせ、その次に、環境問題のひとつとして熱帯雨林の破壊について議論することだと考えているようです。生徒たちにインスタント食品（多くが校内のゴミとなっている）や、炭酸飲料を手放すよう適切なアドバイスをしていないため、環境問題を自分たちの問題（習慣など）としてではなく、他人事として片づけてしまっているのです。正直に言うと、この問題に真剣に取り組みはじめたら、目の前にある問題を自分の問題としてとらえるかどうかにかかわらず、ありとあらゆる環境問題に反対する人たちに立ち向かわなければならなくなってしまいます。また、富を手にした人たちはバランスが大切だとよく言いますが、それは何もしないのと同じことなんです。でも、このことは、日々の習慣に取り組むよりも簡単で、環境問題に関するうんざりするような議論に巻きこまれることもありません。そもそも、暮らしの中で使っているエネルギーや資源の消費を減らす方法を理解することだったのに、「バランス」が大切だといった運動は理解しがたいことです。間違えないでください。アースエデュケーション（地球教育）は変化に関する教育であって、環境教育は今やバランスに関する教育となっているのです。」

ヴァン・メーター氏は著書『*Earth Education : A New Beginning*』の中で、アースエデュケーションの取り組みはプログラムがしっかり組まれていて、他の教材のように無計画で補足的なものではないと説明しています。「教室ではなく、自然の中を拠点とし、環境問題ではなく生活習慣に焦点を当て、他の教材のほとんどに浸透している巧みな管理という主旨とは相対的に、ディープ・エコロジーの主旨に根ざしています。アースエデュケーション研究所は、環境運動に関わる教育者による最大の国際的グループで、政府や企業、産業界などをスポンサーにせず、会員に支えられ独立した組織として活動しているのです。」

環境問題に対する自身の立ち位置は自分で判断しなければなりません。そして、熱意はネイチャーセンターでの活動で表現されていくものです。ユーモアのセンスを忘れないように、上手くやってください！

科学や環境教育の素晴らしい教材や指導書を取り扱っているエイコーン・ナチュラリスト商会は、12年前に2人の教師により設立されました。何千ものネイチャーギフトのほか、科学教育キット、フィールドや実験で使う器具、顕微鏡、虫眼鏡、フィールドガイド（図鑑）、骨格標本のレプリカ、岩石、鉱石、楽しい絵本やパペット、記録誌、メッセージカードなどを取りそろえています。

> **叡智へのひと言**
>
> 政治に関しては？ ネイチャーセンターには、適切な土地管理の提唱を目標とする教育プログラムがあります。私たちは自然保護の建設的な側面に焦点をあててきました。地域のコミュニティに溶けこむことで、幅広い人たちに出会うことができます。森を守りたい人と、林業で生計を立てている人がいた場合、ネイチャーセンターは対話と学びのために双方を引き合わせることもできますが、一方に加担することで両者の距離を広げてしまう可能性もあります。善意の人々のあいだで合理的な話し合いをする余地も残っているのです。しかしときには、組織として政治的な論争に踏みこむこともあるでしょう。
>
> 地域の環境問題に対して立場を公にすることを選ぶのであれば、しっかり勉強し、理事会の支持を得、すべての利害関係者と情報を共有し、根拠をもって解決への働きかけを行い、しっかりしたリーダーシップを発揮しなければなりません。忘れてはならないのは、「正しくある」ことではなく、正しい結果をひき出すことです。つねに市民に門戸を開き、知識人の独りよがりにならないように気をつけなければなりません。そうすれば、ネイチャーセンターは自然保護を主張しながら、分断や衝突の源ではなく、情報や協力の源として存在しつづけることができるでしょう。

最近、エイコーン・ナチュラリスト商会では科学と環境教育をテーマとしたセンターを作りました。1ヘクタールの敷地に立つクラシックなクラフツマンスタイルの建物は、カリフォルニア南部の中心都市ツーソンの古い町並みに溶けこみ、敷地はオークやスズカケノキ、セコイアの他、150種類もの植物で覆われていて、建物の壁には自然石が使われ、中庭や池、石庭などもデザインされています。エイコーン・ナチュラリスト商会がこのようなスタイルと場所を選んだのは、都市の中心部にあっても、自然や野生生物、そして人間にとって豊かな環境が作れることを実証してみたかったからです。

授業にネイチャーセンターでの活動を取り入れようとする教師もいます。そのよう

> **家族をつなげるアクティビティ**
> こんな活動に挑戦してみましょう。家族をつれて、自然の中のお気に入りの場所へ出かけます。毛布、ピクニックに必要なもの、そして心に響く歌といっしょに。食事を終えたら、1人ずつ順に、思いつくだけたくさんのことについて、お互いに感謝の言葉を述べれば自然のふところの中で家族の絆を深めることになるでしょう。

エイコーン・ナチュラリスト商会。カタログからネイチャーセンターへ

な場合、必ずネイチャーセンターのスタッフと事前に打ち合わせをしてください。実直な教師でも、活動が自然環境や他の来訪者にどんな影響を与えるかを理解していないことがあるのです。どのような活動を行うにしても、ネイチャーセンターとの打ち合わせは欠かせません。ある施設では、野外教育のベテラン指導者が、日帰り遠足の目印として蛍光オレンジのスプレーを岩や樹木に吹きつけたことがありました。このようなことがないように、教師と親しくなり、計画の全容を把握するか、もしくは少なくとも信頼できるボランティアに同行してもらうようにしましょう。

　科学プロジェクトを実践したいと申し出る生徒もいるでしょう。また、全米オーデュボン協会やシエラ・クラブ、ハイカー協会、ボーイスカウトやガールスカウト、自宅学習者などのグループがネイチャーセンターを使ってプログラムを行いたいと考えるかもしれません。その場合も、確実なコミュニケーションやコーディネートが欠かせません。利用規則を作成し、能力のあるボランティアによるトレイルガイドやガイドによるプログラムなどを設けておくことをお薦めします。

　1979年にペンシルベニア州で始まった「環境コンテスト」は、高校生がチーム対抗で環境や自然保護をテーマにフィールド調査を競うというもので、1996年には33州、カナダ、メキシコ、そして日本からも参加がありました。

　環境教育指導者のための資料や教材は数多くあります。全米環境教育協議会では、出版物を発行したり年一回のミーティングを開催したりしています。小学5、6年生を対象とした環境教育プログラムに『OBIS 自然と遊び、自然から学ぶ』という教材もあります。

　全米インタープリテーション協会は、ナチュラリスト、歴史家、国立公園のレンジャー、

教師、学芸員、図書館司書、行政官、レクリエーション指導員、作家、ボランティア、そしてネイチャーセンターのスタッフのために情報誌を発行しています。

　ボブ・メイヤーは、自身が勤めるニューオリンズのルイジアナ・ネイチャーセンターのプログラムについて紹介しています。「ネイチャーセンターという施設として、エネルギー効率の向上や施設内リサイクル、環境にやさしいガーデニングなどの情報を伝えてきました。ネイチャーセンターは、ただの教育施設ではありません。私たちのプログラムはすべてレクリエーションとエンターテイメントの要素を兼ね備えており、楽しく、家族を意識したメッセージとすることで、私たちの伝えたいことをより効果的に伝えることができるようになります。」

> **叡智へのひと言**
>
> 優れた教育プログラムには、開発とコーディネートが必要です。ボランティアの人たちがすばらしいインストラクターになって、実際に新しいプログラムを作りだすこともあるかもしれません。しかし、プログラムを継続して提供するには、基本を忘れず、手間のかかることや平凡な仕事をコーディネートする人材が必要です。ボランティアのコーディネートやトレーニングをしたり、教材を集めたり、活動を計画したり、資料を調べたり、資金を用意したりと、すべてが膨大な時間と労力のいる重要な仕事です。生徒たち一人ひとりから参加費を集めたほうが運営しやすいかもしれません。そして、その資金を教育ディレクターに委ね、カリキュラムの開発と地域の学校やボランティアのコーディネートに責任をもってもらうのです。もう1つの方法は、「教育パートナー」キャンペーンです。地元の企業にある程度の寄付をお願いしてプログラムの予算にあて、企業にPRの機会を提供します。また、助成金も利用できます（第11章をご覧ください）。

インタープリテーション

　全米インタープリテーション協会によると、自然や文化遺産に関するインタープリテーションは、人類の歴史と同じくらい古いといわれています。シャーマンや語りべ、部族の長老たちは世代を超えて歴史を伝えてきました。書物や最新の記録技術ができる前は、口承の伝統が先祖伝来の文化を維持し、進化させる大切な要素となっていました。

　今ではインタープリテーションという言葉は、公園や動物園、博物館、ネイチャーセンター、史跡、旅行会社、水族館などで、理解を深めるために企図されたコミュニ

ブラックストーン・リバーバレー
のレンジャー

ケーション活動のことを指して使われています。全米インタープリテーション協会では、「人々の興味と、資源がもつ本質的な意味とを、感性と知性を使ってつなげていくコミュニケーションのプロセス」と定義しています。

教育とインタープリテーションの関係は、科学と芸術の関係に類似していると私たちは考えています。というのも、来訪者は事実と意味、情報と体験とを求めていて、素晴らしいプログラムにはそのどちらもが含まれています。たとえばアメリカン・バッファローについて、歴史的な事実の説明と同時に、物語をとおして自然保護の強いメッセージも伝えることができるのです。

インタープリテーションのプログラムでは、来訪者を教育するだけでなく、興味や関心を引きだすことを意図しています。グロスとジマーマンはインタープリテーションを「形ある資源と、それらがもつ無形の価値とをつなげること」だとしました。たとえば、ネイチャーセンターではストーリーテリングがとても大切です（*The Story Handbook*）。インタープリテーションに関する基本的な書籍『*Personal Interpretation*』『*Interpretive Planning*』『*The Interpreter's Guide Book*』については、巻末の文献リストをご参照ください。

「楽しさ」という言葉：楽しい！　子どもたちは遊びに目がありません。話の内容は忘れてしまっても、楽しい体験は長く記憶に残ります。例えば、私たちのセンターでは、子どもたちと小川で水生生物を調べようと計画しました。しかし、子どもたちを川辺に連れていくと、自然保護の話どころか安全のためのルールさえ聞いてもらえませんでした。そこで、グリーンマンが誕生したのです。

グリーンマンは葉っぱに似せたキャラクターで、自然の中から現れた妖精のように子どもたちに泳いで近づき、「小川の言葉を語って聞かせよう！」と叫びます。フルートを吹いて、川岸沿いの動物や植物のことやアメリカ先住民の民話を語り、安全のためのルールを伝え、ジョークを飛ばし、自然を守るためにできることを紹介し、流れの中へ姿を消してゆきます。このようにすると、子どもたちはしっかり注意して聞きます。

プログラム企画シート

題材（トピック）：_____　　日程：_____

目的：特に教える技術を明記する
　　具体的な目標
　　評価

進め方：
　　手順
　　評価

教材：

このプログラムで指導すること（該当するものにチェックする）
□自然環境　　　　　　　　　□自然素材を使ったクラフト
□シルバー・レイクの特徴　　□コミュニティの環境保全
□特に配慮が必要な生物種　　□環境問題
□生態学的なアウトドア・レクリエーション

このプログラムは　□楽しい　□学ぶことが多い
このプログラムは　□新規会員を増やす
このプログラムはセンターへの期待に応えている：
　　どのように_____
このプログラムの参加人数_____名
対象者_____
参加費_____ドル　　　　　総収入_____ドル
スタッフの労働時間_____時間　　スタッフの謝礼_____ドル
　　　　　　　　　　　　　　　教材費_____ドル
　　　　　　　　　　　　　　　純益／（支出）_____ドル
必要なボランティアの種類：_____

日本には鳥居という、一種の庭園へのゲートがあります。支柱の上には繊細な曲線を描く横木があり、庭を訪れた人は、ゲートを通って別の世界へいざなわれます。庭に入るときには、世のしがらみを忘れ、詩的で神聖なメッセージに対して心を開かなければなりません。ネイチャーセンターが提供できるのはそうしたゲートなのです。くつろぎや未知のものへの好奇心のゲート。誰もがかつて一度はくぐり抜けたことのあるゲートなのです。

レクリエーション

　人が危険を冒して自然の中へ入っていくのは、それが楽しいからです。林の中の静かな散歩や湿地でのキャンプ、草原の中を気ままに歩いたり、山登りの旅に出たり、遊泳区域で飛びこんだり、やさしい老木の下で居眠りしたり、子どもたちと丘を駆け降りたり、野生動物をこっそり追跡したり。運動が好きという人もいれば、自然の中をぶらぶら歩くことが精神的な健康を保つという人たちもいます。

　自然の中に入ると、緊張が和らぎ、誰もが心地よく感じるようです。都市での生活は非常にストレスが多く、ネイチャーセンターを訪れる人々は林の中を散歩しながら、ヘンリー・D・ソローの次のような言葉を思い出すかもしれません。「私は、1キロも林の中へ踏みこんだというのに、心そこにあらずといった自分に気づくと不安になってきます。村でのことが頭から離れず、仕事が頭をよぎり、全身から意識が離れていき、感覚を失ってしまうのです。しかし、散歩をしていると、次第に意識や感覚が喜々として戻ってくるのです。」

　人には、自然と触れていたいという、もって生まれた欲求があります。猟師や釣り師は、獲物を捕ること以上に自然の中へ入っていくことに意味があると言います。野外のレクリエーションでは、プログラムを緻密にしないことが大切です。ネイチャーセンターではなるべく人の手をかけず、自然のままにしているだけで十分なのです。

「私は、生態学的危機の要因の1つは、人が自然から遠ざかることだと確信しています。多くの人々がそうした暮らしをしているのです。私たちは自然に親しむ様々な感覚を失っており、多くの人が自然から疎遠であることは、地球の保護に関して不吉な前兆です。「経験の絶滅」を回避しなければなりません。原生自然だけでなく空き地も守らなければならず、大渓谷だけでなく小川も、巨樹だけでなく木立も守らなければならないのです。世界の信者にならなければいけないのです。」
——ロバート・マイケル・パイル
『ザ・サンダー・ツリー
The Thunder Tree』より

ハンド・ノット
（人間知恵の輪）

子どもはネイチャーセンターに来るだけではありません。ネイチャーセンターで遊ぶのです。

　家族連れに配慮すれば、様々な年齢層のニーズを把握することにもなります。子どもたちには身体を動かす活動が、親にはリラックスが、祖父母にはベンチが必要でしょう。お疲れ気味の年配者に喜ばれる安らぎを提供しつつ、子どもには活動的なプログラムを提供することもできます。例えば、ピクニックエリアの近くの木登り用具は、木の枝が折られたり、植生が踏みつけられたりすることも防げるでしょう。施設のガイドが、来訪者それぞれにふさわしいレクリエーション活動を紹介してくれます。

　レクリエーション的なプログラムが地域を育て、また、地域がセンターを育て、支えていくことになるでしょう。ハイキングやカヌー、バックパッキング、キャンプ、洞くつ探検、ロッククライミング、音楽やストーリーテリング、アートや写真の教室、バードウォッチング、ウォーキングクラブ、キルトクラブ、民芸クラフト、歌のフェスティバル、詩のワークショップ、クロスカントリースキーのレースまで、様々な活動が来訪者を惹きつけ、彼らに理解と親近感を持ってもらえるきっかけとなります。

　アメリカの市民は、人生の85〜95％の時間を「インドア」で過ごしています。裕福な人々は空調の効いた空間に住み、密閉された車内で移動し、ゆがめられ操作された景観とほんのわずかに触れるだけです。貧しい人々は、密集し荒廃した地域にようやくのことで暮らしています。中流階級は、ほとんどの時間を家や車、オフィスの中

指導者が案内するサンパブロベイ国立野生生物保護区への遠足中、湿地への散歩中に5年生のシルベスターが同級生と鳥を調べている。

ブラックストーン・リバーバレーのナショナルヘリテージ・コリドー

ですごしています。このような自然との分離は、ここ最近の出来事で、その結果は深刻なものがあります。

　都市計画の立案者もこのような状況を理解しつつあり、最近の研究では、道路沿いの植生や自然の景観はドライバーのストレスや疲労、フラストレーションを軽減すると指摘しています。また、別の調査では、風景が見えない運転ビデオを見た人に比べ、風景が見えるルートを走るビデオを見た人は、その後のフラストレーションへの耐性が高まっていたことがわかりました。

　私たちは動物が檻に入れられた時とまったく同じ反応を示しています。攻撃性、ものを貯めこむ傾向、子どもの倦怠といじめ、抑うつ、病気にかかりやすいといった問題が、人口密集地で頻発していることは驚くべきことでしょうか？　人々はいたるところで暴力に魅了され、物質的な富の蓄積に没頭しています。おそらく、世界中で起こっている戦争や犯罪、精神的な健康といった問題は、こうした現象——自然との分離と人口の密集——の結果なのでしょう。そしておそらく、ネイチャーセンターを創るということは、人々が「地に足をつけ」、自然とつながっているという感覚を育み、健康な地域を生みだす助けとなることができるでしょう。

シボロ自然友の会ニュース
1993年冬　フィールドノートから

　今日は、どっぷりと冬につかっている感じがします。ぶ厚い灰色の雲が空を覆い、雪がちらちらと降り、鳥たちは群れをなして餌台を囲んでいます。今夜は寒くなりそう。

　暖かな春の雨がトレイルや乾いた湿地を潤し、早春の草を緑に染めたのは、つい先週のことでした。一気に暖かくなってしまったと感じていたので、寒い日が戻ってきて、ものごとが正しく収まるとわかりひと安心です。

　荘厳な冬の美しさは、いつも私を驚かせます。木々が衣を脱ぎ、凛としたバラ色の空を背景に浮かび上がるシルエットは時間が止まったよう。空っぽになった鳥の巣が、未来を約束するかのように裸の枝に留まっています。ヒメレンジャクとツグミの群れが、折り紙細工のように枝にとまっていました。

　この冬、私は新しい世界への扉を開けました。新品の双眼鏡を手に、鳥の世界の冷徹なスパイになったのです。そこで展開する鳥の暮らしの観察に没頭していると、心配事はまったく忘れさられ、喜びに満たされます。無邪気な動きや羽繕いのしぐさ、小枝を集めたり水浴びをしたりする様子は実に神秘的です。小さく魔法のような双眼鏡は、遠くで見るより鮮やかに見せてくれるのです。今までその存在すら知らなかった世界に踏みこんだ感じです。

　このような体験は決して新しいものではありません。自然はいつも扉を開いていて、この世界や私たち自身をより深く見つめる機会を与えてくれているのです。私自身、もっと歩きまわり、不思議（wonder）に目や心を見開こうと思っています。

　　　　　　——キャロリン・チップマン－エヴァンズ

第4章　役割

草原の調査しているボランティアの市民科学者たち

> 自分のキャリアに関心を持ち続けよう。
> どんなに地味でも、時を経て変わりゆく運を通して
> つかんできた本当の財産なのだから
>
> ——デシデラータ
> 〔ラテン語で「欲すべきこと」という題名の詩からの抜粋〕

　ネイチャーセンターのほとんどが、地域の人たちによって運営されています。彼らが、土地を管理し、プログラムを作り、施設を整備し、資金を集め、郷土愛を育くんでいます。彼らはボランティアや仕事としてネイチャーセンターに力を尽くすなかで、創造性を発揮していきます。

　ほとんどのネイチャーセンターが、ボランティアの活動としてスタートしています。初めはほんの数人の空想家の仲間が、技術や才能を活かして連携を築いていきます。必要だと思ってもいなかった能力や技術をもったボランティアが現れることもあるでしょうし、自分たちに必要な助けが徐々にわかってくることもあるでしょう。ニュースレターを発行する人、学校プログラムを企画・実施する人、自然栽培によるガーデニングコースを指導する人が必要になるかもしれません。このようにしてボランティアの役割が作りだされていくのです。自分たちには手に負えない必要な役割を洗いだし、グループ内で共有し、役割の概要を説明した一覧表を作ると役立つでしょう。やるべきことと求める技術や能力を明確にしておけば、必要な人材を集めやすくなります。

イーグル・スカウトのプロジェクトでは、スカウトの団員同志で組織を編成し、持続的なコミュニティ・サービス事業を提供するという課題に取り組んでいる

ボランティアのまとめ方

「世界は人々が協力の必要性を理解した時に救われる」──ピート・シーガー〔歌手〕

　人々が活動に関心を持ちはじめると、「私にできることがあれば言ってね」という申し出を耳にすることでしょう。また、「こんな特技を持っているんだけれど」という人が現れるかもしれません。彼らがくれたチャンスを失ってはいけません。ボランティアの基盤を育てるということは、組織の立ち上げ時にも大切な要素です。ボランティア自身も希望やアイディアをもち、限りある人生の新たなチャンスを待っているのです。人生の空白を埋めるに足る有意義な活動があなたのグループで見つからなければ、他を探そうとすることでしょう。ですから、いつもノートを持ち歩き、誰かの申し出があれば、その場で名前と電話番号、興味や関心、できることを控えておきます。一方で、ボランティアは、自分たちがしていることに興味や誇りをもてなければ長続きしないということも頭に入れておいてください。

　ボランティアには様々な人たちが集まってきます。ガーデンクラブや福祉サービス団体、ボーイスカウトやガールスカウト、退職した人たち、教会の青年組織や高校の部活動など。ボランティアはあなたのコミュニティの心であり、彼らの時間はありがたい贈り物です。

　ボランティア登録用紙は、ボランティアを確保し有効活用する良い方法となります。ボランティア登録用紙のファイルを集中管理しておくと、将来のプロジェクトのための人材バンクとなるでしょう。ボランティアの管理は最も重要かつ時間のかかる

河川敷の清掃活動

仕事で、ボランティア・コーディネーターが組織には必要です。

優秀なボランティア・コーディネーターであるスザンヌ・ヤング氏に、彼女のやり方について尋ねてみました。

記録によると、私たちには約350名のボランティアがおり、年間に延べ1万3,000時間も活動していて、E-mailがなければ皆さんに近況を知らせることも難しい状況です。誰もが最新の情報を知り、自分たちが組織の一員であると実感したいものです。私は、ボランティアの方々が組織について語る時、「私たち」とおっしゃるのが大好きです。やったーという気分です。

ボランティアを手放さない方法
- 組織の目標と与えられた使命を理解してもらう。
- 意義のある、充実した仕事を与える。どんなに小さなことでも、その重要性を説明する。
- 楽しく仕事をする。
- 彼らが必要であり、求められていると感じさせる。
- プログラム作りに参加させ、ネイチャーセンターのオーナー意識をもたせる。
- 影に日向に功績を認めること。
- 提案やアイディアに耳を傾ける。
- 1人のボランティアばかりに仕事を集中させない。
- 彼らの時間を無駄にしない。
- 何度でも感謝する。小さな贈りものやバースデーカード、事務室に花束を飾ったり、キャンディーを瓶に入れておいたりして驚かせる。
- ボランティアの間に共同体意識をもたせる。パーティーや持ち寄りの夕食会などで。
- 組織の目的や変化につねに寄り添わせる。

プロジェクト・リーダーは組織の要となる人材です。プロジェクトを切り盛りできる人材を見つけることが、物事を上手く運ぶ鍵となります。優れたリーダーシップがなければ、ボランティアたちの熱意ややる気をなくしてしまうことに気づきました。

優れたプロジェクト・リーダーの要件は以下の4つです。
1. 解決すべき問題を明確にできる。問題は何なのか？
2. 解決策を編みだせる。どうやって解決するか？
3. 関心をもった人材に指示を与えられる。
4. 成功を定義できる。何をもってプロジェクトが成功したと言えるのか？

ボランティア・コーディネーターとしての私の役割は、プロジェクト・リーダーから

ムーレイ・ウィン氏はシボロ・ネイチャーセンター建設への寄与によってボランティア賞を受賞した

ハミングバードのチャンピオン

　仕事の内容を受け取り、相応しい人材を募集し、登録し、プロジェクト・リーダーとボランティアの関係をコーディネートして、ネイチャーセンターの最新情報をボランティアに提供することです。

　もうひとつ覚えておくべきことは、功績を認めることの大切さです。多くのボランティアは名声や栄光を得たいとはそれほど思っていませんが、感謝されることは好きなものです。新聞記事や写真、感謝状、集まりで感謝を伝えることは、グループの共同体意識を高めます。組織が育っていけば、「得意分野で秀でている」といった言葉を入れて感謝を示した感謝状などを作ってもいいでしょう。
　誰が何をどのくらい手伝ったかの記録を残しておきましょう。こうした記録は、活動に見合った助成金を引き出すのに役立ちます。また、ボランティア全員にニュースレターで感謝を表したい時にも便利です。感謝して感謝して感謝しつくすことが大切です。ボランティアを当然のように感じたり、いつまでも働いてくれると思ったりしてはいけません。いつも感謝です。
　ボランティアは奉仕の気持ちから参加してくれているとはいえ、楽しみの要素も大きくなければいけません。自然を愛する人は、自然との触れ合いを求めているものです。もし、ネイチャーセンターの敷地がまだ満足できるものでないなら、興味のもてる美しい自然のある場所に出かけることでグループを団結させることができるでしょう。人との出会いを求める人には、ともに集うということが重要になってきます。自然への愛がその人を惹きつけていることもありますし、発送作業やコンピューターの操作を手伝うことに関心をもつ人もいます。
　全米オーデュボン協会やシエラ・クラブのような団体の支部が地元にあれば、彼ら

シボロ自然友の会ニュース
1996年5月　豊かな春

　始まりは、春とは名ばかりのようでした。雨が降らず、弱々しい小さな野草が力を振り絞って伸びようとしており、私はお腹を空かせた野生動物たちのことが気がかりでした。古代スギの巨木を枯らし、地域を壊滅させた7年に及ぶ深刻な旱魃（かんばつ）の最後の年に私は生まれ、ことあるごとに旱魃の話を聞かされて育ったため、真っ先に頭をよぎるのです。湿地が干上がって水たまりとなり、小川の流れが細るのを見て、欠乏の不安を覚えました。

　しかし、そうこうしているうちに、あふれるばかりの優しさを経験しました。今年の春はシボロ・ネイチャーセンターのルネッサンスのようで、才能ある多くの方々が、さまざまなプロジェクトに時間と疲れを知らない労力を注いでくれました。何百人もの方々に、この場を借りて感謝をお伝えしたいのですが、そのなかに、心のこもったネイチャーセンターをつくるために全霊を傾けてくれた人たちがいます。

　苗の販売を手がけてくれた人たちで、私は「ドリームチーム」と呼んでいますが、彼らは何カ月もの間、毎週水曜日にベアムーン・ベーカリーに集まり、このプロジェクトに関する山のような課題を少しずつ解決していきました。ドリームチームの皆さんありがとうございました。賢明で精力的で、献身的なグループの人たちとの仕事に感動しました。素晴らしい性格と豊かな才能は誰もが認めるところです。

　今年の春は、ボルン市とコロラド川流域管理局から助成金をいただき、ネイチャーセンターの脇と裏のポーチの完成のために忙しくすごしました。製作はライオンズクラブとボルン市立高校環境科学専攻の生徒たちがデービッド・パイプス氏との協働作業で行い、PJ塗装店のポール・シュエッツ氏とスターリング電気店のマーティ・キャロル氏も時間を割いてくれました。また、ミルト・ホーキンス隊長のおかげで、任務を全うすることができたのです。

　他にも、目立ちはしていませんがシボロ自然トレイルのヒーローに、ネイチャーセンター周辺に生息するすべての生き物に心を注いでいるローラ・バール隊長がいます。彼女はハミングバードの餌台に餌を補充し、カミツキガメにエサのミミズを与え、木々に水をやってくれました。ローラ、あなたの献身に感謝しています。

　また、ボルン市立高校のハーブスト先生とジャンゾー先生、そして環境科学専攻のおよそ120名の生徒たちに感謝したいと思います。彼らは小川やトレイルのゴミを拾い、新しく池を作り、苗の販売を手伝い、樹木にマルチ（樹木の根元をわ

> らなどで覆うこと）を敷き、展示物の移動を手伝ったり、水槽を掃除したり、在来種の植物を植えたり、他にも本当に多くのことを手伝ってくれました。一人ひとりがシボロ・ネイチャーセンターに大きな変化をもたらしてくれたことに、本当に感謝しています。
>
> 　またその間、トレイルガイドは年間2,700人の子どもたちを案内しました。ガイドをしてくれた皆さんが熱心な子どもたちに教える手腕を披露してくださったことに感謝します。
>
> 　この春、獲得した助成金と、ディック・グロス、ロビン・バスティン、ビビアン・ルールといったネイチャーセンターの当番役を勤めていただいた皆さん、そしてラリー・ルースのおかげでギフトショップも開店しました。今では、自然に関するグッズや書籍、Tシャツ、帽子、岩石など様々なものを取り扱っています。
>
> 　現在、野外ステージの建設に取りかかっており、父の日のコンサートまでに完成する予定です。ステージは野外劇場、コンサート、スライドショー、講演などの場になります。
>
> 　こうした信じられないような多大な支援と心配りをいただき、不安感は優しさに負かされてしまい、心優しく美しい世界といった夢に向かって、コミュニティが思いやりや熱意をもってともに働くのを見るのは、なんて素敵なことでしょう。
>
> 　　　　　　　　　　　　　　　──キャロリン・チップマン－エヴァンズ
>
> 追伸：その後、恵みの雨も降りました。しかし、まだ旱魃の状態を脱してないので、水は大切に、思いやりだけではなく水は節約しないといけないことを覚えておきましょう。

が中心メンバーになってくれるかもしれません。いつもこうしたコアグループづくりをしておくようにしましょう。というのも、グループはいつも変化しているからです。皆、時間がいつもあるわけではありません。同じプロジェクトでも、5年もたてば別のグループになっているかもしれません。ですから、いつも元気な行動家がいないか、気を配っていることが大切です。

ボランティアだけでは足りない時

　アメリカにはボランティアだけで運営され、成功しているネイチャーセンターもあります。でも、それは少数派で、ほとんどのネイチャーセンターは草の根のボランティ

ア組織から少人数のスタッフをかかえたNPO法人に成長したもので、なかにはそれ以上に成長するところもあります。最初は有給の職員を雇用するなどとんでもないと思うかもしれませんが、時間がたつにつれ、組織の維持は些細な部分に注意を注ぎつづけられるかどうかにかかっているとわかるでしょう。急ぐことはありません。職員のいない草創期も楽しんでください。しかし、運営資金が手に入ったら、指導員、インタープリター、事務局員、簿記や資金調達係などの人員について検討してみましょう。ネイチャーセンターを動かすのは人なのです。

　ボランティアはしばらくの間は無給の奉仕で関わってくれますが、状況は変わっていきます。職員は組織で決まり、組織は職員で決まるものです。人件費の捻出は、施設や展示物、備品などよりも重要だと私たちは考えています。こういった運営資金の調達は概して難しいものですが、最も重要なのです。

　もし、あなたがネイチャーセンターの創設者だったら、この仕事で生活できるか疑わしく思うことでしょう。いつかは、自分に給料を払ってくれるようになるだろうかと。もちろん、何人かはNPO法人から給与を受けとれるようになります。好きなことをし、自然を守って生活の糧を得ることに何も問題はありません。NPO法人の内規に反しない限り、理事会はあなたをいつまでも雇うことができます。このことは逆

> **叡智へのひと言**
>
> 最初のボランティアは、地元の高校からやってきてくれました。環境科学の先生が、悪いニュースばかりを教えるのに疲れてしまったからです。先生は、分厚い教科書に描いてある恐ろしい大気汚染や水質汚染、人口爆発、森林破壊などについて苦心して読んでも、生徒たちは環境について落胆するばかりだと感じていました。彼の解決策は、生徒たちをやる気にさせることでした。「しかたがない」とただ座っているのではなく、彼らに仕事を与えたのです。
>
> チャック・ジャンゾー先生は、10年前から生徒たちに自分で選んだ環境保護団体で1年間に8時間のボランティア活動をすることを必修としていました。シボロ自然トレール（CWT）が近くにあることと、ジャンゾー先生の熱意から、希望する生徒はすべて受け入れてきました。毎年125人から150人の生徒が環境を守るために働いています。彼らはCWTの主力となって道を切り開き、歩道を敷き、池を掘り、標識を作り、チラシのデザインをするなど、いろいろなことをしてきました。私たちが得たものは、CWT作りにかかった何千時間ものボランティアによる労働です。彼らが得たものは、自分で変えられるということと、環境破壊への解決策は私たち一人ひとりの中にあるという実感でした。

> **叡智へのひと言**
> 人を雇用するということは法的な契約関係に入るということで、素晴らしい関係になるかもしれませんし、問題を起こすものになるかもしれません。職務について、期待される能力や課される任務などを具体的な目標とともに明確に設定することで、実績を客観的に評価することができます。組織を守るためにビジネス経験のある理事に相談したり、国や地元自治体の労働基準法に合致しているか確認しましょう。

に、理事会があなたを解雇できるということですから、お互いに気心の知れた関係を維持することは、生活(生き残りの)手段でもあるのです。

ネイチャーセンターが行政の所有である場合、担当者と良い関係を築くことができれば、新たな職を作り、公園の管理人として雇用してくれるかもしれません。ネイチャーセンターの創設に尽力することは、あなたの才能を示すことであり、大学で学んだのと同等の価値をもつものとして履歴書に記載することができます。

はじめて職員を雇用する

調査の結果や自身の経験から、組織作りの早い段階からディレクターを雇うことが重要だと確信しています。金銭的な支援を必要としないボランティアたちが立ちあげたネイチャーセンターもありますが、そういったところは例外で、サービスと質を維持するためには、頼れるディレクターが必要です。寄付やプログラムによる収入を生むまでに組織が成長してきたら、その資金は何に使われるべきか？　私たちの見解では、まず有給のディレクターです。ディレクターは、最初は教育担当やインタープリターを兼任するかたちになるかもしれませんが、センターの顔となり、センターの方向性や目標、資金調達、職員の雇用などについて責任をもちます。ディレクターを雇うといった決定は理事会の最も重要な任務のひとつです。

インターン

大学や専門学校は、生物学、農学、地球科学、環境科学の学生のインターンプログラムに熱心です。自然に関するインタープリテーションなどの分野でキャリアを築きたい学生は、経験を積む機会を探しているものです。多くのネイチャーセンターがインターンシップを提供しており、やる気に満ち専門分野に秀でた学生の恩恵を受けて

います。彼らは無給でも単位が得られればよいのです。学生には、施設の管理や修理、経営、インタープリテーション、野生生物管理、調査、ギフトショップの運営などあらゆる分野に関わってもらいます。宿泊施設や制服、週単位の給与を提供しているセンターもあります。この制度の具体的な運用は大学や学生、ネイチャーセンターの希望に合わせて設定できます。

資金をどこから調達するか？

　働く場所を提供するということは、安定した収入源を見つけることでもあります。多くのネイチャーセンターは市や郡といった自治体と協働し、行政からの資金提供を受けて職員を雇用しています。このような場合、市議会や州政府が事務局長やインタープリターを選任します。州の魚類狩猟局、公園局や野生生物局などもこのような協定に関心をもつかもしれません。自治体によっては、職員の給与の一部を負担したり、事務所を提供したり、職員を派遣したりするところもあります。地域の自治体の職員は、持続可能な運営の必要性をよく理解しています。必要と思われることがあればどんなことでも相談してみましょう。

　シボロ・ネイチャーセンターでは、もし新たなスタッフが必要になれば、その費用を算出し、「サポート例」を作成して支援者に提案します。支援者は組織の発展に結びつく支援を惜しむものではありません。とりあえず1年、職員を雇うことで組織にもたらされる利益を明確にし、その後、そのコストを継続的にどう賄うつもりなのかを説明します。うれしいことに、私たちは支援者からのめぐみとしての寄付にとどまらず、職員の給与の全額負担さえしてもらい、おかげさまで雇用を維持することができました。

　基金からの助成金で職員を雇えるのは初めの数年といったところで、あとは来訪者の数を増やしたり、プログラムの質を向上させたりしながら、独自財源の確保をめざすこととなります。個人の支援者には、新しい職員の必要性について説明した書類を作り、寄付による数年間の資金計画を説明します。

　しかし通常、常勤の職員の給与を助成金で賄うことはできません。古くからのネイチャーセンターの多くは、職員の給与を寄付金で賄っていますが、それは資金がつねに投資されているからであり、組織にとって恒常的な歳入だからです。忘れてならな

ヘッドランド・インスティテュートのフィールド・サイエンス・エデュケーターの戸棚。

いのは、職員を1人養うだけでも多額の寄付金が必要だということです。駆け出しの組織にとって、人を雇うということは現実的ではありません。

　支援者のなかには、基金を設立し、それを財源として「ポスト」を提供しようと考えている方もいます。しかし、基金の利子で賄うのであれば、少なくとも1千万円以上の寄付が必要となります。

　職員を1人養うのに必要な金額はどの程度でしょう？　ネイチャーセンターよって給与には開きがあり、2002年にシルバーレイク・ネイチャーセンターのロバート・マーセル氏が91カ所のセンターを調査した結果がネイチャーセンター理事協会のレポート誌『Direction』に特集されています。事務局長の年収は平均5万237ドル（約420万円）で、最少が1万3,000ドル（約104万円）で最多は9万4300ドル（約750万円）でした。そして、98％が健康保険に加入し、平均12日間の休暇が設定されていました。常勤の指導員は平均年収が2万6,739ドル（約200万円）、最少が8,354ドル（約67万円）で最多4万8,303ドル（約380万円）。94％が健康保険に加入し、平均11日間の休暇があり、事務員は平均年収2万5,670ドル（約200万円）、最少が1万1700ドル（約93万円）で最多4万2500ドル（約340万円）でした。

　規模の大きなコミュニティでであれば莫大な予算があります。ミルウォーキー地区では、リバーエッジ・ネイチャーセンターに毎年65万ドル（約5,200万円）を提供しており、事務局長は6万5,000ドル（約520万円）の年収のほか、健康保険、課税繰延の年金、有給の病気休暇などの手当てを得ています。事務局長の役職に就くには以下の資格や技術が必須です。

・経営学、環境科学、自然科学などの修士号（または同等の教育、経験を有すること）を取得していること。

・環境教育センターを最低でも5～7年間、問題なく運営したことを証明できる実績。
・人を惹きつける熱意や創造力と常識。

　コミュニティの規模が小さい場合はあまり期待しないほうがよいでしょう。私たちは教育も受けず、資金もなく、時間もありませんでしたが、地域の人たちが専門的な技術を提供してくれました。私たちにできたのは、土地と人を育むということだけでした。コミュニティでネイチャーセンターを作ろうとすれば、いずれボランティアでできることの限界に気づくことでしょう。継続性と責任をもった運営のためには、有給の責任者と専門組織との連携が必要です。規模も小さく、予算の少ないネイチャーセンターでは、責任者1人とボランティア数人で事業を運営していくこともあります。
　たくさんのセンターが、責任者のほかに、ナチュラリストや教育担当、事務員、野生動物のリハビリテーター、施設管理などのスタッフをかかえることができるほどに成長しています。スタッフはネイチャーセンターの雰囲気を体現するものですから、知識も大切ですが、性格はそれ以上に重要です。ネイチャーセンターの職員は人と自然が好きでないといけません。職員は地域の人たちが自然の虜になるために力添えをする最大の要素です。彼らの人を引きこむ才能によって、来訪者は自然に接する機会を得、地球環境問題について関心をもった地域を作ることができるのです。

資金を手にした後にするべきこと

　非営利団体として、金銭に関することはすべてきちんと記録しなければなりません。人を雇うということは、人事について正確な記録を残すことでもあり、人事に関する明確な方針と手続きが必要です。立ち上げたばかりの組織にとって、このようなことは些細なことと受けとられがちですが、そうではありません。募集や面接、契約、評価、退職、業績の記録など、検討すべきことがたくさんあります。税金の支払いや労災、健康保険も課題です。地域の条例に沿うように、弁護士や会計士と話し合ってください。

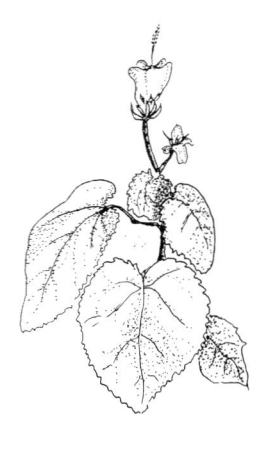

第5章　プログラム

マーティン・パーク・ネイチャーセンター、オクラホマ市

> 1年先を考えるなら、米を植えなさい。
> 20年先を考えるなら、木を植えなさい。
> 100年先を考えるなら、人を教育しなさい。
> ——中国の諺

　丁寧にデザインされたプログラムは、ネイチャーセンターに活気と刺激を与えてくれます。市民が自然に目を向け、好きになり、理解するようになってくると、コミュニティもいきいきしてきます。コミュニティが一つになり、地域の人々のために動きはじめると一気に前進することでしょう。自然について学ぶことは、楽しく、実践的で、有意義なものです。こうして学びつづけたコミュニティでは、環境のために責任ある決定ができるようになってきます。観光客による収入も重要ですが、地域の人々同士が関わり、素敵な時を過ごすことで、様々な過去や価値観をもった人との共通点が見つかり、コミュニティの一体感が育まれていくのです。この場所こそが、あなたの創造性が輝き、伝わり広がっていくところです。

　年齢を問わず、宗教的に偏らず、政治観や貧富の差なく受け入れられるコミュニティ活動がいくつかあります。地域の固有植物の販売、動物とのふれあい会、野草をテーマとしたワークショップやコンポスト講習会、天体観察、乾式農法セミナーなどは、すべて日常からはなれ、自然に感謝するという共通の目的のために見知らぬ同士が出会う場となります。

インタープリテーションの仕掛け

　情報を伝えることは大切ですが、どんな情報をなぜ伝えるのかを見立てるのは、ネイチャーセンターの哲学によります。インタープリテーションは、ネイチャーセンターの使命を達成するために重要な教育的な取り組みです。自然保護の倫理観を育むには、来訪者の知性や感情を刺激することが肝心で、展示やプログラムも共通した理念でデザインされる必要があります。一貫したデザインが、そのネイチャーセンターの個性を表現するのです。例えば、私たちのネイチャーセンターではバッファローに関するインタープリテーションの展示作りに、地域の地名や土地の特色を活かして興味を引きつけるようにしました。これは、地元の人たち向けにデザインされたインタープリティブな展示の例です。

　私たちはこのバッファローのテーマを押し出し、ギフトショップとも連携し、バッファローの指人形やぬいぐるみ、Tシャツ、書籍などの販売をしています。また、支援者やボランティアの方々には、感謝を込めて木製のバッファロー記念メダルをプレゼントしました。バッファローは、インタープリテーションによるメッセージと、自然保護のために「できる」ことを伝えるためのシンボルとなっています。

　解説や展示は、まったく費用のかからないものから何百万ドルもかけるものまであります。専門の業者にデザインや製作を委託したり、インタープリテーションのテーマ作りにコンサルタントを利用したりすることもできます。経験豊富なコンサルタントであるドン・ワトソン氏は、派手な展示が必ずしも注目されるわけではないと警告しています。彼がある施設で来訪者の行動を物陰から観察したところ、最も人気のあった展示は管理人の物置で、子どもたちは開いたままの扉の前に立ち止まり、大量のトイレットペーパーに驚いて見入っていたといいます。

　立派な展示物でも来訪者の関心を引きつける時間は数秒ですから、展示にかける労力と予算はメッセージの重要性とスタッフの給与や運営にかかる経費とを比較して決めるべきです。展示の技術については参考

デイブ・マッケルベイ氏、動物に語りかけるインタープリター

シボロ＝バッファロー

　シボロとは、アメリカ先住民の言葉でバッファローを意味します。かつて、この丘陵を歩きまわり、シボロ川の水を飲んでいたすばらしい動物、バッファロー。アメリカバイソンとも呼ばれるバッファローは、この地域の先住民トンカワ族のおもな食料源でした。

フォートワース・ネイチャーセンターの
バッファローの子牛

　アメリカバイソンほど、人間によって追い詰められた自然を象徴する生き物はありません。1800年には約3千万頭が西部の草原を轟かせていて、アメリカ先住民は食料、衣服、住処、道具を得るためにバッファローを狩り、そして彼らの魂を奉っていました。ラコタ族の言い伝えにあるバッファローの教えは、自分につながるすべてのものを神聖なものとして称え、森羅万象すべての生き物に畏敬の念をもって接した時、豊饒が約束されるといいます。しかし1889年までに、その豊かさは失われてしまいました。移住者による無駄な虐殺によって、北米に残されたバッファローはたった551頭になってしまったのです。

　バッファローが減るに従い、アメリカ中の野生生物の生息地も減っていき、私たちの地域の風景も同じ運命をたどりました。1830年代には、シボロ川付近で百頭単位のバッファローの群れを見かけたと移住者たちは報告しています。彼らは川を渡るのに、巨大なバッファローの群れが休んだり川を渡ったりするのを3日間も待たなければならなかったといいます。1849年にはバッファローたちはいなくなり、他の動物も消えていきました。1849年、ボンハムの判事イングリッシュは、ひとシーズンにパンサーを60頭殺したと自慢しています。1854年には、「いまだ狩猟で生計を立てている男がクリーズ川（現在のケンダル郡）周辺にいた。訓練された猟犬を飼い、ここ2年間で60頭のクマを殺した」との報告があります。1874年までに、グアダループ川のイトスギはほとんど1本残らず伐採されてしまいました。都市部で人口が爆発的に増加した時、テキサス州の広大な自然の生息地のほとんどは、牧場と農場に取って代わられたのです。

　バッファローはあらゆる荒廃を象徴するものとなりましたが、希望のシンボルでもあります。ウィリアム・テンプル・ホーナディ〔1854-1937、アメリカの動

物学者で自然保護論者、詩人でソングライター〕ら初期の自然保護活動家たちの努力によって、動物を保護する基準と法律が作られ、バイソンたちは絶滅を免れ、繁殖することができるようになりました。1872年には、ペンド・ドレイル族の青年ウオーキングコヨーテによって、近代的な群れの繁殖が始められました（cf. *Baffalo*）。1950年には、保護活動によってバイソンの数は2万5千頭にまで回復し、今日では北米に20万頭が生息しています。

　自然保護活動家によって、バッファローはもう一度繁栄することができるようになったのです。1人の努力によって変革できること、小さなグループでも注目にあたいする保護活動ができることをバッファローは教えてくれます。あなたが地域で自然のために何ができるかを学びたい時、どうぞシボロ・ネイチャーセンターのスタッフやボランティアに話しかけてみてください。

書（*Interpreter's Guide Book* など）に詳しく載っていますが、展示の必要性は個々の組織でよく吟味する必要があります。最も優れた展示というものは、組織の使命についての考え方や真価を伝えているものです。また、インタープリテーションの心髄は、直接体験するなかで、自然観を染みこませていくことです。

　インタープリテーションには次のものがあります（この限りではありませんが）
・ガイドウォーク
・野外の看板や展示
・室内展示、ディスカバリー・ルーム、ディスカバリー・ボックス
・ナチュラリストや歴史家、博物館のガイドによる説明や実演
・スライドショーや映画、マルチメディアを使った催し物
・劇、人形劇、コンサート
・学校の授業
・動物ふれあい体験
・動物のリハビリテーション
・記念植樹や在来植物ワークショップ
・ガーデニングプログラム
・節水園芸プログラム
・ストーリーテリング
・体験的なイベント
・保全プロジェクト

ハイイロオオカミの狩りの様子のジオラマ。メリーランド州ローレルの国立野生生物ビジターセンターにて

ネイチャーセンターでイベントを実施するまでの段取り

1. 担当者や内容、日程や時間を決定し、年間予定と調整する。
2. 財務委員会と予算を決める。
3. ゲストとの交渉。
    a. 経費（謝礼、本やビデオの販売など）
    b. 広報に使う写真や推薦文の提出
    c. 特に準備が必要な内容の確認（PA機材やダンスフロアなど）
4. 広報、渉外活動（数カ月前から始めます）
    a. 担当者やゲストの写真や推薦文
    b. 地元の新聞
    c. 地元のイベント雑誌
    d. 商工会議所
    e. ホームページ
    f. 自治体の関係部署や近隣の住民との連絡調整、照明や音響、トイレなどについての確認
5. サポートするボランティア（少なくとも2人）の確保と打合せ
6. 当日の準備
    a. 早く集まり、担当者や司会、ゲストと照明や音響を確認
    b. 適切な場所にポスターや案内板を設置
    c. ネイチャーセンターを開館し、駐車場や座席、観客の照明などについて確認
    d. 資料やチケット、販売物などを置く会員用のテーブルの設置
    e. 会員用テーブルでボランティアがチケットの販売や会員登録をする
    f. センター内でもボランティアに売店を開いてもらう
    g. 主催者のボランティアとゲストとの打ち合わせ：開会時の紹介や休憩時間、終了時の流れなど
7. 導入のプログラム
    a. あいさつ
    b. 目的を説明する
       前にも来たことがある人は何人いますか？
       会員の方は何人いますか？
    c. ボランティアや後援者に感謝の言葉
    d. 売店、トイレ、会員用テーブルの場所を案内し、これから行われるプログラムを説明する
    e. ボランティアや寄付、会員による支援が必要であることを伝える
    f. ゲストを紹介する
8. 休憩
    a. 売店やトイレの場所などの案内
    b. 会員の勧誘、寄付やボランティアのお願い
    c. ビジターセンターの案内
9. 締めくくり
    a. ゲストに感謝の言葉
    b. 最後にもう一度、会員勧誘
    c. さようなら
10. 片付け
    a. ボランティアは売り上げの計算をする
    b. イスや机などの片づけ
    c. ゴミ拾い
    d. 掃除してくれた人に感謝の言葉
    e. 照明を消して鍵をかける
    f. 掲示板のポスターをはずす
    g. 打ち上げパーティーへ

プレゼンテーションのヒント

　一般の方々を対象としたプレゼンテーションは学校プログラムと同様、受け手の関心に添った質の高いものでないといけません。まずは、相手を知ることが効果的なプレゼンテーションに結びつきます。子どもは青年や成人とはまったく違ったニーズや関心をもっています。年齢や関心の異なった人が混ざっているグループには、すべての人が関心を示すような内容を組み入れることが最良の方法です。

　プレゼンテーションのための参考書もありますが、私たちは失敗の積み重ねから学ぶものです。「大失敗」することもありますが、体験から学ぶことで良い指導者が育ちます。準備不足や不適切な教材を選んでしまった経験から多くを学ぶでしょう。招待した講演者が素晴らしい時もあれば、次回はお断りしなければならないと思う場合もあるでしょう。

　子どもたちを相手にすることは、チャレンジでもあります。子どもは相互にやりとりのある、楽しいプレゼンテーションに食いついてきます。子どもは触ったり動いたり、笑ったりするのが好きで、指人形や生きた動物はいつも大受けです。何かを見つける活動やゲームもいけますが、講義はうけません。子どもは飽きっぽいものですが、特に言葉によるものはダメです。子どもとの活動で必要なのは、子どもたちの体力や、やる気を注意して観察し、次の活動へのタイミングを見計らうことです。いつも、虫眼鏡や水中用の網などの仕掛けをこっそり用意しておくことをお勧めします。

　ネイチャーセンターをベビーシッターとして使おう、子どもを単に預けようという親もいることでしょう。保護者との関わりに関する方針を明確にしておきましょう。午後のネイチャーウォークの受付をする時、緊急連絡先を確認しましたか？　初めての子どもを預かれますか？　多動や問題行動のある子もいます。そうした子どもたちでも楽しむことができますし、むしろ自然の中でこそ最も自分らしくなれるのかもしれません。とはいえ、問題が起こったり、個別の対応が求められたりした時のために、少なくとももう1人は大人のスタッフが必要となります。

　乱暴で集中できない子どもでも、指人形や動物のデモンストレーションのお手伝いをしてくれることがあります。子どもが暴れるような時、親にアドバイスすることによってその程度を抑えられるかもしれませんが、より直接的な協力を求めなければ

ならないかもしれません。子どもの対応に不慣れなときは、ベテランの教師やユースワーカーにお願いし、いくつかプログラムを実践してもらい、どのようにやればよいか観察してみましょう。スタッフやボランティアを対象としたトレーニングは行ってください。子どもの協調性と想像力を引き出すには技術があり、それは学ぶことができるものです。

　創造力を働かせ、あなたならではのプログラムを開発することをお薦めします。会員や知人に実験的なプログラムを創るよう働きかけてみましょう。そして、そのうまくいった点を見つけるのです。失敗もしましょう。他のセンターの良いところばかり目につくかもしれませんが、あなたのコミュニティ独自の、魅力的な売りを育てるべきです。

　プログラムを地域の人たちに伝えましょう。ポスターを作り、公共の広報手段を利用し、ニュースレターでイベントを紹介し、世界を広げていきましょう。準備がうまくいくと、参加者もそれなりに集まるものです。

> **叡智へのひと言**
> - 怖がらず、ただ飛びこんでガイドツアーを始めてみましょう。始める前にすべての情報を持っている必要はないのです。喜びと熱意を共有しているだけで良いのです。
> - 宣伝しましょう。写真を撮り、可愛らしい子どもたちからのお礼のメモを保管しておきましょう。
> - ネイチャーセンターの活動が活発になってきたら、援助と資金を探しましょう。
> - 見学を希望するすべてのグループに対応しようと思わないこと。疲れ果て、来客をもてあますことになりかねません。自分たちの時間とエネルギーに合わせ、身の丈に合ったペースで。
> - ガイドツアーには少しでいいですから料金を請求しましょう。子ども1人2～3ドルが一般的です。
> - ボランティアを育てましょう。感謝状を送り、一緒に昼食をとり、一緒にプログラムを作りましょう。
> - 借りて、借りて、借りまくりましょう。野外教育については山のような資料が手に入りますから、利用しましょう。
> - 学校プログラム専門の責任者を雇用しましょう。これだけ忙しく働きながら、長く無給でいられる人はいないと考えてください。責任者はガイドツアーの計画を立案し、プログラムをデザインし、学校の校長や先生と打合せを行い、指導者の研修やスケジュールを立て、教材を集め、規定を作り、ほかにも多くのことをやらなければなりません。
> - 野外での教育がスケジュール通りに進むと期待しないこと。活動と活動の合間をたっぷりと設け、柔軟に対応しましょう。最終的にはすべてうまくいっても、時間通りの正確さを求めればストレスになります。

種を探す。リバーベンド・ネイチャーセンター、ミネソタ州ファリバルト

好奇心をそそるものを集め、調べた後、元の場所へ戻します

シボロ・ネイチャーセンターの教育プログラム

　シボロ自然トレイルをスタートさせた時、私たちは地元の子どもたちの教育を中心にしていこうと決めました。子どもは、ほんの少しでもその気にさせれば、自然に役立つことに夢中になりますし、保護者に強い影響を与えます。そして、子どもたちが将来、ネイチャーセンターにゴミを捨てるような乱暴なティーンエイジャーに育つか、誠実な自然保護者に育つかは保護者次第なのです。

　当初、学校の先生方が校外授業やプログラム作りを熱心に手伝ってくれました。初めての校外授業では、1人の先生が2クラスの生徒を連れてきて、キャロリンが引率してトレイルを歩きました。私たちが目指したのは、自然への感謝と優しさを育てることだけでした。初めのうちはうまくいきましたが、しばらくすると運営が難しくなるほどの盛況ぶりになってしまい、トレイルを引率するボランティアを求めることにしました。理科の先生や自然愛好家、生態学者、野生動物の専門家、教育者など、多くの方が引き受けてくれましたが、プログラムにはディレクターが必要であることもわかりました。そんなとき、ジャン・レーデが現れたのです。彼女は初め、ボランティアで引率を引き受けてくれていましたが、しばらくするうちに、彼女はグループを引率する能力が秀でているだけではなく、「野外教室」を発展させていく構想力をもっていることがわかりました。科学の学位と長年にわたる教育経験、疲れを知らないエネルギーをもったジャンが、ボランティア育成のディレクターになりました。

　そうしている間に、キャロリンは教育プログラムを強化するための助成金を見つけてきました。それは、野外教室のカリキュラム開発に1万1,000ドル（約88万円）を提供するというものでした。私たちはその助成金を使ってジャンをシボロ自然友の会

シボロ・ネイチャーセンター教育ディレクター、ジャン・レーデさん

巣箱づくり教室

に雇うことにしました。

　彼女の最初の仕事は、学校や先生が求めていることを見つけだすことでした。先生たちとミーティングをもち、何が「必須要素」なのか、一人ひとりの先生が目標としていることは何か、各学年のレベルにふさわしいと思われる総合的なテーマは何なのかについて把握してゆきました。この情報をもとに、彼女は各学年ごとの体験活動作りに取りかかったのです。私たちは既存のカリキュラムを取りこみながら、必要に応じてアレンジし直しました。しかし、野外教育の授業は検討と試行を経て本物になっていくもの。書籍に紹介されているアクティビティは、あなたには楽しそうに見えても子どもたちにはまったく退屈なものかもしれません。

　どの校外授業でも、私たちは何かしら新しいことを学び、より良いプログラムにする努力をしました。試行錯誤をくり返し、上手くいくプログラム作りのアイディアを見つけるために他の野外教育指導者と話し合いました。5年たった今も、私たちは相変わらず改良に取り組みつづけています。

　学校での活動において、求められているのが必ずしも「環境教育」ではないことがわかりました。多くの学校が、州で定められた基準（必須科目）やテストの点数に達しなければ、という大変なストレスをかかえ、生徒たちもストレスにさらされていましたが、幸いなことに、すべての教科を野外で扱うこともできるのです。

　例えば、林業家がどのように樹高を計るのかを学び（算数）、小川で詩を書き（国語）、チームの全員が「毒の川」を渡って「市役所」まで協力して行くという課題学習を行うこともできます。この活動は、コミュニティの課題を克服するにはチームワークが必要であることを象徴的に取りあげています（社会科）。自然保護のメッセージはどんな時にも伝えていますが、活動は学校の希望に添ったものにすることができます。

　子どもたちが乗ったバスが到着すると、オリエンテーションとしてプログラムの目

オオカバマダラの個体数を数えるため、指導員がチョウを網でやさしく捕まえる技術を教えている

的や注意事項を説明します。その後、子どもたちは小グループに分かれ、ガイドに引率されてそれぞれの活動場所へと向かいます。

ガイドはトレーニングを受けたボランティアたちです。新しくガイドになると、まず1つの活動の指導を覚えます。そして、5つのグループに対し1回ずつ、計5回、同じ活動を指導します。学期の始まるごとに研修を行い、全員がシボロ・ネイチャーセンターの使命と、教育哲学について学びます。基本的に、私たちは生命を尊ぶこと、自然を愛することと思いやりの態度を教えようと努めているのです。各活動ごとに、子どもへの接し方の注意点のほか、約束事や規律、ユーモアのセンスをもつこと、恐れへの対応方法、質問をうながす方法、ガイドのコツなどの情報が網羅された計画書を受けとります。

小さく始めた私たちのプログラムは、あっというまに大きくなりました。コミュニティに住むいろいろな能力をもった人々が、ネイチャーセンターに来てくれましたし、ジャンのリーダーシップのおかげで、コミュニティ全体への啓蒙活動にまで発展しました。国からも表彰され、私たちの土地管理や自然保護に関するプログラムは地域から信頼されるようになっていきました。人気があるのは、土地管理プログラムや緑道の開発、環境に配慮した住宅の開発、自然保護のための地役権、雨水を利用した栽培方法、在来植物、放牧地の管理、野生生物管理、野草、野生生物管理のための固定資産税免税に関するプログラムです。

ネイチャーセンター開発の本当の楽しさは、人と自然をつなぐプログラムを作りだすことです。シボロ・ネイチャーセンターのプログラムをいくつか紹介しましょう。

ボルン市の野鳥愛好家、シボロ・ネイチャーセンターに集まる：地元の野鳥愛好家のグループといっしょにバードウォークや月ごとの観察会に参加してみましょう。森や湿地、渓谷や草原で野鳥を観察します。きれいな鳥だけでなく、もしかしたらすごく珍しい鳥を見つけるかもしれません。双眼鏡とお気に入りの鳥図鑑を持参のこと。

巣作りする鳥や渡り鳥を惹きつける方法：ディック・パーク氏が60個以上の巣箱を

見せ、誰にでも巣箱を「正しく作る」方法を伝授します。土地の持続的利用促進団体（Land Stewardship Resource Group）が主催するワークショップで、見事な巣箱のデザインと安全な設置技術、理想的なエサ台や水浴び台、そして巣箱の設置にふさわしい場所についてアドバイスをします。定員は30名、参加費は会員1人10ドル、夫婦は15ドル、非会員1人15ドル、夫婦は20ドル。

箱メガネは水中の世界を見られるようになっています。プラスチック製のバケツの底を3センチほどの糊代を残して穴を空け、プレキシガラスを接着すれば、水生生物に関するどんなプログラムももっと楽しくなります。

トレイル建設トレーニング：参加費は無料で定員は25名ですので、早めに申し込むことをお勧めします。トレイル博士たちがトレイルの建設理論を教え、新しいトレイル建設を例に体験します。スポンサーはシボロ・ネイチャーセンターとスバル／MBAトレイル・ケア・クルー〔オフロードバイクレースのチーム〕です。

野生生物と景観を考えた雨水利用：このワークショップでは雨水タンクの種類やシステムの設計、課題を解決していく方法などを取りあげます。雨水を集めて野生生物の役に立つようにすることもできます。電気を使わず、井戸も掘らず、難しいことはありません！　遠隔集水装置や水飲み装置の使い方について学びましょう。定員25名。

裏庭に池を作ろう：野生生物のための水場を庭に作るのはそれほど難しくはありません。グリーンさんが1年を通じて水を新鮮に保つ方法や裏庭に水槽を使った池を作る具体的な方法をお教えします。このワークショップは、すでにある野生生物用の池をモデルに行います。定員25名。

トレイルガイド入門と野外教室実習：私たちの行っているプログラム内容なら、経験がなくとも少人数の幼い子どもたちを自然の中に連れ出せます。野外教室プログラムは3月から5月の午前9時〜12時まで開催されます。

チョウの調査グループ　　　　　　　　　　　　ジョン・フォークとムーンシャドウ「歌とお話」シリーズ

スギ管理ワークショップ：土地の持続的利用促進団体の後援で、林野庁、公園・野生生物局、自然資源保護局が推薦するスギ林の手入れの方法や道具について説明します。近隣のスギに覆われた牧野を使い、放牧地の改善の利点や森林生態学、野生生物保護について3カ所を比較しながら実際に体験します。

公園でアート：家族向けの活動で、その種類は自分で選びます。歩き始めたばかりの子どもから小学生、そして大きな子どもまで。メニューは日光写真、植木鉢の絵付け、葉っぱの拓本、そしてネイチャーフォトなど！　保護者の方にはお子さんに寄りそい、一緒に遊んでいただくようお願いしています。誰もが楽しめる活動です！

会員向けイベント：会員になると特典があります。まだ会員でないなら、入会して仲間になるチャンスです。ガイドウォークや茶話会、春の黄昏のキャンプファイヤーに参加して、シボロ自然友の会に入会しませんか。

鳥やチョウにやさしいガーデニング：どうすれば庭に鳥やチョウを呼ぶことができるでしょう。人気のコンサルタントで作家のパティ・レズリーパッターがテキサス州の丘陵地帯の景観にふさわしい在来植物の美しいスライドをたくさんお見せします。スライドショーの後、ネイチャーセンターの周辺に育つ春の野草や花の咲いている雑木をのんびり歩きながら観察します。

在来の園芸植物セール：品質の高い在来種や園芸種の苗や道具を手に入れ、ガーデニングのアドバイスを受けたいあなた。年に1回のこのイベントを逃す手はありません。入場無料。

野生生物のフィールド調査

歌とお話——ジョン・フォークとシボロ・シックス：我らの歌う獣医、ジョン・フォークがカントリーウェスタン＆ダンスミュージックのバンドを率いてウィリー・ネルソンの曲を演奏します！　折り畳みイスを手に、ピクニックの準備をして、踊るつもりで来てください！

自然の中でサイエンス：子ども連れの家族向けサイエンス・アドベンチャー。幼児から小学生、もっと年上の子ども向けにも活動を用意しています。保護者の方も小さなお子さんと一緒に遊んでください。みんなが楽しめる活動です！　料金は会員の家族4人まで10ドル、子どもが1人増えるごとに3ドル。非会員は家族4人まで15ドル、子どもが1人増えるごとに4ドル。

野生生物フィールド調査：ボランティアが、現地で植物や動物の調査をし、私たちが行っている野焼きや草刈り、外来種の除去、その他いろいろな土地管理の方法の効果を観察します。地元の専門家の指導により、1日調査チームメンバーとして修行します。

恐竜の足跡から何がわかるかな？：ファミリープログラム。ネイチャーセンターの足跡の小道には、1997年にボルン湖の放水路で発見された恐竜の足跡の正確な複製があります。自然遺産博物館にある足跡から、1億年前にここを歩いた動物の足跡を観察し、情報を読みとりながら生痕学者（足跡化石学者）になったつもりでセンターの小道を歩きます。早めにご登録を。

シボロ自然友の会ニュース
1996年1月

　ヘレン・マークアート夫人は93歳になります。彼女はテキサス州バーグハイムに生まれ育ちました。バーグハイムは、彼女のお父さんが作った町です。綿工場と雑貨屋を建て、「丘の中の我家」という意味の名前をつけたのです。彼女が少女だったころ、サンアントニオまで約50キロの道のりを、行くのに1日、品物を仕入れるのに1日、馬車に乗って帰ってくるのに1日、計3日かけたものです。

　今、マークアート夫人はシボロ自然トレイルから道を渡った向かいの老人ホームに住んでいます。SAGE プログラム（Seior Activity fot the Good Earth）の参加者の一人として、いつもシボロ・ネイチャーセンターを訪れていますが、彼女のお話とすばらしい思い出は、私たちを力づけ、視野を広げてくれます。彼女は変化することを理解する一方で、今あるものを大切にすることの重要性を理解しているのです。彼女がバーオーク〔カシワの類〕のドングリを植えるのは、彼女が未来を見すえ、環境保護やお手本という贈り物を提供するためなのです。

　バーオークの実生苗は、マークアート夫人はじめプログラムに参加した多くのお年寄りから子どもたちの教室に贈られます。私たちのこのプログラムは、山積する問題をかかえたこの世界において、ささやかな行為にしか見えないかもしれません。しかし、以下のメッセージは行為よりもはるかにすばらしく、私たちの一人ひとりが何か提供できるものを持っていて、誰もがよりよい未来のために役立つことができることがわかります。

　親愛なる SAGE 様　すばらしい木をありがとうございました。僕は育つのをずっと見守っていきます。　　　　　　　　　　　　　　　　　　　　——マット

　親愛なる SAGE 様　小さな木をありがとうございました。今は死んでいるように見えるけれど、もうすぐ緑になると思います。ありがとう。　　　——バイロン

　SAGE プログラムを始めた頃、私たちは年配の方々に何かを提供できると思っていました。しかし、実際にやってみると、彼らのほうが私たちにより多くのことを与えてくれたのです。シボロ・ネイチャーセンターはコミュニティをつくっています。ここは、誰もが居場所を見つけ、必要とされていると感じることができる場所なのです。子どもたち、大人、親子、そしてお年寄りが今日と明日のよ

> りよい未来への夢に向かって集まっています。ボランティア、スタッフ、そしてサポーターの皆さんは真の喜びと秘密を見つける掛け橋をつくっているのです。
> ——キャロリン・チップマン-エヴァンズ

森の暮らしサマーキャンプ：対象は12〜15歳。時間は9：00〜15：00。参加費は1週間で140ドル。指導は環境教育学士号と自然への豊かな感性、CPR（心肺蘇生法）の資格をもった経験豊かなサマーキャンプの指導員、環境教育指導者が担当。

1週目：「先住民のクラフト」　テキサス州の丘陵地帯に住んでいた先住民は、自分たちの住処について熟知し、食べ物や薬、おもちゃ、手工芸品にいたるまで「自然のスーパーマーケット」から手に入れていました。このユニークな機会に、バスケットや天然の石けんのほか、地面から掘り出した土で陶器を作ってみよう。

2週目：「火の番人」　マッチ1本で薪に火をつけることができますか？　マッチやライターを使わない昔の火起こしの方法を習いたくありませんか？　希望される方は、未熟な火の番人を鍛える、燃えるような1週間にご参加ください。

3週目：「泥人間」　過去にさかのぼり、先住民の狩りの技術を学ぼう。私たちの不思議な狩人共同体に加わり、1週間にわたってカムフラージュの仕方や動物の足跡、簡単なシェルターづくり、感覚を磨くゲームなどを学びます。

4週目：「川の生き物」　1週間にわたってシボロ川で遊んだり学んだりします。目隠しをして小川散策をしたり、いかだを作ったり、自然素材を使って水の浄化装置を作ったり、小川の健康度を測定したり。1番の人気はボルン湖で1日を過ごすことと、カヌーとカヤックに乗ってシボロ川を遡上することです。

SAGE（Senior Activity for the Good Earth）プログラム

老人ホームに暮らす人や、高齢の人向けのプログラム。自分の知恵と経験を役立てたいという老人ホームの入居者や退職した方々数名がグループを作り、ガーデニングなどのレクリエーションを提供しており、シボロ・ネイチャーセンターを訪れたり、学校の子どもたちに植木や苗木を提供したりしています。このプログラムは園芸療法の経験をもつソーシャル・ワーカーによって運営されていて、シボロ・ネイチャーセンターからはボランティアを提供しています。有意義な仕事や命を育む活動が人を元気にさせ、刺激となると同時に、お年寄りの集団との共同作業、環境への責任ある活

動は若者を元気にさせることにもなります。

SEED プログラム

SEED（種）プログラムは、サンアントニオにあるチャーター・リアル精神病院に入院している青年たちに向けて始めました。「自尊心を育む環境保全活動 Self Esteem through Ecological Dynamics」（SEED）は、年間を通して4つのステップをくり返し行います。

1. 自然を感じる場所へ行く
2. ボランティア活動を企画する
3. プロジェクトを実践する
4. 活動の功績を認められる

スクラップブックに貼られた写真や地元の新聞に載った写真、式典への出席や証明書などが「認められた」ことの証となります。

自然は、社会に馴染めずにつらい思いをしている若者たちにとって理想的な場所です。子どもたちは、無視されたり虐待されたりすると、自分の能力や価値を疑うようになります。勉強やスポーツに秀でることができなかった人は、時として引きこもりあるいは、乱暴な青年としてコミュニティの悩みの種となってしまいます。しかし、そういった若者も、年齢や症状、知能などの有無にかかわらず、自分にとって意味のある場所を見つけることができるのです。環境に役立つボランティア活動をとおして、自尊心や市民性を育む役割や積極性を身につけることができます。

全米のユニークなプログラム

私たちはアメリカ中のネイチャーセンターを調査し、プログラムの多様さと、各地のグループの創造力に感動しました。ここでは、これら多様なプログラムの概要と、地元のコミュニティを活性化させる活動を紹介します。刺激的なプログラムを紹介することで、ネイチャーセンター同志の交流を促進したいと考えているのです。

実に幅広いプログラムが行われていて、未就学児向けのプログラムもあれば、家族向け、ティーンエイジャーから成人、高齢者、何らかの愛好会、治療を必要とする人たち向けプログラムもあり、そして学校プログラムなどが行われています。学校プログラムは地域の学校との協力のもとで発展する可能性もあります。

　豊かな独創性や創造性で際立っていたプログラムをいくつか紹介しましょう。以下の事例は各センターのプロモーション用資料から引用したものです。（各ネイチャーセンターの詳細は巻末資料を参照してください。）

SAGE プログラム

バースディーパーティー（セオドア・ルーズベルト・サンクチュアリ）：生きものと過ごし、サンクチュアリや自宅周辺の自然の中を散策しながらの楽しい誕生日パーティーの提案です。パーティーは45分間で、その後はサンクチュアリで約45分を過ごします。家族会員は100ドルです。あと25ドル追加すれば、自宅でパーティーを開きサンクチュアリで1時間過ごすこともできます。

野焼き学校（インディアンクリーク・ネイチャーセンター）：草原や林地を安全に燃やすことの意義と方法を学びます。帰化植物を絶やしてカシ林の再生力を高め、草原を安定させましょう。天候にもよりますが、参加者は草原や林地を決められた方法に従って実際の野焼きを手伝います。費用は会員3ドル、非会員は5ドル。

バタフライ・オープンハウス（カラマズー・ネイチャーセンター）：チョウに囲まれる喜びを体験します。幼虫が葉を食べる様子を観察したり卵を探したりしましょう。樹木園のバタフライ・ハウスで毎日実施しています。

木を祝おう！（フォンテネーレの森ネイチャーセンター）：このユニークな室内プログラム

「森の掟」プログラム

「川の小動物」

は、材木から酸素まで、木が作りだす大切な様々なものを紹介する学校向けプログラムです。プログラムは45分、費用は50ドルです。1月から3月まで行われ、春にはアースデーを祝って学校に植えるカシの苗木が無料で届けられます。この苗木は、パピオ・ミズーリリバー自然保護区とKEテレビの協賛による「木を祝おう！」プログラムの助成によって提供されています。

科学の本質に接近遭遇（ネイチャー・ディスカバリーセンター）：地域の学校の生徒たちに、科学の論理と室内のディスカバリールームでの直接体験とを結びつけて考えさせます。彼らは仮説を立ててから公園へ出かけ、野生生物を観察し、記録を取り、結論を出します。料金は1人2ドルです。

エコ探検家（スティーブンス・ネイチャーセンター）：ゲームや野外活動を通じて、様々な角度から科学の過去と現在の歴史を探究するハンズオン・ワークショップ。プログラムには「基礎植物学」「ロックン・ヘムロック」〔ヘムロックは針葉樹のベイツガのことで、ロックバンドのヘムロックとかけたネーミング〕「リサイクル・レビュー」〔軽喜劇のレビューとかけてある〕「ウォーター・ワンダー（水の不思議）」等があります。

魔法の森でハロウィン・パーティー（アールウッド・オーデュボンセンター＆ファーム）：物語に出てくる動物たちに会ってみませんか。人なつっこい動物たちが、自分たちが生態系の中で果たしている重要な役割について説明してくれます。森の中を歩いた後、参加者は農場でハロウィン・パーティーに参加することができます。ポップコーンとサイダーがついて大人も子どもも4ドル。

教室で環境学習「野生生物の暮らしはワイルド！」（フラットロックブルック・ネイチャーセンター）：地元の学校に出向き、ヘビや樹上性のアマガエル、陸ガメ、タカなど生きた野生生物の生態や自然の中で生き抜くために適応した身体や行動について紹介します。生態学の基礎や地域の生態系の重要なポイントも解説します。料金は1クラス75ドルです。

空想飛行（ストニーキル農場環境教育センター）：ニューヨーク州にあるストニーキル農場の18周年収穫祭では、本物の動物が登場、馬小屋を開放し、干し草用の荷車乗り、コンサートやパフォーマンスなど盛りだくさん。また、ワシントン・ハウスでの歴史的な暮らし体験では、ろうそく作りや料理教室、フェイスペインティングなど。入場料は3ドルで会員2ドル、12歳以下の子どもは無料です。

森や川の生態（チャッタフーチー・ネイチャーセンター）：小学3年生から中学2年生を対象としたガイドウォークです。このプログラムでは森や川の生態について学びます。生徒たちはこれらの生命共同体について調べ、人間の及ぼす影響について学びます。学生3ドル、大人2ドル。

棲む、棲む、棲みかがなくちゃ（ベアクリーク・ネイチャーセンター）：動物や植物が生きていくための必要条件を説明し、教室内で人形劇や

計画的な野焼き

火つけボランティア

間近に遭遇する

魅惑の森のハロウィン・パーティー。アールウッド・オーデュボンセンター＆ファーム

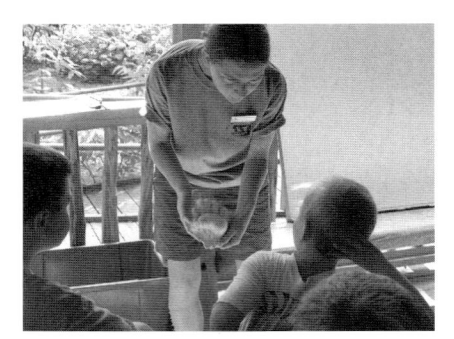

足跡の追跡は自然を探索する基本的な技術です

歌を歌った後、「棲みか探偵団」としてトレイルに出て、ネイチャーセンター内のさまざまな生き物の生息地について調査します。プログラムは、調査の前後に教室で行う活動を説明した教師用教材を含みます。

はちみつ収穫祭（オレゴンリッジ・ネイチャーセンター）：15周年を迎えるメリーランド・はちみつ収穫祭では、実際のハチの巣の紹介や「はちみつ採り」の実演、はちみつの抽出、蜜ろうづくり、はちみつ酒（はちみつワイン）作りのほか、ハチたちがつくる活きたあごひげの実演、人形劇、フェイスペインティング、干し草用の荷車乗りなどの子ども向けの活動が行われます。また、生演奏や軽食、はちみつ製品の販売もあります。

子どもも堆肥が作れる（アイジャム・ネイチャーセンター）：ゴミ箱の中身を分析することで、生徒たちは人間の出すゴミの25％までは「黒い金」に変えられることに気づきます。金網で自分用のコンポストを作り、堆肥づくりに必要な5つの基本的条件を学びます。料金は生徒1人につき3ドル。最長2時間のプログラムで1グループ最低30ドル。または4時間のプログラムで1人6ドルです。

雨水タンクやミミズを使って見事な芝地を（シェーカーレイクネイチャーセンター）：マイホームを所有している方々が、周囲の流域を長期にわたって安全に維持するためにできるおもしろい方法〔各家庭の芝生の土を良くすることで保水力を高め、流域保護に役立てようというもの〕をセンターの教育コーディネーターが解説します。ワークショップはドアン川の改良のために環境省の助成金を得て実施しているドアン川流域パートナーシップの一部として行っているもので、コンポストや土壌改良、雨水タンクの利用について

コンポスト。
スティーブンス・ネイチャーセンターにて

樹液の採集。ブラックストーン・リバーバレーにて

紹介します。

地中の暮らし（アニタ・パーベス・ネイチャーセンター）：岩や倒木、落ち葉の下に広がる地下世界を探検してみましょう！　子どもたちは指人形や劇、歌などに誘われ、虫眼鏡を使って林床の生き物に出会います。料金は1人1.25ドル、1グループは15ドルからです。

メープルシロップづくり（ティータウン・レイク保護区）：まず、バケツを受けとります。樹液を溜めるバケツには名札をつけ、回収しやすいように地図に設置した場所の印をつけます。樹液を収穫する時期には、樹液がシュガーハウスに運ばれ、おいしいメープルシロップになるところを見学できます。シーズンの終わりには、一級のメープルシロップが200グラムもらえるほか、恒例のパンケーキ昼食会のチケットが2枚ついています。料金は30ドルです。

母なる自然、お母さんと私、そして森の赤ちゃん（ピネーラン公園ネイチャーセンター、ベアブランチ・ネイチャーセンター）：4歳から5歳、2歳半から3歳を対象としたプログラムです。子どもたちと保護者がさまざまな直接体験や野外活動を通じて自然への関心を養います。月1回で3回シリーズです。料金は会員の子どもは8ドル。非会員の子どもは19ドルです。

アメリカ先住民のライフスタイル・ワークショップ（ウェインバーグ・ネイチャーセンター）：地域の遺産を学んでみませんか？　先住民はどのように暮らしていたのでしょう？　どのように狩りをし、食べ物を手に入れ、貯蔵していたのでしょう？　移動方法やヨー

リバーベンド・ネイチャー
センターで至福の時

ロッパの人々と出会うまでのライフスタイルは？　週に1度集まり、北東部の森林地帯に暮らしたアメリカ先住民の文化やライフスタイルについて学びます。ウィグワム（木の皮などを張りつけた円形の小屋）から丸木舟まで、伸縮自在の棚から火打ち石や投げ槍の穂先まで、仲間といっしょにアメリカ先住民の生活必需品を作ってみませんか？　定員は12人から18人。対象は小学4年生から大人まで。料金は無料。このプログラムはリズ・クレイボーン・アンド・アーサー・オーテンバーグ財団のアーヴィング・スローン基金より助成を受けています。

オジブエ族の語りべ、アン・ドン（ディープ・ポーテージ保護区）：オジブエ族のおばあさん、アン・ドンは多難な道を歩んできました。彼女の母や父、祖母も皆、語りべで、あまり知られていないヒーローの話を聞かせることを楽しみにしています。彼女の話には、英雄的な子どもや小動物がよく登場します。毎週土曜日のインディアン文化プログラムの1部です。

場所の感覚（グレン・ヘレン自然保護区）：多くの人が、グレン・ヘレン自然保護区での感想として、その場所に心から触れた、という感覚をもつといいます。グレンはほかでは得られない心のやすらぎと悟りの感覚を提供しているのです。この秋の木曜日の夜のプログラムでは、地域の歴史や文化、地理、そして生態を学びながら「場所の感覚」を探究します。頭だけでなく、心に働きかけるのです。それは関係性や安心、温かさの探究なのです。一連のプログラムでは、地域の人が場所の感覚について自分の考えや想いを話したり、場所の感覚を養ってくれる地域の宝を訪ねたり、家の庭でもできるアイディアを教えたり、子どもたちが発表したりします。

自然を感じる（ノースケダイレン自然遺産センター）：自然の中に入り、感覚に注意を集中し、野生の動物たちが五感をどのように使っているのかを想像してみましょう。松の葉の香りを嗅ぎ、陽の光（あるいは霧雨）を感じ、岩に生えたコケに触れ、鳥のさえずりに耳を傾け、青い空や錦に色づく木々に目を向けてみましょう。目隠しをして森の中

を歩いてみると、視覚以外の4つの感覚が研ぎ澄まされ、いかに私たちがたった1つの感覚、視覚に頼っているかに気づかされます。その他、宝さがしや野生動物の人形劇、アメリカオオコノハズクの活きた展示などがあります。料金は子ども2ドル。大人2.50ドルです。

草原で遊ぶ

「サバイバル」シニア・ナチュラリスト・サマー・エコロジー・キャンプ（ライ・ネイチャーセンター）：小学4年生から6年生までの児童を対象とし、午前10時から午後2時までの毎日、1週間続けて参加します。たったひとりで森の中に取り残され、食べるものもなく、誰も助けも来ないと想像してください。どうしますか？　どうやって帰りますか？　このセッションが終わる頃には、あなたは足跡の専門家になっていることでしょう！　重要なのはサバイバル技術だけではなく、その場の雰囲気を楽しむことです。チャレンジの締めくくりは、ネイチャーセンター内のナイトハイキングです。料金は会員1人110ドル。非会員125ドルです。

ヘビは年齢を問わずビジターを魅了します

怖くなんかないよ！（オースティン・ネイチャー＆サイエンスセンター）：午前中は5歳から8歳までの子どもたちが「きもー、いやー、こわー」と口々に言うような動物たちを観察します。例えば、フクロウやコウモリ、ヘビ、昆虫、ヒキガエル、そしてネズミなど。午後は洞窟探検に出かけます。

植物の知恵（リオグランデ・ネイチャーセンター）：この連続講座では、アメリカ先住民や

シェバーズクリーク・ネイチャーセンター

罠で捕らえられたこのコヨーテは、運よく釈放されました

ラテンアメリカ、北ヨーロッパに伝わる野草利用の知恵を学びます。授業では、栽培あるいは野生植物のなかから、食べ物や飲み物、香辛料、染料、工芸品、バスケット、石けんなど家庭の必需品になるもの学びます。また、その植物が生育している場所への野外観察にも出かけます。

自然の中のウオーキング・メディテーション（シンシナティ・ネイチャーセンター）：心理学者でプロの臨床心理士であるダイアン・ローブズが、散策しながら、感覚を研ぎ澄まし、瞑想の科学について解説します。ゆったりした服装と枕か床用のマットをご持参ください。料金は会員7ドル。非会員10ドル。

外来植物の除去（リバーサイド都市環境センター）：公園にあるべきではない植物について子どもたちが学びます。どうやってその見慣れない植物がそこへたどりついたのか、なぜそれが問題になるのか、どうやって除去するのか。植物の名前を知り保護活動（除草）を通して、参加者はネイチャーセンターの在来種を守り、環境によい活動に取り組むことになります。参加費は生徒1人1.50ドル。グループは30ドル以上。

流域を守る（デラウェア自然学会＝アッシュランド・ネイチャーセンターとアボッツミル・ネイチャーセンター）：デラウェア川流域の保護に市民が関われるように用意されたボランティア・プログラムです。ボランティアは地区を流れる川の水質調査を手伝い、野生生物の生息地や生物多様性を保全します。また、地域住民に働きかける機会にはリーダーとなって指導します。

ホーホーとからかうのは誰？（ビーバークリーク保護区友の会）：フクロウは、鳥の世界のトラといわれています。ビーバー・クリーク保護区のナチュラリストが、この夜のハ

ンターのユニークな適応について解説します。天候次第で、講義の後に鳴き声が聞けるかもしれません。料金は会員1.5ドル、非会員2ドル。

野生動物のリハビリテーション・セミナー（グリーンバーグ・ネイチャーセンター）：18歳以上の成人が対象。野生動物の看護士（リハビリテーター）の資格取得や自宅で傷ついた野生動物を世話することに関心がある方は是非。参加費：10ドル。

狡猾なコヨーテ（グリーンウェイ＆ネイチャーセンター・オブ・プエブロ）：このイヌ科の動物の行動について調べることで、子どもたちはコヨーテやオオカミ、そしてペットのイヌの、捕食者としての本性を理解するようになります。教室ではコヨーテの生態や伝説をスライドや小道具を使って学んでいきます。コヨーテのコミュニケーション手段については、録音された遠吠え（威嚇、遊びなど）や仕草によって学びます。子どもたちはイヌ科の動物たちの世界を身近に感じ、「吠えながら」帰路につくことでしょう。料金は1人35ドル。1グループ30名まで。

趣味のクラブ

ネイチャーセンターで会合を開いたり、企画を催したりすることを希望するグループはたくさんあります。オハイオ州ウィルモントのウィルダネスセンターでは、天体観察、バックパッキング、野鳥観察、フライフィッシング、写真撮影などの愛好家たちにサービスを提供しています。

ウィルダネスセンターのディレクターのゴードン・マーピン氏は、どのようなグループでも、その目的がネイチャーセンターの使命にふさわしければ利用を認め、クラブに場所を提供したり、彼らの活動を一緒にPRしたり、可能なかぎりなんでも手助けするよう勧めています。そのお返しとして、クラブはセンターに素晴らしいボランティアとプログラム、そして時には資金調達にも協力してくれます。クラブには、天体観察、芸術活動、バックパッキング、野鳥観察、植物観察、フライフィッシング、地学、ネイチャーフォト、ストーリーテリング、木彫などがあります。

趣味のクラブは、自然に関するものでなくてもよいのです。例えば、誕生日を祝う会、HiFi愛好家協会、シネマクラブや高校の映画研究会、鉄道模型クラブ、菌類学協会、

養蜂愛好会、模型飛行クラブ、筒型オーディオ愛好会、若者の演劇クラブなど。こうしたコミュニティ団体との共働は、新しいお客さんやボランティア、寄贈者のきっかけとなります。

私たちは、このような利用をすすめるお試しプログラムを多く用意しています。プログラムはメッセージを伝えるための手段です。プログラムをとおして人を自然に触れさせ、学びをうながし、好奇心を育むことができます。どのプログラムも決まったものではなく、ネイチャーセンターの価値を高めるために洗練され、変化しつづけることでしょう。

評価

実施したプログラムの効果は見きわめたいものですし、財団などの助成団体もそうすることを求めるでしょう。評価の機会をもうけることで、参加者のフィードバックを得ることができ、プログラムの修正や改善をすることができます。成果という視点でのプログラム評価が、非営利団体にとってますます重要になってきています。成果を評価すれば、プログラムや活動が適切だったかどうかを見きわめるのに役立つのです。成果とは、参加者がプログラムによって得る利益のことです。プログラムの効果分析は、単純であり複雑でもあります。次ページのようなアンケート用紙を使って直接、参加者に聞くこともできます。参加した学校にテストの結果を知らせてもらうこともできます。情報を集める手段としては、アンケートのほか、統計調査、チェックリスト、インタビュー、観察、グループの抽出、事例研究、文献調査などがあります。

地元のNPO情報センターで、評価に関する膨大な情報を手に入れることができます。活動全体の評価をまとめることは、プログラムをいつも改善させ、よい仕事を提供していることを後援団体に請け負うことにつながります。評価のプロセス全体については、『The Manager's Guide to Program Evalusation』をご参照ください。

プログラムの最後に以下のようなアンケートに記入してもらい、情報を集めます。

ご意見をお聞かせください！

プログラム名：＿＿＿＿＿＿＿＿＿＿＿＿＿＿＿＿＿＿＿＿＿＿＿＿＿＿
指導者名：＿＿＿＿＿＿＿＿＿＿＿＿＿＿＿＿＿＿＿　日付＿＿＿＿＿＿
このプログラムはどこでお知りになりましたか？：＿＿＿＿＿＿＿＿＿＿
参加して得たものはどのようなことでしょう？：＿＿＿＿＿＿＿＿＿＿＿
＿＿＿＿＿＿＿＿＿＿＿＿＿＿＿＿＿＿＿＿＿＿＿＿＿＿＿＿＿＿＿＿
プログラムの改善点があればお聞かせください：＿＿＿＿＿＿＿＿＿＿
＿＿＿＿＿＿＿＿＿＿＿＿＿＿＿＿＿＿＿＿＿＿＿＿＿＿＿＿＿＿＿＿
今後、どのようなプログラムに参加したいですか？：＿＿＿＿＿＿＿＿
＿＿＿＿＿＿＿＿＿＿＿＿＿＿＿＿＿＿＿＿＿＿＿＿＿＿＿＿＿＿＿＿
その他のご意見を：＿＿＿＿＿＿＿＿＿＿＿＿＿＿＿＿＿＿＿＿＿＿＿
＿＿＿＿＿＿＿＿＿＿＿＿＿＿＿＿＿＿＿＿＿＿＿＿＿＿＿＿＿＿＿＿

お名前：＿＿＿＿＿＿＿＿＿＿＿＿＿＿＿＿＿＿＿＿＿＿＿＿＿＿＿＿
ご住所：＿＿＿＿＿＿＿＿＿＿＿＿＿＿＿＿＿＿＿＿＿＿＿＿＿＿＿＿
E-mail：＿＿＿＿＿＿＿＿＿＿＿＿＿＿＿＿＿＿＿＿＿＿＿＿＿＿＿＿
会員制度やプログラムのインフォメーションは希望されますか？＿＿＿＿

プログラム情報＆評価ワークシートは、スタッフやスーパーバイザー、プログラム・コーディネーターから重要な情報を集め、将来のプログラム開発に役立ちます。例えば、シルバーレイク（FOSL）では以下のようなワークシートを作っています。

プログラム情報＆評価ワークシート　　　実施年：＿＿＿＿＿＿

タイトル：＿＿＿＿＿＿＿＿＿＿＿＿＿＿＿＿＿＿＿＿＿＿＿＿＿＿
日時：＿＿＿＿＿＿＿＿＿＿＿＿＿＿＿＿＿＿＿＿＿＿＿＿＿＿＿＿

該当する答を○で囲んでください。
　季節：　　春　　夏　　秋　　冬

対象：　　家族連れ　　成人　　子ども

形態：　　遠足　　クラブ　　学習　　ワークショップ　　講演
　　　　　イベント　　ウォーク　　その他_____

対象年齢や参加者数：_____

リーダー：_____

登録日：_____　　　参加費：_____

特別な広報の必要性：_____
_____
_____
_____

プログラム内容：_____
_____
_____
_____

以下はプログラム実施後に記入してください。

_____実動時間－準備／片付け　　_____郡職員の労働時間

_____実動時間－活動中　　　　　_____FOSL 職員の労働時間

_____ボランティアの実動時間　　_____教材

_____対象　　　　　　　　　　　_____FOSL の収益（支出）

参加者がプログラムを知ったきっかけは？_____

活動に影響を与えた可能性のある外的要因

　天候：_____　　安全性：_____　　広報：_____

　その他：_____

工夫した点やコメント：_____
_____

記入者：_____　　　記入日：_____年___月___日

第6章　施設

ディロン・ネイチャーセンター、カンザス州ハッチンソン

すべての町で、公園や原生林として2ヘクタールの森を残し、1本の枝も薪として伐られないようにするべきだ。
　　——ヘンリー・D・ソロー『ウォールデン——森の生活』

　自然が残された場所へ人を立ち入らせるには、時には妥協もしなければなりません。人がやってくれば、自動車や人の往来、騒音、ちびっ子ギャング、好奇心、そして時として考えられないような行いなどによって、その土地に影響を与えてしまうこともあります。また、訪れる人が増えるにつれ、人々が求めるものとその土地が必要とすることがはっきりしてくることでしょう。もし、人々を適切に受け入れることができれば、土地への影響は最小限に抑えられます。これこそ、あなた方の施設の存在意義なのです。

　あなた方の選んだ方法——人々を受け入れ、通行を制限し、プログラムを提供し、お客さんを呼びこむための方法が、あなたが愛した土地の姿を変えてしまうのです。しかし、そんな中でも、上手くやれば、自然と恋に落ちる仲間を作ることもできます。また、決定のプロセスにコミュニティを巻きこむようにしましょう。コミュニティが望む施設とはどのようなものか、直接、聞いてみることです！　できるだけ多様なジャンルの方や専門家と話をし、その場の可能性や機能などを検討しながら使い方を決めていきましょう。例えば

このような標識は来訪者の注意を喚起します
（写真内：壊れやすいエリアには入らないでください）

アイランドウッドでのカヌー教室、
ワシントン州ベインブリッジ・アイランド

1. 環境が破壊されやすい場所（簡単にダメージを受けてしまう）
2. 大きな影響を受ける活動、建築物や駐車場、ピクニック、トイレ、展示、解説ポイント、水場、キャンプ、ハイキング、トレイルなどに使われる場所。
3. 珍しい場所。滝や池、野草の花が咲く草原、野生動物の観察できる場所など

　ネイチャーセンターの建物は様々です。簡素な展示やシンプルな施設のネイチャーセンターが多くの人の心を動かすこともあります。この章で紹介している事例は、かなり作りこまれたセンターばかりですが、心に留めておいてほしいことは、ネイチャーセンターという施設を建てるまでにも数年、豪華な展示を設置するには何十年もかかるかもしれないということです。でも、それで良いのです。ネイチャーセンターは、建物の芸術性ではなく、そこで行われる体験にこそ真価があるのです。

　ネイチャーセンターの発展は、来訪者の数や利用できる土地の広さに関係します。センターによっては毎年何千人もの人々がプログラムに参加していますし、ほんのわずかしか来ないセンターもあります。教育的プログラムにとって大切なのは、敷地の広さよりも創造的なスタッフが来訪者に合ったプログラムをデザインし実施するということです。また、多くの地域では複数のネイチャーセンターを支え、互いに異なったプログラムや特徴的な自然環境によって多くの人たちを惹きつけています。ミネアポリス市には27のネイチャーセンターがあり、それぞれに異なった特徴を持ち競争を避けています。

　小さなネイチャーセンターには、運営上の利点がいくつもあります。運営資金も少なくてすみ、土地の管理も簡単で、会員によるオーナー意識も非常に強いのです。

　アイランドウッド環境教育センターは、開設当初から大きなホールや学習スタジオ、スタッフ用の調理場や理事会室、アートスタジオ、フレンドシップサークル（円

ノースチャグリン・ネイチャーセンター、
クリーブランド州メトロパーク

形劇場)、宿泊施設、食堂、科学実験室、ビデオ閲覧室を備え、敷地内には東屋や野外教室、コンポストトイレ、学習用の船など大規模な施設を準備しました。それもそのはず、5,000万ドル（約40億円）の資金があったからです。

　私たちのほとんどは、もっとつましくスタートを切ることになるでしょう。身の丈に合わせてスタートしましょう。ロバート・レッドフォードがサンダンス・インスティテュートを開設した時のことを知っていますか？「環境は、そこにあるものと同じくらいに、そこにないものによって豊かになるのです。」かなりの資金を集めることが可能な地域に暮らしていたとしても、建物の維持費とスタッフの給与を見こむことを忘れないでください。建物はすばらしい教材ですし、優れた指導者は建物を上手く教育に活かすものです。

　ネイチャーセンターの設計は、建築学的にもチャレンジです。市民を自然に誘う教育的なセンターは、周囲の自然に配慮した建物でなければいけません (cf. *Interpretive Centers*)。

　最初から細心の注意をはらっておけば、センターの質は保証され、その土地を傷め価値が下がるのを防ぐことができます (cf. *Directory of Natural Science Centers*)。施設の設計は、組織が伝えたいメッセージと一致しているべきで、そうすることでトレイルや建物の造成が自然と調和し、皆にしてほしい体験ともマッチしてきます。以下に、検討項目として、最低限必要な要素から最も贅沢な選択肢まで順にあげていきます。

> 私たちの14歳の娘、ローレルの以下の科学実験を参考にしてください
> 6週にわたり、ピクニックエリアにおとりとなるゴミを置いた週と、置かない週をくり返し、毎週末ごとにゴミの数を数え記録をとりました。結果は、人はゴミのないところよりもゴミがすでに捨ててあるところにゴミを捨てる傾向があるという仮説を実証するものでした。おとりを置いた週末は置かなかった週末よりも平均して11倍のゴミが見つかったのです。結果の考察としては：
> 1．人は汚れていない場所にゴミを捨てるのは心地悪く感じる。
> 2．人はゴミがすでに捨ててある場所では「もう1つくらい増えても変わらない」と感じる。
> 3．人は他人の行動をまねる傾向があり、汚れたところではだらしなくなり、きれいなところはきれいに使う。

ポンカ州立公園にあるミズーリ国立レクリエーションリバー資源教育センター

駐車場

　荒れたままの駐車場はぬかるみになり、自転車を乗りまわすティーンエイジャーの遊び場になってしまいます。運転手は駐車場所がどこなのかがはっきりしていないと、道端の適当なところに停めかねません。まず、大きな石や材木を目印にして、駐車場の場所をわかりやすくしましょう。車を停める周囲の自然はどうしても影響を受けがちです。車の近くでラジオのボリュームを上げてピクニックをする人もいますし、用を足す心なき人もいます。駐車場は傷つきやすい環境から離しておきましょう。駐車場の柵がしっかりしていなかったり、簡単に越えられるものだったりすると、公園内の最もデリケートな場所に車を発見するはめになり、やがてコミュニティの人々もそこに車が入ることに慣れてしまうことになります。また、多くの人は木陰に車を停めようとしますが、そうすると木の根の上を車が通り、湖や川の岸辺の致命的な浸食を招きかねません。夜間に駐車場を使う場合には照明も必要となります。

トイレ

　近くにトイレがないと、人は自然に誘われて茂みや小川、なんとトレイルの真ん中でも用を足します。一般の人は自然にローインパクトな過ごし方を学んでいないので、使用済みのトイレットペーパーや使い捨てのおむつが素敵な楽園の飾りとなっていることを目にすることもあるでしょう。水洗トイレかコンポストトイレを設置できるまではポータブルトイレをレンタルするか、あるいは寄付してもらう手もあります。ポータブルトイレを設置する場合、目障りにならないようにしたいものです。コンポストトイレも人が多いと問題があるといいます。後から問題が出ないように、いろいろな選択肢を検討してください。

ゴミ箱

　来訪者はゴミ箱を利用します。どうやって手に入れるか、誰がゴミを回収するのか、固定する必要はないかといった検討が必要です。ボランティアの人たちが定期的にゴミを回収してくれれば、ゴミが散らからずにすむでしょうし、しばらくすると、常連のハイカーがゴミを拾ってくれる仲間となることでしょう。ある公園では、「持ちこんだら持ち出そう」というメッセージを掲げ、教育と個人の責任をうながしています。

トレイルの建設

　トレイル作りはボランティアの人たちとの初めての一大事業です。明確なゴールを設定し、人手が必要であることを訴えましょう。ネイチャートレイルの建設には段階があります。人の手があまり入っていない場所でも、獣道や自然にできた踏み分け跡があり、それがちょうどよい場合もあります。トレイルは土壌を侵食し、豪雨の時には小さな小川になってしまいます。また、通行量が増えると、場所によっては、急な斜面や急な曲り角などは滑りやすく、危険になることもあり、草刈り鎌やシャベルを手にする前に、トレイル作りの専門家のアドバイスを聞き、植物調査をしたほうが良いでしょう。森を切りひらいてトレイルを作るのは簡単ですが、壊されたところを元に戻すには気が遠くなるほどの時間がかかります。

　トレイルを作ったことのある方に一緒に歩いてもらうだけでも、これから起こる問題を防ぐことができるでしょう（詳しくは第12章を）。もちろん、トレイルは組織が意図したテーマに沿って作る必要があります。トレイルは、来訪者がその場所やメッセージを心で感じるのに役立ちますが、美しく、秘めた歴史をもっている場所にもかかわらず、がっかりさせられることもあり、トレイル委員会には、空想家だけではなく、トレイル施工の専門家にも関わってもらう必要があります。施設のなかでも、最も重要な部分でもあるトレイルの計画では、他のネイチャーセンターや公園のコンサルタント、専門家から助言をもらうことをお勧めします。

サイン（看板や標識）

　たいていの人は、目的地に辿り着いたのか、トレイルがどこにあるのか、ここでの必見の場所がどこなのかを知りたいものです。サインには統一されたテーマやメッセージが書かれていることが重要です。設置にあたって木を伐らなければならない時

ベアクリーク・ネイチャーセンターの入口にある標識

ウィルダネスセンターの薪の取り扱いに関する注意書き

ディロン・ネイチャーセンターのプレーリードッグに関する解説版

は、その木材を「再利用」することで、その場の特徴を少しでも残すことを考えてみてください。犠牲になった木を板に加工し、サインにして使うことで、その場の環境を特徴的に表現することもできるのです。

最初は、トレイルの名前を書いただけの手作りのサインを立てる予算しかないかもしれませんが、サイン一つでイメージを創りだすことができるということを頭に入れておいてください。見た目にも美しく、専門家の手になるサインというものは、その場所との関わりやプロジェクトに対する熱意を伝えてくれます。質の高いサインをデザインし、作るには、Interpreter's Handbook シリーズの『Signs, Trails, and Wayside Exhibits』が参考になるでしょう。サイン制作者は、宣伝目的でボランティアでサービスを提供してくれることがあります。そのうちに、助成金でサインを作ることもできるでしょう。

飲み水

飲み水の用意は必ず必要ではありませんが、あれば来訪者はうれしいものです。あなたの地域の気候が乾燥していれば、欲しい人は多いでしょう。

本部施設

管理部門は来訪者に見つけやすく、プログラムにも目が届くような公園の一角に配置するようにしましょう。多くのネイチャーセンターはそのような贅沢ができないうちにスタートし、創設時のディレクターやボランティアの家にショップを開くことが

シダークリークの部分的に土を盛った屋根は、建物を正面から見ると丘が盛り上がっているように見えます。中に入ると南向きの窓が周囲の素晴らしい風景を見せてくれます

グランドステアケース・エスカランテ・ナショナルモニュメントのキヤノンビル・ビジターセンター

レイク・ダーダネル州立公園

オーストラリア、ナラクート洞窟国立公園のウォナンビ化石センターで、来訪者が迎えられるところ

アン・タイラー・ネイチャーセンターの霧の朝

ディスカバリーボックスは自分で発見する体験を提供します

　移動可能な建物は多くの駆け出しのネイチャーセンターの本部施設に利用されてきました。ストローベイルハウス〔干し草ブロックを積み上げて作る〕や、地下の住宅など、環境に配慮した革新的な技術も良いでしょう。ミルウオーキーにあるリバーサイド都市環境センターには、トレーラーを使った教室が2つあります。

　財団法人や大きなチャリティー団体からの資金は、運営資金や人件費というよりも具体的な構造物に供されることが多いものです。オハイオ州デイトンのデイトン・モンゴメリー・カントリーパーク地区は、総工費100万ドル（約8,000万円）で、地下構造のネイチャーセンターを作りました。建築費用を調達するには、何カ月も何年も

室内展示を観察するベアクリーク・ネイチャーセンターの来訪者

沼にもぐり水中にいるところを想像してみましょう。ジョージア州オケフェノキー国立自然保護区にて

オーストラリア、チンコティーグ国立自然保護区の淡水湿地

インタープリティブなパネルが生息地について表現している。ジョージア州オケフェノキー国立自然保護区にて

子どもたちのためのプレイエリア。クリーブランド州メトロパーク

エルクホーン・スラウ国立野生動物保護区

かかることがあります。ですから、テキサス州ケルヴィルにあるリバービュー・ネイチャーセンターでは、施設の建築に必要な費用を借りるための基金を地元の市民から調達しました。あなたのグループに勢いがついてくると、あらゆるチャンスもめぐってくるものです。

室内展示

　展示は、メッセージを伝えるために全体が統一されてなければなりません。展示に

第 6 章 施設　141

カラマズー・ネイチャーセンターの植物の展示

カラマズー・ネイチャーセンターのハイイロギツネの展示

川の上を歩こう。ネブラスカ州ポンカ州立公園にて

エルクホーン・スラウ国立野生動物保護区

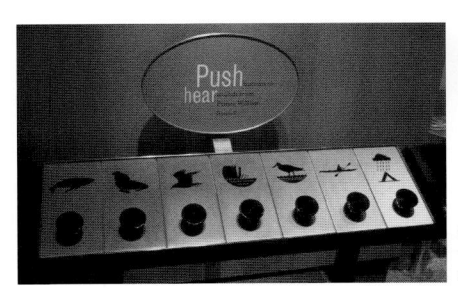

チュガッチ国有林のベギッチ、ボグズ・ビジターセンターにて。どのギャラリーにも自然のピアノがある。（写真内：ここを押して）

は多くの費用がかかるものです。寄付者の多くは常設の展示物に支援したがるものですが、展示にかかる費用は最初のデザインや制作、資材だけではなく、作った後の維持費も必要です。また、ネイチャーセンター自体の運営経費、展示担当やインタープリターへの支払い、ボランティアたちへの経費も忘れてはなりません（cf. *Interpretive Planning*）。

　展示にかかる製作費のほうが、運営費や人件費よりも資金を得やすいものです。しかし、5万ドル（約400万円）の展示の費用で専門家に1年分の給与を払うことができるのです。人こそが一番の教師なのですから、展示のために助成金を得る場合、これ

多機能性のガレージ扉がこのシェルターを全天候対応にしている。ウィルダネスセンター

オクラホマ市のマーティンパーク・ネイチャーセンターにある野鳥観察用の隠れ場

インタープリテーションを受ける大勢の輪。イリノイ州ロラドタフト・フィールドキャンパスにて

シボロ・ネイチャーセンターの野外ステージで演奏する東テキサス弦楽器アンサンブル

らの運営費が含まれるかどうかを確認することが大切です。展示施設は価値がないとか、効果の高い教材ではないということではありません。しかし、人工の展示物に夢中にならない視点をもつことが大切です。展示に注目が集まり、自然そのものが背景に追いやられてしまいかねません。最高のネイチャーセンターとは、自然界との間に立ちはだかるものは最少に、本物の野外に触れる機会が最大限に用意されているところです。また、展示は視覚に限ったものではなく、聴覚に焦点をあてる方法もあります。

野外展示

サインやパネル、触れて学ぶしかけ、農業の実演、オーディオ展示、野生動物観察用の隠れ場所、説明や絵を掲示したあずま屋などは環境への関心や感性を刺激するものとなります。野鳥や野生動物の餌付け台は人気がありますが、適切な設計をしなければなりません。

他の野外展示としては、節水農園、原生景観、野生生物の生息地、有料の貸し出し用の双眼鏡、展望台、木道、湿地展望台、展望用の塔などがあげられますが、それらが周囲の自然の美しさを損なわないように配慮しましょう。

野外ステージ、野外劇場、解説用の円形広場

　たくさんの人を収容する施設には、さまざまなタイプのものがあります。ただ円形に置かれただけの石や切り株から、木製ベンチ、高価な野外スタジアムシートまで。折り畳み椅子でもいいんです。

　多くの用途に使えるようにしておくと、ナチュラリストによるプレゼンテーションやスライドショー、コンサート、人形劇、演劇、地域の集会、動植物や道具を使った実演など、よりバラエティに富んだプログラムが行えます。

　階段形式の野外劇場は、インタープリテーションと催し物の両方に利用できます。参加者はステージに向かって座ることも、若い参加者をステージの司会者側の階段に腰かけさせることもできます。シボロ・ネイチャーセンターではこの多目的「2方向」劇場を平日は学校向けプログラムに、土曜の夜は来訪者が折り畳み椅子やお弁当をもって生演奏を楽しむミュージカルの上演に活用しています。

　私たちの「お話し＆音楽」プログラムは、普段はネイチャーセンターに来ないようなコミュニティの人々を惹きつけてくれます。こういった幅広い活動は新しい会員を獲得し、センターの使命をより広く理解してもらう効果があります。

リサイクル／コンポストセンター

　センターによっては、町のリサイクル施設を併設しているところもありますが、これは時間的、空間的、資源的にも大きな責任を負うことになります。ネイチャーセンターとしてできることもありますが、リサイクルは大規模な地域全体の事業として自治体が取り組むほうが望ましいでしょう。有機物の堆肥化（コンポスト）は、豊かな肥料を作り、自宅の庭の芝や枯れ葉などの環境にやさしい処理方法を伝えることになります。

生きものを飼育する

　野生動物を飼育するには、最良の飼育環境や飼育許可、専門技術のほか、餌代やスタッフの人件費、獣医による管理、施設の維持管理のための予算が必要になります。州政府や地元の自治体に問い合わせ、条令や必要な許可について調べましょう。また、野生動物を捕らえ、檻の中に入れることを問題視する自然愛好家が多いことも知っておきましょう。野生動物は人間以上に監禁状態への順応に苦しむかもしれません。

捕われの身の「大使」

叡智へのひと言

鳥の餌として撒いた種は、濡れて腐り、鳥を病気にすることがあります。ブラックオイルという品種のヒマワリの種は酸が残り、草地や芝地を枯らすことがあります。野生動物への餌づけも、病気の蔓延など急激に自然界のバランスを崩すことがあるので、そのような設備を検討する時は、専門家に設置場所や餌の選定、環境に与える影響などについて相談しましょう（cf. 全米バード・フィーディング協会、全米オーデュボン協会、アメリカ・バーディング協会など）。

「我々が地球に与えているはかりしれないダメージ、要するに、我々の生き残りのための最大の脅威は農業分野に現れる。」　——ジェームズ・ラヴロック

とはいえ、爪を失ったクーガーや、飼い慣らされて人間を恐れなくなった動物など、野生に帰ることができない動物を野生動物リハビリ専門家が受け入れることもあります。こうした動物は、一般の人々と野生動物の接点となり、そのおかれている窮状について理解をうながす「親善大使」となりうるのです。飼い慣らされた動物は、監禁状態に耐えやすく、来訪者に対して人なつっこいものです。手で触れることができるカメの囲いや、穴を掘れるようにしてあるアレチネズミの飼育場、走り回るスペースのあるウサギ小屋、在来種が生息する小さな水槽、は虫類の飼育場など、どれも簡単で費用もかからず、とても人気が高いものです。

観察用のミツバチの巣箱は、人を引きつけ、ハチの奇蹟的な精巧さやコロニーの魅惑的な活動を見せてくれます。

野生動物のリハビリ施設

野生動物のリハビリ士を探してみましょう。あなたの組織がリハビリ士に必要な施設を提供できるかもしれませんし、生きた動物が一般の人々の関心を惹くことでしょう。もっとも、これは大変な時間とエネルギーを費やし、リハビリセンターに助けを求める人々に圧倒されることにもなるでしょう。成功した野生生物リハビリ・プログ

観察用のハチの巣は魅惑的な展示ですが、頻繁に手入れをする必要があります。

リハビリテーターが若いフクロウに止まり木を提供する

この実験室には、J.コーネルふうの標本を入れた引き出しがあり、テレビ画面にはビデオやパワーポイントのスライドショーなどが映ります。引き出しは中身を変えて多様な題材や小物、プロジェクトを扱うことができ、カギがかかるガラスの扉は管理が必要な特別な物を保管するのに利用されています。ヒデンオークス・ネイチャーセンター、バージニア州アナンデール

ラムの例として、ミズーリ州カンザスシティのレイクサイド・ネイチャーセンターを参考にしてください（cf. 全米野生動物リハビリテーション協会）。

実験室

　実験室は、管理された環境で、子どもたちが様々な角度から自然界を探究する設備です。私たちのお勧めは、水生生物の研究とやんちゃな子どもたちを扱うのに適した「びしょぬれ実験室」です。高価な顕微鏡や画像投影機器をそなえるのもいいですが、簡単な虫眼鏡や調査道具だけでも十分です。

温室や庭園

　施設の一部に取り入れれば、人間と植物をつなぐガーデニング体験の場となり、在来種を繁殖させる方法を紹介したいときにも利用できます。コミュニティ・ガーデンは近隣の人々にガーデニングの場所を提供し、参加者の学びの場となります。ニューヨーク市とガイネスビル市、フロリダ市などアメリカのいくつかの都市では、中途退学の危機にある高校生たちをコミュニティ・ガーデンで働かせ、新鮮な野菜を地域の青果市場へ卸しています。収益はホームレスの人々の食料や生徒の収入にもなります。こうした経験は、生徒たちの責任感を養い、自然を敬う気持ちを育てることにつながっ

アイランドウッドの学習スタジオにある太陽光発電パネルと雨水タンク

アイランドウッドの温室は子どもたちを魅了します

ています（詳しい情報は www.added-value.org/ か、アメリカ園芸協会、アメリカ園芸療法協会などで。 また Creating Community Garden 参照）。

ファーマーズ・マーケット

土曜の朝、新鮮な果物と野菜を売ることができる駐車場を地域の農家に提供することで、持続可能な農業をうながし、人々の理解につなげることになります。健康と食に関する人々の意識は高く、地域で生産される有機農産物の需要も高まっています。成功するには、施設を交通量の多いところに設けること、そして農家の利益につながらなければなりません。これは、まちづくりであり、ネイチャーセンター本来の活動ではありませんが、取り組んでもいい活動だと思います。

原生景観または野生動物の生息地

多くのコミュニティが、水源の保護と在来種の育成、居住地周辺の野生生物を守ることの必要性に気づきはじめています。こういったプロジェクトは、人々を教育すると同時に荒廃した土地を修復することにつながります。全米野生生物連盟は、優れた野生動物生息地プログラムを実施しています。

代替エネルギーやエコロジカルデザイン

太陽光発電や太陽熱温水器、ソーラー調理器具、風力発電機、コンポストトイレ、貯水タンク、その他、代替エネルギーシステムを展示することによって、技術による自然保護を広めることができます。コネチカット州にある小さなアンソニア・ネイチャーセンターは、地中熱による暖房や太陽光発電、太陽熱温水器の利用を実演して見せる新しい施設の計画を立てており、リバーエッジ・ネイチャーセンターには、約

1,000平方メートルの温室に地中熱暖房システムが設置されています。テネシー州ノックスヴィルにあるアイジャム・ネイチャーセンターには、自然光や換気、省エネルギーを最大限に活かし資材を最小限におさえたモダンで簡素な建築方法を採用し、ハイテクで「グリーンな建築」を実体験できるようにしています。この400万ドル（約3億2,000万円）をかけた建物は、断熱パネルとしてOSB合板（薄い木片を繊維方向が各層直交するように重ねて接着剤で熱圧成形等を行った合板）を、壁板にホマソート（木材の繊維を高圧縮加工した、断熱・遮音・気密性に優れたパネル材）を使い、セルロース製の断熱・防音材、断熱窓、金属スタッドを使った構造材、金属の屋根、揮発性有機混合物の少ない水溶性染料、再生タイル、井戸水ヒートポンプ、シーリングファン、自然の採光システムなどを取り入れていて、その他にも省エネルギーのさまざまな仕組みを活用しています。

障がいのある人々向けの施設

　障がいのある人々も自然とのふれあいを求めています。1990年7月、「米国障害者法」の施行にともない、アメリカのネイチャーセンターは建築上の障へきを取りはらい、身体／精神に障がいのある人たちの求めに応じたプログラムを導入するなど、彼らのニーズを満たす方向に向かっています。少なくともインタープリテーション・トレイルの一部は、ユニバーサル・デザインであることが大切です。身体の不自由な人たちのためにデザインされた展示や目や耳の不自由な人たち用の展示など、さまざまな形が考えられます。地域の社会福祉機関に問い合わせ、どのようなニーズがあるのか、どのような援助が得られるかなどの情報を入手しましょう。模範的な施設は次のような設備をそなえています。車椅子で通れる橋や歩道、バリアフリーのセンターハウスとトイレ、点字つきの看板、手で触れる動物模型、立体地形図、持ち歩きできるオーディオ機器によるインタープリテーション・プログラム、手話のできるインタープリターなど。

　アメリカの障害者法にのっとった野外施設のアクセシビリティや具体的設備のガイドラインについては『Universal Access to Outdoor Recreation』および、合衆国アクセス委員会、全米アクセサビリティセンター参照のこと。

　ブラゾス・ベンド州立公園では、クリークフィールド・ネイチャートレイルという、最高水準のユニバーサル・トレイルを作りました。テキサス州公園野生生物局のアマ

カンザス州ディロン・ネイチャーセンターの
バリアフリー・トレイル

ンダ・ヒューズさんは、施設をデザインする前に地域の人たちと協議することを勧めています。地域にいる車椅子利用者や目の見えない人、耳の聞こえない人、知能障害をもった人、高齢者の人々と話をすることは、自分の勝手な考えに頼るのではなく、実際のニーズに応えるために重要な洞察をもたらしてくれます。

宿泊施設

　贅沢にも宿泊施設をそなえたセンターもあり、キャンプや成人向けの静養プログラム、セミナーやワークショップを開催することができます。州によっては宿泊施設の設置に免許が必要になるので、地元の関係当局に問い合わせてください。

　宿泊施設があると、1泊から数週間の滞在プログラムが可能になり、プログラム作りの可能性を格段に広げてくれます。トレモントにある年中無休のグレートスモーキーマウンテン・インスティテュートは、25年以上前に初めて国立公園の中に設立された環境教育センターのひとつで、大きな宿泊棟や食事の提供をしている食堂のあるセンター棟、大小の会議室をそなえています。

体験農場

　現役の農場で、昔の農法や現代の最新の農法を実演してくれます。特に、持続可能な農業という視点で、人々が食糧を得るためにいかに自然と関わっているかを教えることは、ネイチャーセンターのひとつの目標となりえます。アールウッド・オーデュボン・ネイチャーセンター＆ファームは、年中無休で開園しており、農園をフィールドに広範な教育プログラムを開発しています。

水族館や水中観察場所

　来訪者は、ふだん見ることができない自然の姿に好奇心をそそられるものです。池や湖、川、海の中の生きものをガラス越しに見ることは、魚の視点でものを見る機会を与え、人気が高いのですが費用もかさみます。フロリダ州ポートリッチーにあるエ

第6章　施設　149

ネルギー＆マリンセンターには水槽が8つと浮き桟橋が4カ所、教室が3つと自然史図書館があります。テキサス州南部にあるバルモレア州立公園は、復元した湿地に地下水流を観察する場所を作っています（cf. アメリカ動物園水族館協会）。

　最先端の水族館の事例から、私たちはアトラクションについて大切なことを学ぶことができます。シーワールド〔アメリカに本拠をおく水生動物テーマパークのチェーン〕は、自然保護のメッセージとエンターテイメントを結びつけることによって経済的に成功を収めています。イタリアのジェノヴァ水族館は、ポルト・アンティーコ（旧湾）を

> **叡智へのひと言**
> 手作りのあずま屋やインタープリテーション用のパネルなどのように、簡素で費用がかからない設備もありますが、とんでもなく高価なものもあります。デラウェア市ホッケシン、デラウェア自然学会アッシュランド・ネイチャーセンターにある蔵書5,000冊の自然史図書館などがそうです。コミュニティとの関わりが深まるにつれ、施設は大きくなっていくでしょう。覚えておくべき基本的なポイントは、人々は自然体験のために訪れるということです。よりよい施設を追求するあまり、自然のもつ雄大さを見劣りさせ、「センター」ばかりになって「ネイチャー」が不足してしまうことがあります。教育だけでなく、美を意識して建てられた施設は、来訪者の体験の質をより高めてくれますが、やり過ぎないことです。施設を増やしていく時は、コミュニティの関心の程度や土地の収容力を理解してからにしましょう。「疑わしい時は、やめておけ」です。

ネブラスカ州ベレビューにあるフォンテネーレ自然協会の
キャンプ・ブルースター

観光客向けのアトラクションに再建したもので、低迷していた港の経済を立て直し、1993年以来、年間1,200万人もの観光客を楽しませてきました。1万平方メートルの敷地に71の展示用水槽をもつヨーロッパ最大級の水族館で、イタリアで最も集客数が多い文化施設です。ガンギエイやアカエイなどを撫でることができるタッチプール（触れる水槽）は特に人気です。

オリンピック国立公園インスティテュートの敷地内にあるローズマリー・イン。20世紀初頭のロッジを補修して使っている。

屋根を開いた状態のウィルダネスセンターの天文学教育施設

ノースカロライナ州ピシガーフォレストにあるディスカバリーセンターの歴史的建物を見学するガイドツアー

天文台

　最寄りの大学か天文協会に問い合わせてみてください。大きな都市にはあるはずです。地元の天文学者が施設で講演してくれるかもしれませんし、環境や資金がゆるせば、天文台の設置を手伝ってくれるかもしれません。ファーンバンク科学センターは26ヘクタールの広葉樹の森にあり、植物園と電子顕微鏡をそなえた研究室、コンピューター研究室、500人が収容できるプラネタリウム、そして36インチの望遠鏡をそなえています。

文化・歴史遺産センター

　ネイチャーセンターの活動が文化遺産に関係していると、行政からの支援が劇的に増えることがあります。ウィスコンシン州クーンバレーにあるノースケダレン自然遺産センターがその好例で、自然と文化遺産を保護し解説する使命を合わせ持っています。

植物園と樹木園

　植物園は生物の多様性をそのまま活かし、生育地と科学的な分類に応じて植物を配置します。在来

種の植物園も存在しますが、多くはいろいろな生育地から持ってきた植物を育てています。樹木園はいろいろな種類の樹木を繁殖させ育成します。また、在来種の植樹・育成を市民に推進するために、州立公園や野生生物局、林野庁が地域のネイチャーセンターへの資金提供に応じてくれるかもしれません。（アメリカ植物園樹木園協会など）

ダラス樹木園は、数々の建築賞を受賞するレイク｜フラート社によって設計された

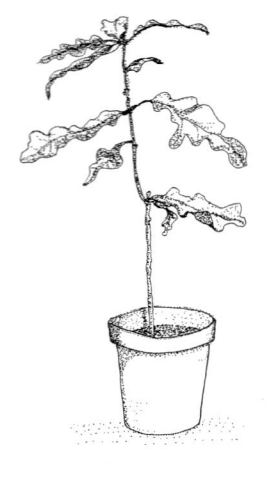

II ネイチャーセンター作りの手順
Process of Creation

シボロ・ネイチャーセンターの理事たち

第7章　準備

「自然は、何か成し遂げる必要がある時には、天才を生み出す」
——ラルフ・ワルド・エマーソン
〔思想家・詩人〕

思いやりのある、献身的な小さな市民グループが世界を変えることができるということを疑ってはいけません。実際、世界を変えてきたのは、そうしたところだけなのですから。
——マーガレット・ミード
〔文化人類学者〕

　ネイチャーセンターは、空想家の頭の中で始まるものです。そのビジョンは次第に大きくなり、おもしろさも増していきます。この章では、駆け出しのネイチャーセンターで考慮すべき基本的な事柄や、すでに行われている取り組みに加わる方法についても検討していきます。ここに列挙される事例の数々を見て立ちすくまないでください。進め方はあなた次第。自分なりに、自分の場所で始めればよいのです。

自らを教育すること

　ネイチャーセンター理事協会（Association for Nature Center Administrators, ANCA）は、ネイチャーセンター専門職員の指導力や経営力の向上をはかるために1988年に創設され、ニュースレターの発行やピア・コンサルト〔ピアとは同僚のことで、より経験を積んだ人が同じ職種の人に助言をすること〕といった支援を行っています。ANCAはその人脈や活動を活かし、環境学習センターの理事が情報やアイディアを交換しあうネット

ワークを組織し、専門的なトレーニングの機会を設け、技術的な指導をしながら環境教育団体をサポートしています。本部はオハイオ州デイトンのアールウッド・オーデュボン・センター・アンド・ファーム内にあります。

ANCA には、約450のネイチャーセンターが加盟しています。民間で非営利のネイチャーセンターを対象としていますが、会員には日帰り型から滞在型まで、行政の運営する施設、大学関係施設、国営施設など、あらゆる分野の環境教育施設が加入しています。

ANCA の季刊誌『*Directions*』は、経営面での最新情報を紹介するほか、新しいアイディアや成功事例を交換し、問題点や課題などを議論するフォーラムも設けています。会の活動としては、会員を対象とした地域ごとのワークショップのほか、年1回の大会を開いています。また、長期計画や方針の作成から、施設の設計、土地の利用計画、理事の研修、教育プログラムの開発、展示やインタープリテーション向けのトレイル作り、資金調達や会計管理、そして、ネイチャーセンター作りのコンサルティングも行っています。

全米インタープリテーション協会（National Association for Interpretation, NAI）は、インタープリテーション（公園や動物園、ネイチャーセンター、史跡、博物館、水族館などでの教育プログラム）に関する専門技術の推進に取り組んでいます。NAIは1988年にインタープリティブ・ナチュラリストと西部インタープリター協会の2つの組織が合併してできた団体で、どちらも1950年代に自然や文化を伝えるインタープリターに研修や交流の場を提供するために発足した民間組織です。

NAIは現在、アメリカとカナダのほか30カ国4,800人におよぶ会員にサービスを提供しています。NAI 全米インタープリターズ・ワークショップは、毎年約1,200名が参加するイベントとなり、隔月刊の会誌『*Legacy*』には特集記事や論評、時事問題、トレンドなどを掲載しています。（そのほか、NAI は、評論研究誌 *Interpretation Reserch*、季刊会報 *Inter News*、米国内の他地域のニュースや情報を提供する会報 *Connection* を発行しています。）

アメリカには2万人の常勤職員、5万人の非常勤職員のほか、ガイドやボランティア、季節雇用のインタープリターがいます。NAI は、年齢に関わりなく、質の高いインタープリテーションを提供するのに必要な知識と技術を習得した個人を認定するためのプロ検定を行っています。インタープリティブ・ガイド認定、文化遺産インタープリター

認定、インタープリティブ・マネージャー認定、インタープリティブ・トレーナー認定、インタープリティブ・ホスト認定といった検定があり、NAI は北米や世界中のプロのインタープリターの要望を満たすべく取り組んでいます。

テキサスウォッチ・プログラムで、水質検査のやり方を学ぶボランティア

　シボロ・ネイチャーセンターを立ちあげた時、私たちは1人の専門家も ANCA のことも知らず、試行錯誤のくり返しでした。皆さんには ANCA、もしくは近くのネイチャーセンターを訪ね、先輩たちの知恵を拝借することをお勧めします。ネイチャーセンター作りや運営に関心をもっている誰もが、今すぐにでも親切で質の高いコンサルトタントを受けることができます。

　デラウェア大学では環境関連施設の運営に関する講義をデラウェア自然学会の協力により開講し、定員は12人程度ですが、環境教育センターを立ちあげ運営するための実践的な授業を行うようになって13年になります。初心者や経験者に関係なく、4週間におよぶ環境施設運営コースでは、目標の設定から長期計画のデザイン、自然保護や保全の役割、プログラムの企画、資金調達、経営や予算、スタッフや職員との雇用契約、ボランティアコーディネート、広報やマーケティング、出版活動、関連法規といった内容で6単位が取得でき、奨学金制度や格安の宿舎も用意されています。また、すでに施設を運営していて忙しい方には、環境施設の運営に関する基本的な考え方や専門技術を身につける、ディレクターや管理者向けの1週間のコースといったプロフェッショナル・リーダーシップ講習会を設けています。また、ウィスコンシン大学スティーブンス・ポイント校自然資源カレッジでは、長年にわたってインタープリテーションの授業を行っています。

　青少年自然科学基金が1990年に発行した『自然科学センター目録 *Directory of Natural Science Center*』には、1,200以上の施設の概要やプログラム、助成金などといった多くの情報が掲載されています。最寄のセンターを調べ、足を運び、いろいろと話を聞いてみましょう。もしくは、しばらくボランティア活動をしてみるのも良いでしょう。

　また、すでに地域で活動しているボランティアに尋ねてみると、費用もかからずに思いもよらないような情報を得ることができるかもしれません。

いくら小さなネイチャーセンターといえどもビジネスなのですが、経営センスをもった人によって作られたところはわずかです。ほとんどは、ナチュラリストとして活動を始め、働きながら経営について学ばなければなりませんでした。
　ネイチャーセンター創設者のほとんどが、経営についてのトレーニングを受けていなかったということに注目すべきで、純粋に始めただけなのです。成功しているセンターでも、理事のほとんどが未経験者の集まりでした。もし、あなたがデラウェア大学の環境施設運営コースを受ける余裕があるなら、ぜひ受けてください！　余裕がなければ、この本が最低限の基本的な情報をお伝えし、私たちが学んだ落とし穴について紹介しましょう。

既存のネイチャーセンターと連携するには

　近くにネイチャーセンターがあり、そのネイチャーセンターの活動に興味があれば、その仲間に加わって学んでみると良いでしょう。ボランティアや理事たちと話をし、書類やノートを見せてもらい、活動方針や計画を聞き、イベントやミーティングに参加してみましょう。ほとんどのネイチャーセンターが、新しいエネルギーやアイディアを喜んで受け入れ、皆さんを歓迎してくれることでしょう。少しの会費を払うだけで会議に出席でき、ニュースレターやイベントのスケジュールを受け取り、ネイチャーセンターを運営している人々と接することができるようになります。
　また、ネイチャーセンターへの寄付にも様々な方法があります（第11章「お金は大切」）。どのネイチャーセンターでも、ボランティアとして尽くすだけでなく、地域からの支援や寄付などといった貢献の方法があります。その結果を、風景の中や野生生物の様子、老若問わず訪れる人々の瞳の中に目にすることができるというのは、本当にうれしいものです。程度にかかわらず、それは自然界に対する畏敬の念という遺産を未来へ引き継ぐ永続的な贈り物なのです。あなたのアイディアをディレクターや理事、ボランティアの人たちと話し合い、お互いの夢をつむぎ合いながら組織の使命を明確にしていくようにしましょう。
　ネイチャーセンターに必要なものは何でしょう？　数えあげればきりがありませんが、多くのセンターで共通しているのは、新しいボランティアや新しい教育プログラム、新しい施設、新しい資金源、新しい理事会メンバー、そして新しいアイディア

です。以下にネイチャーセンターがボランティアに求めるものの例を一覧にしてみました。

- ・トレイル建設
- ・教育プログラムのメンバー
- ・電話の対応
- ・資金調達
- ・広報
- ・業務補助とまとめ
- ・ネイチャーセンターの留守番
- ・施設管理
- ・トレイルガイド
- ・子どもクラブ
- ・会員の継続と地域への活動
- ・助成金の申請
- ・管理補助
- ・ギフトショップの店番
- ・プログラム実施

とはいえ、それが本当に自分のやりたいことなのか？と、自身の夢や希望を確認することのほうが大切です。例えば、近隣の農地を手に入れて持続可能な農業を提案しようといった、それまでに誰も考えたことのない発想をもって地元のネイチャーセンターに働きかけたり、子どもたちに感動的なふれあいの機会となる動物を自然界に戻したり、太陽光発電や在来種を繁殖させる専門技術を獲得したり、私有地をネイチャーセンターに寄付したり（*Preserving Family Lands* 参照）。どんな考えが浮かんでも、自分の直感を信じて粘り強く話しあってみてください。新しくできたネイチャーセンターでも、古くからあるネイチャーセンターでも、新しいアイディアや人材はネイチャーセンター継続の推進力なのです。

　何か新しいアイディアを思いついたとしても、その「偉大な発想」をいきなり近くのネイチャーセンターに持ちこみ、実行を迫るのは避けるように。多くのネイチャーセンターではスタッフが不足するなか、すでに抱えきれないほどのアイディアとプロジェクトに取り組んでいるので、「あなたがやってみたい」プロジェクトを持っていったほうが受け入れてもらいやすいでしょう。互いの関係が出来るにつれ、あなたのアイディアが会員に受け入れられるようになり、そのうちに理事会から支持されるかもしれません。ネイチャーセンターの予算のほとんどが決まっていますから、どんなに素敵なアイディアでも、あなたの夢のプロジェクトを実行に移す資金がすぐに手に入るとは期待しないでください。

> **シボロ自然友の会ニュース**
> **1992年1月**
>
> 　草原の牧草が馬の目の高さにまでなった年のことです。歴史は追体験され……我々の先祖から伝えられた、きらめく海原のような草原の物語が語られました。草は優雅に、しなやかに鞍をかすめ、子どもたちは草のカーテンに隠れ、シカが目の前で姿を消す。このような体験は開拓者にとってもかけがえのないものでした。私たちが純真で自然が自由だった日に戻ることができた頃でした。
>
> 　今日、私たちはこの自由をわずかばかり守っています。自然が教えてくれるやり方でやれば、自然は応えてくれるものです。高く茂る草、コマドリの群れの再来、オオカバマダラが旅の途中に安全な避難場所を見つけている。こうしたことが、私たちが正しいことをしている証でもあるのです。
>
> 　今は忍耐の季節です。庭に種を播く園芸家のように、私たちも計画を立て、種を播き、そして待ちつづけました。ご存知のように、ネイチャーセンターの建物の寄贈を受け、準備も整い、コミュニティからたくさんの援助を受ける幸運にも授かり、活動を始められる状態ですが、土地の調査のために必要なテキサス州公園野生生物局からの助成金の手続きが遅れています。
>
> 　でも、その間も私たちは歩みを止めず、夢を描き、希望とやさしさと保護の種を播きつづけています。播いた種は育ち、努力は結果となってあらわれるでしょう。
>
> 　　　　　　　　　　　　　——キャロリン・チップマン－エヴァンズ

　例えば、あなたが地元のネイチャーセンターに太陽熱を利用した温水器を設置したいと考え、会員のほとんどが、あなたに賛成したとしましょう。そして、そのようなプロジェクトを支える資金源が見あたらない場合でも手段はあるはずです。太陽熱温水器について調べ、地元の販売業者を見つけ、他のネイチャーセンターや環境教育施設における前例を検討し、プロジェクトの利点を説明する提案書を書いてみることです。その企画が実現できそうなら、計画に加えられ、寄贈者に提出する提案書に取り入れられるかもしれません。あなたがソーラーシステムに関する専門技術をもっているなら話は早く、寄贈者もあなたの貢献に感謝するでしょう。

　ネイチャーセンターの活動に参加する場合、組織の関係性、プログラムや会員制度、職員、ネイチャーセンターの成長度合い、方針や手法について理解し、ボラン

ティアの人たちの感情や活動を気にかけることで、受け持ち分野でのトラブルを避けることができます。例えば、節水園芸の庭づくりに3年間取り組んでいるメンバーに、あなたが素敵な木を植えたいと言っても良い顔をされないかもしれません。というのも、その木はやがて彼らが種を播いたところを木陰にしてしまうかもしれませんからね。そういった時、ディレクターやボランティア・コーディネーターに尋ねれば、あなたのアイディアについて誰に相談すべきかを教えてくれるでしょう。

　もし、あなたがネイチャーセンターに資金を提供する立場なら、プロフェッショナルな対応をもとめましょう。非営利団体は国税局に提出するための、寄付行為を証明する書類（領収書）を発行しています。1年間の決算報告書や支出明細書などの記録がいる場合は手配することができます。提供した資金を特定の目的に充てたい場合、寄付金にあなたの意図を添えればそのように使われます。資金が使われるのは、新しい建物の建設やセンターの運営費、プログラム費といったところです。また、どんな形であれ、あなたへの顕彰を求めることもできます。あなたの貢献は自然保護を推し進め、良い友と充実した時間、良い仕事をもたらすことでしょう。

ゼロから始める──場所の選び方

　ネイチャーセンターを作ろうとする時、まず始めに聞かれるのは「どこに？」という問いかけです。あなたのコミュニティは、ネイチャーセンターや緑地帯として利用できそうな土地に恵まれているかもしれませんし、そうでもないかもしれません。土地は人の手が入ってないほうが良く、在来の植物や動物が多く生息しているに越したことはありません。全米オーデュボン協会の『A Nature Center for Your Community』によると、「理想的なネイチャーセンターというものは、地元コミュニティの自然景観のサンプルであり、どんな環境であれ、森や草原、干潟、丘陵地帯など、自然のままのアメリカの一部、コミュニティの人々の楽しみと啓発のためにインタープリテーションが行われるところです」。

　立地にもよりますが、ネイチャーセンターは岩礁海岸、原生林、草原、丘陵、牧草地、大草原、山岳、渓谷、森林、鉱泉、湿地、小川、河川、沼地、池、湖、海岸などといった生息地を代表しています。砂漠でも、雨が降れば小さな流れができますが、そんな涸れ谷が適地といえます。というのも、植物相や動物相が非常に豊富だからです。傷

夢を抱き、相談し、計画を立ててゆく

> **叡智へのひと言**
> プロジェクトがスタートした時から、用地の写真や活動風景、新聞記事、ニュースレターなどのスクラップを作りましょう。進捗の様子を記録するのに役立つものなら何でもよいのです。このスクラップは、新しいボランティアや寄贈者を募る時、グループをまとめる時に役に立ちます。すべてのイベントにカメラを持参し、自然の中で活動する人々や働いている人々の姿を撮っておきましょう。

ついていない乾燥した土地というものは、本来は美しいもので、荒らされ、傷ついていても神秘的な場所はそこにあり、自然のままで待ちつづけているのです。攪乱された土地は「再生 reclaim」させることができ、そうしたプロジェクトがボランティアやコミュニティに与える充足感ははかりしれません。

誰もが地域の流域や都市計画について学び、ネイチャーセンターの好適地を見つけることができるのです。どこに小川や池があり、人を惹きつける自然のエリアはどこにあるのか。湖や砂丘、湿原、丘陵、林、沼地など気に入った景観を選びましょう。

あなたが惹かれた土地は、私有地かもしれないので法務局で調べてみましょう。市や郡、州、あるいは国といった所有者の違いで、それぞれ違った課題があるでしょう。広い土地の入手が難しかったり、制限や規則があったりすることでしょう。

大きなハードルを交渉によって乗り越えて土地を入手した団体もあります（第2章「何度でも挑戦しよう」と題したドランゴ・ネイチャー・スタディーズに関する事例を参照）。トラスト運動や保護のための地役権といったさまざまな保護のための方法によって、土地を手に入れたり、利用したりすることもできます（*Private Options: Tools and Concepts for Land Conservation*、*Preserving Family Lands* 参照）。

個人の所有地をネイチャーセンターに利用し、私有地を保護しつつ、教育プログラムを提供するということは地主にも魅力的なアイディアです。これは、個人の判断で進めることができ、所有権を失うこともありません（第2章「風変わりな牧場主」の

バムバーガー牧場保護財団の話を参照ください)。しかし、私的な組織では公的な助成金や減免申請ができないのが普通です。非営利団体を立ちあげ、不動産の権利を移行することもできますが、そうすると所有は団体のものとなり、決定権も理事会に委ねられてしまいます。公益的なプログラムの頻度にもよりますが、税金対策ではなく、明らかに公益的なサービスを提供しているのであれば、自分自身およびコミュニティの利益になるのです。

私たちの経験から、都市や郊外の土地は地域で管理されているため、草の根の活動家にとって利用しやすいといえます。州や国が所有する土地は、遠く離れた地方事務所によって管理されていることがほとんどで、そうした土地に作られたネイチャーセンターもあります。もちろん、私有地だから無理とあきらめることもありません。多くのネイチャーセンターは寄付、あるいは購入された土地に作られています。自然のサンクチュアリを作る夢の力を過小評価することはありません。

地元のナチュラリストや生物の教師、農家、牧場主に聞いてみると、地域の自然度の高い場所を直感的に知っています。また、スカウトや青少年団体のリーダーは、すでにそういうところを利用していることでしょう。中学生に声をかけ、どういったところが好きか聞いてみると、用水路で遊んだり、林を散策したり、小川に沿って釣り

地元の人々は、マジックスポットがどこにあるのか知っています。

> **叡智へのひと言**
>
> 住所、氏名、電話番号、Eメールアドレスを書く欄をもうけた記帳ノートは、いただいた支援を最大限に活用するためにもっとも貴重な武器となります。ミーティングや活動を行う時、誰が参加したかや今後の連絡先の記録として残しておくと、一般の人々の関心の度合いの記録にもなり、ニュースレターや会員制度を運営する時のデータベースになります。その後、土地や建物が手に入ったら、施設利用の記録にも記帳ノートをつけ、これをもとに資金計画や新しいプロジェクトの傾向をさぐっていくことができます。「皆さん、記帳してください！ この記録がプログラムの運営に役立つのです！」と大声で呼びかけましょう。

現地訪問は、時に最良の支援調達方法になります

をしながら、実は、コミュニティ中のトレイルをチェックしているのです。あなたの町の公園に、すでに「友の会」があるようならネイチャーセンターに発展するかもしれません。

　世界一美しく魅力的な土地でも、安全性の問題や利用上の規制、生態学的な障害、音公害、見苦しいゴミ、利用についての対立、法律上の問題、排水の悪い箇所、メンテナンスの問題、交通の不便さ、駐車場の問題など、やっかいな問題を抱えていることがあり、そんな時は、立ち止まってみることです。その土地について多くの夢を語りあったかもしれませんが、そこを最終的に選ぶ必要はないのです。適切な土地、使い勝手のいい土地を探してみましょう。地元のコンサルタントを訪ねてみることも良い方法です。

コアグループを育てる

　ひとたび、その土地の保護に夢中になると、ネイチャーセンターを創る夢は伝染していくものです。友人や知人があなたの話に耳を傾けはじめたら、絵空事ではなく具体的に見せなければなりません。この本に掲載されている写真や巻末に提示されている多くの資料は、潜在的な協力者にイメージを伝えるのに役立つでしょう。一人では実現できないということを忘れないでください。最もありがたいサポートは、同じような考えをもつ、少人数の結束の堅い仲間です。彼らは夢を共有し、この輪の中にエネルギーをそそぐことをいとわないでしょう。

　支援はボランティア活動からも得ることができます。まずは、河川のゴミ拾いや小鳥の巣箱プロジェクト、トレイルの建設など、身体を動かす野外活動を通じて関心を持ってもらい、人の絆を深め、夢を実現させる推進力をつけるのです。サポーターやボランティアを惹きつけ、維持するためには「楽しい」ことはきわめて重要な要素です。

　ネイチャーセンターについて突然インスピレーションがひらめくことがあります。ミネソタ州のある土地を気に入り、手に入れたオリビア・ドッジが、1967年の8月、

トラクターの荷台に乗ってこの土地を走ってみようと近くの人たちを誘ったさい、やってきたなかにエディス・ヘルマンというナチュラリストがいました。この時、ネイチャーセンター創設のアイデアがひらめき、9月にはトーマス・アーヴァイン・ドッジ財団が設立されたのです。トーマス・アーヴァイン・ドッジ・ネイチャーセンターは約120ヘクタールの土地を保有し、毎年3万4,500人の子どもたちにプログラムを提供し、70万ドル（約5,600万円）の年間予算で運営されています。

> **叡智へのひと言**
>
> 時には、孤軍奮闘しているような気持ちになることもあるでしょう。そんな時はじれったさと疲れから、おかしなことをしてしまうことがあります。人間関係に問題が生じたり、暴食など奇妙な欲求を感じたりすることもあります。そういう時こそ、落ち着いて、外へ出て気持ちを落ちつけてみましょう。どんな庭でも庭師が疲れて手を抜いてしまうとあっという間に乱れてしまうものです。自分のペースを取り戻すことです。人といっしょに働くのは疲れることですから、泳げるところやハイキングするところに目星をつけておき、疲れた時には活用しましょう！

　あなたの思いつきだとしても、プロジェクトの中心となって推進するのはグループです。仲間を信頼し、軽はずみな人や我がままな人によって、活動を始める前からグループに不和を起こさせてはいけません。どんな人も追い払ってはいけませんが、グループの代表を決める時は細心の注意をはらう必要があります。素晴らしいアイディアが提案されたとしても、しばらく寝かせておきましょう。行政に働きかける計画を立てる前に、グループで十分話し合い、夢を共有し、あらゆる可能性を検討するようにすることです。

　信頼できるコアグループが育ってきたら、自然を愛し同じ考えをもっている専門家を引きこむことです。教師や会計士、弁護士、大工、景観設計士、造園家など専門技術をもった人が関わってくれると助かります。良い人を見つけたら、いつでも受け入れる心づもりでいましょう。

　地元の政治家を引き入れようというときには、注意してください。どんなコミュニティでも、政治家は過去の政治的な対立のため、強力な反対勢力をもっている可能性があります。地元の政治に精通していない限り、政治家を引きこむのはしばらく待つべきです。ユーモアのセンスを保ち、長期的な視野をもって関係を築いていくことです。あなたの政治家に対する姿勢がどうであれ、地域の政治家の多くは努力に対する代償が少なく、感謝されることよりも批判されることが多いものです。彼らが賛成

しない場合も友好的でいましょう。政治家は、初めは距離をおき、様子を見たほうが安全だと学んでいるのです。あなたが活動に没頭していれば、いつかは彼らに好印象を与えることでしょう。政治家は自分の選挙区の票に関心を払う傾向がありますから、有権者をグループメンバーに入れるようにすることです。

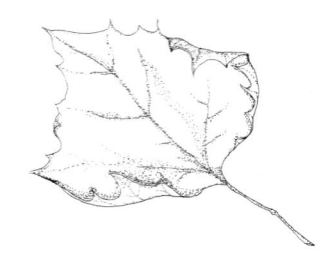

第8章　サポート

村をあげて……

「誰でも、素晴らしい人になれる。なぜなら、
誰もが人に役立つことができるのだから。」
　　　　——マーチン・ルーサー・キング・ジュニア

　コミュニティにネイチャーセンターを建てるというアイディアを採用してもらうにはどうすればいいでしょう？　その答えは、一人ひとりに働きかけることです。誰もがネイチャーセンターから何かを得られるのに、そのことを皆が理解しているわけではありません。誰もが、ボランティアとして、または寄付や知恵を提供してくれるネイチャーセンターのサポーターになりえるのです。自然保護や環境教育のための施設の必要性は感じていなくても、コミュニティのためのレクリエーション施設に興味をもつ人はいるかもしれません。また、単に美しい場所を保全するというアイディアに惹かれる人もいるでしょう。地域の人々の興味や関心を把握することは、セールス文句を決めるのに役立ちます。「得られるものって何？」と知りたがる人もいますが、得られるものはその人ごとで違うものです。

コミュニティの住民

　人は自然が好きで、市民は静かに歩けるところを探しています。1995年に行われ

家族に思い出を植えつける　　　　「想像力は知識よりも大切だ」　アルベルト・アインシュタイン

働く人のひととき：
イメージしてみてください……。慌ただしく、実りのない大変な1日が終われば、身体をやすめたいと思うでしょう。どうぞ、休養をとりましょう。1週間の長期休暇や週末を待つのではなく、5分か10分で行けるネイチャー・トレイルへちょっと逃避するのです。新鮮な空気や木々のある自然の中で過ごす数分間でよいのです。母なる自然が自ら種をまき、育んだ秘密の楽園。この小さなオアシス、自然の神秘の中に飛びこむと、元気が蘇ってくるような気がします。トカゲが太陽のエネルギーを吸収し、ここを住処としている鳥たちが騒がしくコーラスに加わるのを眺めているだけで癒されていくのです。このようなサクンチュアリをあとにする頃には「何度も来てみよう！」と誓うことでしょう。

た不動産業者や家主を対象にした調査では、「トレイルは地域住民にとって快適な場所としてとらえられ、所有地の価値を向上させる」(The Effect of Greenways on Property Values and Public Safety) と考えられているのです。

レクリエーションのなかでも最も開発が安上がりなネイチャーセンターの経済性を、納税者は高く評価しています。プールやテニスコート、ゴルフコース、野球場のコストと比較して、ネイチャーセンターは経済的で管理に費用もかからず、それでいて、あらゆる住民に好かれる魅力をもっているのです。ネイチャーセンターにふさわしい土地の多くが、開発に適さない場所です。小川や湿地、川の氾濫原は、しばしば洪水にさらされますから、開発業者も手を出さず、反対に税金対策や宣伝のために寄付することさえあります。

家族

　近代的な暮らしが家族をどんどん引き離し、絆を感じるひとときが少なくなるなか、いっしょに自然の中をのんびり散歩することは、どんな心理療法の家族セッションよりも

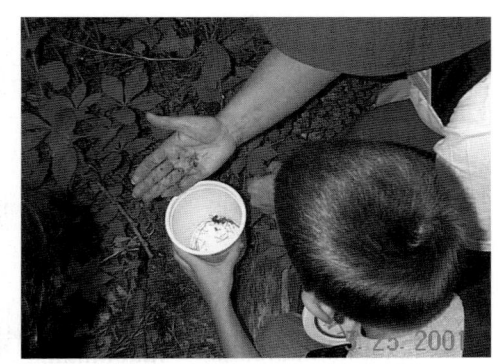

シェーバーズクリーク環境学習センターでの昆虫観察

効果的です。子どもをリーダーにして自然の中を探検してみると、生命や人生を新しい視点で見ることができるでしょう。
　家族で出かける時は、子どもが子どもらしくふるまえる公園や広場へ行きましょう。子どもは、野外で過ごすに限ります。商業主義やテレビなどの刺激から解放され、子どもたちはシンプルで生きる喜びに触れることができるのです。親たちもまったく同じで、ソロー〔アメリカの作家。ウォールデン湖畔の森の中に丸太小屋を建て、自給自足の生活をおくった時の記録『ウォールデン──森の生活』（1854年）が有名〕はそれを正確に表現しました。「私たちはできるかぎり自然の中へ逃れ、文明から自分の身を守らなければならないのだ。」

子どもたち

　子どもの頃の思い出の中に、小川の淵やハイキングトレイル、用水路、川といった自然と結びついたものがどれだけあるでしょう。自然の中で過ごした貴重な時間を大切に感じている人がどれだけいることでしょう。文化をこえ、子どもたちは皆、動物や植物が大好きです。私たちの経験から、子どもは都市や農村といった住環境にかかわらず、自然について素直に学び、生命の不思議さに心をおどらせ、自然の生命やそのつながりに興味をもつものだと確信しています。緑がわずかしかない都会でも、子どもは野外で過ごしたいのです。自然の中に満ちている命に触れ、そして何より、その中で思いっきり遊ぶことが必要なのです。

> **都会から来た生徒たちのひととき：**
> 都会に住む小学4年生のグループがシボロ・ネイチャートレイルへやってきました。この生徒たちはサンアントニオ市のなかでも、最も困難な地域で育ち、田園地帯の静寂や自然とは遠く離れたところに住んでいます。私は小川に沿って彼らを引率し、川の流れを指して質問してみました。誰かが「シボロ川！」と大きな声で答えると思ったのですが、目を輝かせた小さな紳士が叫んだのは「自由！」でした。

教員

　ネイチャーセンターでの体験の後、生徒たちに興味や関心が芽生えたと、先生たちはいつも報告してきます。教師は、次世代をになう人たちが環境に強い関心をもつ必要があることをわかっています。将来の家族の健康は、この星の健康次第、またその逆もしかりです。将来を見通す方法を身につけることが、教育のもっとも重要な目標かもしれません。

　環境保護は学校のどの授業にも組みこむことができます。算数や国語、歴史の授業の中で、地域の環境の大切さを理解することができます。自然を楽しみ、理解する機会を与えられた青年は、より責任感をもった市民になるといいます。実際、私たちの経験によれば、自然の中での活動に参加した生徒たちは、自然を破壊するのではなく、保護する傾向があります。

商工会議所と地域経済

　ネイチャーセンターは地域の良い宣伝となり、経済にも良い効果をもたらします。地元の新聞社は、いつもその地域に良いイメージを与えるネタを探しています。地元の公報や新聞を使えば無料でプロジェクトの宣伝ができます。ネイチャーセンターの価値を高めれば、観光客を地域に呼ぶこともできるでしょう。

　アメリカの人口の39％が野生動物ウォッチングに出かけ、魅力的な自然を訪ねに出かけるための出費をいといません。彼らは支出の約40％を食事や宿泊、ガソリン、その他移動にかかる費用など旅行に費やしているのです。地元のコミュニティは、野生動物ウォッチングで訪れる人1人につき1日平均約50ドルの収入を得るという試算があります。アメリカの魚類・野生生物局によれば、1993年には全国で延べ約7億6,100万人が野生動物ウォッチングを楽しみ、使った費用は180億ドル（約1兆4,400億円）になるといいます。ネイチャーセンターが新たな雇用を生みだし、地域の小売

業や旅行業に大きな売上げをもたらしているのです。単純に考えても、ネイチャーセンターは地域のビジネスに効果をもたらしているわけです。(*Wildlife Planning for Tourism Workbook* 参照)

テキサス州のロックポート・フルトン地区では、アメリカシロヅルに魅せられた人々によって年間500万ドル（約4億円）以上の経済効果があったといいます。ロックポートの商工会議所によると、1994年に開いたハチドリ・フェスティバルによって、歳入が100万ドル（約8,000万円）増えたとの報告もあります。1991年には、テキサス州民だけでも、野生動物を鑑賞する活動に関わる食費や宿泊費などに10億ドル（約800億円）も使っているのです。国内のコミュニティの多くが、エコツーリズムがクリーンで経済的な産業であることに気づきはじめています。

ツーリスト

エコツーリズムは、観光業界で急速に人気の高まっている分野で、野生動物ウォッチングはアメリカで最も人気のあるアウトドア活動

在来の植物を育てている人たち、工芸作家、芸術家がそれぞれの作品を売り、ネットワークを作りながら地域のネイチャーセンターを支えています。シボロ・ネイチャーセンターの、毎年恒例の資金調達イベント「在来植物フェスティバル」にて。

「在来植物フェスティバル」でのひととき：毎年4月になると、シボロ自然友の会では資金調達のためのイベントを行なっていますが、毎回来訪者の数が増えています。

「在来植物フェスティバル」は地域にある多くの園芸店が参加し、ガーデニングや自然に関する道具も販売されます。当日はサンアントニオの放送局から約40キロ離れたシボロ・ネイチャーセンターから生放送されるラジオの公開イベントで始まり、雑誌や新聞、ポスター、ラジオ などが、シボロ・ネイチャーセンターとボルン市に人々を引き寄せてくれるのです。この1日のイベントに、人口5,000人のボルン市に5,000人の人が訪れ、2人の警官が交通整理にあたりました。およそ50人の業者が植物や関連商品を販売し、売り上げの20％がネイチャーセンターに寄付されます。このフェスティバルは半径150キロの地域に住む在来植物愛好家、地元の園芸家、アウトドア好きの人々によって始められたものです。ネイチャーセンターの運営資金が調達されるだけでなく、コミュニティ全体がお祭り気分で盛りあがるのです。

> **観光客のひととき：**
> 地球の神々しさを感じる、静寂な場所……大地、生命、空、ここにあるすべてが私に教えてくれました。池の向こう岸から空に向かって飛び立つシギの自由な姿に、私は立ちつくし、突然打ちのめされ、崇拝に近い畏敬の念を感じました。薄闇に包まれ、夕刻の空をジグザグに横切っていく鳴き声や羽音が今でも記憶に残っています。
> ──ジェニングズ・カーリスル（旅行者）

です。バードウオッチャーやハイカー、サイクリング、釣り師、観光客、写真家の誰もが新たなスポットを探しています。野鳥や野生動物は、小さな公園やネイチャーセンターにもたくさんいます。多くのコミュニティが河川公園にお金をかけ、新たな観光名所を建設して観光客を呼びこもうと熱心ですが、ネイチャーツーリズムは、元からある地域の自然を活用し、住民の生活の質を高めながら地域の経済を後押ししているのです。

後援者

　ネイチャーセンターは、見知らぬ人の志を当てにしなければなりません。どうしたら、人はネイチャーセンターに寄付しようと思うようになるのでしょう？　以下に紹介する物語は、シボロ・ネイチャーセンター内に新しく建設するリンデ学習センターの竣工記念式典で、私たちの隣人で後援者でもあるビル・リンデ氏が語った言葉です。

　兄ロビーと私はダラスから北東に50キロほど離れた小さな町で育ちました。黒々とした豊かな土の農村地帯で、タマネギや綿が栽培され、ボルン市と同じように町の中を小川が流れていました。私たちはその川をダッククリークと呼び、自転車に飛び乗っては出かけ、暗くなるまで化石や黄鉄鉱を探したり、オタマジャクシを捕まえて瓶に入れて持ち帰りカエルに変身するのを観察したりしたものです。素晴らしい日々でした。小さな町で、両親も心配することはありませんでした。

　でも、すべてが変わってしまいました。5,000人だった町の人口はたった10年で2万5,000人に増えたのです。ツリーハウスを作った木々は切り倒され、ツノガエルを捕まえたり凧を飛ばしたり、ゴム弾の銃で戦争ごっこをして遊んだ空き地は舗装され、ショッピング・センターになりました。黒々とした農地はことごとく宅地となり、何千

という住宅が建てられ、配管業者にはうれしいことだったでしょうが、子どもにはつらいことでした。「どうして、こんなことになるの？」と問いかけても、誰もが「どうすることもできないんだよ、発展のためには仕方がないんだ」と答えました。私は彼らの言うとおりに聞いていました。

　15年前、当時郡の検事だったガーランド・ペリー氏から電話がかかってくるまで私はそう信じていました。ガーランド氏は私に電話を寄こしてこう言ったのです。「ビル、今事務所に美しくて元気な若い女性が訪ねてきていて、おもしろいアイディアを話してくれてるんだ。その話を聞きにきてくれたら昼食をおごるよ。」さて、何の話をしているか、おわかりのことと思います。元気な美しい女性とはキャロリンのことで、彼女のアイディアとはシボロ自然トレイルのことでした。昼食を食べながら、キャロリンは土地を売らずに保護すればトレイルとして使うことができると言い、私はもっともだと思いました。そして、このプロジェクトの資金調達のためのチラシを刷って送付するのに1,000ドル（約8万円）が必要とのことだったので、私はその場で小切手を切りました。それ以来、ずっと私はキャロリンに小切手を切りつづけているような気がします。

　去年、切った小切手と、今回わたそうとしている小切手は、私にとっても大きな投資です。なぜ、そのような投資をすることにしたのかをこれからお話ししましょう。まず、最初の理由は、両親への感謝の気持ちからです。兄のロビーと私は、素晴らしい両親に恵まれました。父の退職後、両親はアリゾナに越しましたが、年に2回、自分たちの誕生日の頃になると私たちを訪ねてきてくれました。

　私はネイチャーセンターと柵で隔てられた土地を持ち、両親はここから180メートルほどのところにあるゲストハウスに滞在したものでした。ある時、キャロリンとボランティアの人たちがネイチャーセンターにすべく運んできた、今私たちがいるこの建物が突如として目の前に現れた時の2人の驚きは想像がつくかと思います。彼らが来年開館する学習センターを見られないのは残念ですが、2人と学習センターの関わりは消えるものではありません。

　投資した2番めの理由は、単にこのプロジェクトに惚れこんだからです。私は人に投資したのです。素晴らしいアイディアをもった人、それを実現させるためのチーム作りに長けた人、必要な資金が調達できる人たち。ある時は私がアイディアを思いついて人や資金を集め、ある時は他の人が良いアイディアを提供してくれました。いずれにしても、ビジョンと人材、資金が必要でした。

都市計画担当者のひととき：
「もしも〇〇だったら？」「あなたは、または行政は〇〇について検討したことがありますか？」といった質問をされると、担当者はぞっとして、早く5時にならないかとそわそわしたり、釣りに出かけていればよかったと思ったりしてしまうことでしょう。1988年の春、ある若い女性とボルン市の公園を歩いたことは、のちにボルン市の宝となるシボロ自然トレイルとネイチャーセンター（CNC）の創設へとつながったのでした。彼女は、盛り土や休耕地、小川に可能性を見いだしたのです。

夕方、高く伸びた草原の彼方に夕日が落ちる様子をネイチャーセンターから眺めることができます。ボルン市近郊の住民の多くは、草原の再生プロジェクトは無駄だと感じ、野球やソフトボールの練習場のほうがよいと考えていました。公聴会での激論の末、ボルン市の市議会はここを原生林保護地域として位置づける決定をしました。これにより、CNCはボルン市の公園の中に恒久的な施設として実を結び、以下のようなうれしい成果を生みだしたのです。

- ケンダル郡の住民の48％が45歳以上であるため、CNCは現在だけではなく将来の住民のニーズにフィットするように、今までなかった形のレクリエーションを提供しました。
- CNCは広く知られるようになり、市の利益につながりました。
- CNCは観光客にとっても魅力的な施設となり、ボルン市が日帰りよりも滞在したい地域として認知されるようになりました。
- トレイルやネイチャーセンターの建設や管理にあたり、市に協力する人が増えました。行政と市民ボランティアが協働で行ったベンチャー事業は、市民の行政にたいするイメージを良くしました。

――クリス・ツーク氏
ボルン市コミュニティ福祉計画ディレクター

非営利、営利に関わりなく、ビジョンと人材、資金がポイントです。でも、私の友人のパルマー・モウ氏は両方のセクターで働いたことのある有能な人材ですが、この3つをうまくこなせる人は見つけにくいと言います。しかし、キャロリンはこの3つを上手くこなせる人で、こういった人を見つけたらできるかぎり応援しなくてはいけません。

3つめの理由は、他の寛大な寄付者たちの一人として、シボロ・ネイチャーセンターを次のレベルへステップアップするためです。100万ドル（約8,000万円）の予算で進めているプロジェクトでは、優秀な建築家によってデザインされた施設は賞を受けるくらい素晴らしいものになり、人々から注目されることでしょう。初めてやってきた人がここで学び、ボランティアとして活躍し、この場所を維持するための投資を続けていくつもりです。キャロリンはビジョンをもち、ビジョンを実現するスタッフとボランティアがいます。もちろん、実現させる資金もあります。キャロリン、私たちはチームの一員であることを誇りに思っています。

第8章 サポート　175

コミュニティ・ガーデンは近隣の住民に愛されており、存続が危ぶまれるようなことがあれば彼らは必死に守ろうとするでしょう。

テキサス州エルムフォーク自然保護区のトリンティ川沿いに植樹するボランティアたち

都市計画

　市民のための緑地を整備しているコミュニティは、年々注目されるようになってきています。生活の質においては、道路や学校、運動施設だけでなく、子どもたちが遊べて、家族が楽しめる広いスペースも重要な要素です。狭い公園しかない都会は、威圧的で殺伐としています。緑地はレクリエーションや美しさと出会う場所だけでなく、気候を和らげ、野生動物の生息地にもなるのです。福祉サービス機関やボランティアが、未来の世代のために地域の行政と一緒になって自然保護の活動をしています。ネイチャーセンターのなかには、野生動物の生息空間の保護や教育だけでなく、公園の一部をコミュニティ・ガーデンとしているところもあります。

　全米で、スモールビジネス（職員が8名以下）に雇用されている人たちのほうが、中規模以上の企業の雇用者より多いといいます。テキサス州公園野生生物局が行った、引っ越しを決める要素に関する調査において、レクリエーションや公園、オープンスペースに関するスモールビジネスが、生活費や教育、安全、文化、保健医療などよりも優先され、生活の質を推し量る最も大切な6つの要素として位置づけられているとのことです。

　市民にどの程度の広さの公園や緑地が必要かということは自治体によって異なり、自然に親しむレクリエーション用地をまったく整備していない自治体もあれば、惜しみなく整備しているところもあります。あなたの住む自治体に問い合わせ、地域

牧場主のひととき：
ヒルマー・バーグマン氏は1950年代から土壌保全に取り組みはじめました。生まれ育った田園地帯の牧場に住み、退職後は多くの時間をシボロ・ネイチャーセンターのボランティアに捧げ、植物の生態を記録し、保護区の草原で見られる草木を紹介するパンフレットを作り、地域の牧場主や農家は皆バーグマン氏のことを知り、尊敬していました。バーグマン氏がネイチャーセンターに関わってくれたから、シボロ友の会は自信をもって草原保護の必要性をコミュニティに訴えることができたのです。1993年、ボルン市民からの敬意を表し、シボロ・ネイチャーセンターで保護している草原に彼の名前がつけられました。古くからの住民や新しい牧場主は、彼が提供するどのプログラムにも大勢参加してくれます。彼は在来の草や植物の大切さを説明しながら語ります。「この草原では60種類の草を見つけることができます……すごいと思いませんか？」「土壌こそが財産なのです。」バーグマン氏は2003年に亡くなりましたが、彼の参加によって、ネイチャーセンターがより良くなり、ネイチャーセンターが彼の退職後の人生に、地域への奉仕の場を与えることができたのです。

長く牧場を営んできた経営者が在来植物の種類を教えます。「土壌こそが財産なのです」ヒルマー・バーグマン

の公園の数を聞いてみましょう。ネイチャーセンターの提供するサービスは、助成財団や政府の助成担当課によって評価されるものですから、地元自治体からの交付金も獲得できるでしょう。

　地元住民は無計画な都市開発ではなく、資産価値を高める活用方法に頭を悩ませているものです。ネイチャーセンターでは、自然を守りつつ開発計画をデザインできる専門家を連れてくることもできます。例えば、手つかずの自然を守りながら進める開発や、経済的にも収益の上がる事業の紹介もできるでしょう。不動産業者が、自然を保全しながらの開発が経済的に有利になると気づけば、公園やオープンスペース、ちょっとした生活の質を保障することで地主の利益につなげていくことができるのです。開発業者と環境活動家の認識が一致すれば、コミュニティの未来に希望が見えてきます。このように、コミュニティ全体に自然保護の価値観が広がるにつれ、ネイチャーセンターはその敷地を越えて影響を与えるようになっていくのです。

農家と牧場主

　地域の自然保護に関する教育的なプログラムは、土地の所有者にとって

園芸家はネイチャーセンターの友であり同志です。

も有意義な情報となります。有機農業や有機牧場の技術、在来植物、流域の保護、土壌保全、野生動物の管理、地域のガーデニングの秘訣といったワークショップの開催は、この土地で働く人たちの関心の的となるでしょう。

自然保護活動家と環境活動家

　自然保護や環境の改善に関心のある市民は、より良い土地管理法を実践し、地域住民に教育プログラムを提供する場所としてネイチャーセンターを理解しています。

　自然と切りはなされ、交通渋滞や増えつづける人口、汚染された空気、水、過密、暴力、荒廃の問題をかかえた都市で暮らす人々に、ネイチャーセンターが必要なのは誰の目にもはっきりしています。私たちは、空調の効いた家、快適な温度が保たれた自家用車や公共交通機関で移動し、その土地に対してよそ者のように暮らしています。巨大な建物や開発、舗装道路によって自然から遠ざかり、そして、「進歩」と称して多くの自然を壊し、傷つけてきたのです。

　人口過密と生息地の荒廃によって危機にさらされているのは私たちの生活の質だけではありません。今や、人類は海洋や土壌、水、大気、そして地球上のあらゆる動植物の多様性を危機にさらしていると多くの生態学者が警告しています。環境破壊の程度は、危機的な状況になりつつあります。文明の歴史は、自らが依存していた生態系を枯渇させて崩壊したという話ばかりです。私たちの生活のあり方、そして種としての存亡そのものへの最大の脅威は、自然を犠牲にして「発展」に突き進む自身の傾向かもしれません。こうした問題は、あなたのコミュニティの多くの人が考え、学びたいと思っていることでもあるのです。

　教育を受けた市民なら賢明な判断ができますが、充分な知識のない有権者は、重大な問題に対してひとりよがりになりがちです。ネイチャーセンターは教育プログラムを提供し、地域の環境問題について話し合う場を設けることで、一般の人々の関心に応えることができます。

　環境保護の倫理観は、進歩に対する盲目的な反対を解決策とするのではなく、盲目的な進歩が危険なのだと訴えているのです。人々を教育し、より自然と調和した関

係を作り、大地を守っていくためには、その地域に、魅力的な自然の場所や自然と調和した生き方が学べる場所が必要です。コミュニティが、残された自然の価値を理解し、その脆さや可能性を意識するようになることで、私たちの地域はより美しく、より持続可能になっていくことができるのです。地球規模で考え、地域規模で動く、ネイチャーセンターから始めましょう。

園芸家

「世の中が退屈になっても／社会に満足いかなくなっても／庭はいつもそこにある」
──読み人知らず

　ガーデニングは、アメリカで最も人気があるレクリエーションの一つです。ネイチャーセンターでは、節水園芸やバタフライガーデン（蝶のいる庭）、原生景観づくりなどといった地域の人々の興味に添ったプログラムを提供し、ガーデニングの悩みを解決することができます。コミュニティ・ガーデンは食糧を作りだすだけではなく、世の中を優しくし、絆を深めます。野草に興味をもっている人たちにも、ネイチャーセンターは学びの場として最適ですし、ハーブ愛好家は、ネイチャーセンターでミーティングを開き、熱心なサポーターになってくれるでしょう。
　園芸家は、未来のネイチャーセンターにぴったりの協力者といえます。園芸クラブの多くは、いろいろなことを知っていて、人のために役立ちたいと思っている、面白くて教養あふれる園芸家の集まりです。

牧師、教会信者、精神世界探求者

　自然本来の美しさは、しばしば訪れる者に霊感を与える場となっているようです。キリスト教徒やユダヤ教徒、イスラム教徒──どんなスピリチュアルな集団も、自然の中に聖域を探し求めるものです。スピリチュアルな予言者は、歴史のいたる場面で、沙漠や山、川、森、樹木、洞くつなどといった文明の手が及んでいない自然の中へ巡礼に出かけています。聖書は、イエス・キリストが沙漠や庭、小山、そして海へ霊感を得るために訪れたと記しています。ブッダは菩提樹を訪ね、アブラハムは大自然の

中へ、モーゼは山に登りました。アメリカ先住民の聖なる人々は、精霊が語りかける聖なる場所について語ります。多くの人にとって、自然本来の土地は神聖な場所なのです。(宗教団体が動物や自然、その保護について取り組んできた歴史については、*Replenish the Earth* を参照。)

　私たちの目的は、楽園のような場所を守り、その魅力や不思議を知るきっかけとなることでした。人が自然に魅せられていくのを見るのがとにかく好きだったのです。自分たちがやろうとしていることは、初めのうちは漠然としていましたが、10年という歳月のおかげで、その可能性が見えてきました。私たちがやりたいことは、アルベルト・シュバイツァー博士の言葉に要約されています。「私たちの文明が、より深いモラルとエネルギーをそなえる唯一の方法は、生命に対する畏敬の念をそなえることである。」

　ネイチャーセンターは、事実や事象を伝えるだけの自然科学センター以上の存在となり、あらゆる生きものたちとの関わりに気づかせてくれるところです。

愛好家のひととき：
猛禽類のプログラムを見ながら、私は崇高な鳥に対する強い感嘆と畏敬の念をもちました。プログラムに登場する鳥のほとんどは、ひどい怪我を負い、あるいは人に慣れすぎているため、野に放したりリハビリをしたりできない鳥です。しかし、その日は草原に放たれるために若いタカが連れてこられていました。そのアカオノスリはヒナとして発見されてから1年がたち、最後のチャンスがやってきたのです。ボランティアがこの生き残った勇者を連れてきた時、私に放つ役をしないかと聞いてきました。ふわふわっとした羽毛の塊を手にすると、私は愛おしさと切なさで胸がはち切れそうでした。しかし、その目を見た時、荒々しくにらみ返されました。タカはかわいくてやわらかいディズニーのキャラクターではなかったのです。そう、こいつは生き延び、自由に生きるために戦う準備ができた勇士でした。腕をぐっと伸ばし、タカを放つと、タカは飛び立ち、草原の上に高く弧を描きました。私たちは、そいつがこの草原を故郷にしてくれることを願いました。と、その時、タカは見晴らしのよい高い木にとまりました。その時、私の中の一部も大空高く舞い上がったのです。私は荘厳で崇高な猛禽類をいつまでも身近に感じつづけることでしょう。

ネイチャーセンターが整備されるにしたがい、特別なニーズの人のことがわかってきます。トレイルを整備するための助成金は簡単に手に入ります。整備できるまでは、あるもので間に合わせましょう！

ネイチャーセンターの奉仕活動プログラムでは、卓上でできるガーデニングを介護施設で催すことができます。

特別なニーズのある人々

「恐怖におびえている人、孤独な人、不幸な人にとって、もっともよい治療は、野外へ出かけ、どこか一人きりで神とともにあることが実感できる天国のような、自然のある場所へ行くことです。それは、そうすることでしか……自然の純真な美しさの中でしか、人はすべてのものがあるべき姿であることを感じることができないからです。私は自然がすべての問題を和らげてくれると強く信じています。」

──アンネ・フランク

トラブルを抱えたティーンエイジャーや児童、目が不自由な人、身体が不自由な人、ろうあの人、知能障害のある人、情緒が不安定な人、ホスピスの住人、病から立ち直ろうとしている人なども含めた市民の誰にでも野外でのレクリエーションが必要で効果的です。また、自然の魔力は皆に等しく与えられるものなのに、そのアクセスとなると現代社会では平等とは限りません。でも、平等にすることができるのです。周到な計画と準備さえすれば、どんなネイチャーセンターでもそうした人々を緑の中へ連れていくことができます。（第5章、第6章、第12章参照）。自然に接することが、特別なニーズのある人々の治療に効果があると立証されています（*People-Plant Relationship* 参照）。

高齢者や介護施設の入居者

　高齢者向けのガーデニングや自然体験プログラムは、自然の中での楽しい時間を提供します。彼らは瞑想や静かなレクリエーションを好む傾向があり、短い散歩や車椅子に乗ってトレイルを歩くだけでも、特別な行事となり、スタッフや家族にとっても楽しい外出になるのです。

自然とのふれあいは健康を増進します。

ヘルスケア施設

　特別なニーズのある人々のケアを仕事としている人たちは、リハビリやレクリエーションのための数多くの野外活動を開発してきました。アメリカ園芸療法協会やアメリカ体験学習協会では、そうしたプログラムの開発について情報を提供しています。ネイチャーセンターのあるような環境では、積極的なコミュニティ・サービスやリハビリ活動が多く行われています。

　研究者によると、植物があると気持ちも変わり、手術後の回復も早まり、都会では暴力が減少するといわれています。また、イリノイ州立大学の調査では、景観を考慮し樹木のある公営団地では、暴力事件の減少が顕著で住民同士の関係が良いことがわかりました。緑の多い団地の住人ほど、自分たちの住んでいる場所についてより安心感をおぼえ、肯定的な気持をもち、緑の少ない住宅地に比べて来訪者が多く、良い隣人関係を築いているのです。また、子どものしつけでは話して聞かせることが多く、パートナーに身体的な暴力を振るうことが少ないとのことです（この調査はイリノイ州立大学自然資源環境科学学部のウィリアム・サリバン助教授（William Sullivan）によってなされた。*American Horticultualist*, Nov, 1995）。

未来の世代

　「最上等の人間を作る秘訣をようやくぼくは会得した、つまり戸外で育ち大地とともに食べ眠ること。」
　　　　　　　　　　　　　　　　　　　　　　　——ウォルト・ホイットマン
　　　　　　　　　　　　『草の葉』〔酒本雅之訳、岩波文庫、1998年、7章6節より〕

キャロリン、息子のジョナ、そして曾祖父のオーガスト・ヘーフ。湿地で。

キャロリンのひととき：
私の曾々祖父母がこの土地へ移住してきた時、自然は永遠に続くかのようでした。しかし、世代交代を繰り返すうち、自然は次第に小さくなっていったのです。子どもたちが小さかった頃、私は彼らの祖先が遊んだ小川へ連れていったものでしたが、そこは昔のようにきれいな透き通った流れではなく、それどころか、ゴミが散乱し、子どもたちは足を切ったりする心配なしに小川を歩いて渡ることもできなかったのです。しかし、祖父は昔の小川がどのようだったかを覚えていて、私に話してくれました。私はわが子たちのために、そしてすべての子どもたちのために、この自然で美しい場所を保護していこうと誓ったのです。子どもは生まれながらにして、豊かな自然を享受する権利があるのです。

コミュニティにとって、未来とは成長を意味します。人口の増加にともない、土地が開発され、自然環境を守る機会さえなくなっていくことでしょう。国立公園の存在を当然としているのと同様に、私たちは身近な緑や自然の美しさを気にもとめずに通り過ごしています。次の世代が生きているうちに世界の人口が2倍になるとは想像もつきません。私たちの子孫はどんな世界を受け継ぐのでしょう？

「僕たちが長い道のりを歩んできたのは知ってるさ。日々変化し続けているんだ。でも、教えてほしいんだ、子どもたちはどこで遊ぶんだい？」
——キャット・スティーヴンス
〔イギリス出身のシンガーソングライター。Where Do The Children Play より〕

人間以外の生きものの視点

私たちホモ・サピエンスは、「この種は何の役に立つだろう？」と、いつも問いかけています。「私たちにどんな利益があるだろう？」という意味で、この問いは自分たちが世界の中心にいるという感覚をあらわしています。自然は単に自分たちのドラマの舞台であり、他の生きものはすべて脇役だというとらえ方です。自然の中で過ごすことで、そうした見方を変えることができます。ネイチャーセンターは人へのサービスだけでなく、地域の植物や動物へのサービスも提供するのです。

ネイチャーセンターは地域の環境と一人ひとりの暮らしを豊かにします。人にとっては、自然を見るだけでも良い薬となりますが、この地球上に暮らす種の中には、そのような生息地の維持が生きていくために必要なのです。

通勤する人のひととき：
シボロ川沿いのシープ・ディップ交差点を、サンアントニオの街へ向かって車で走っていたときのことです。私たちボランティアが復元した湿地を目指してアオサギが低く飛んでいるのに気づきました。毎日、一緒に通うこの相棒に思いを馳せました。彼の仕事や家族、起こったことなど。その日の夕暮れ、家への帰り道、シープ・ディップ交差点にまたしても彼がいました。湿地で1日魚を採り、家へ帰るところでした。その日、私たちが同じ道を通ったことに苦笑しながら、ネイチャーセンターが彼にとってどんなに大切かがわかったのです。私にとってよりずっと、彼にはこのことが大切なのです。生命に乾杯！　アオサギよ！生命に乾杯！

——ブレント・エヴァンズ

アオサギ

第9章　組織

エルムフォーク

> 我々は滅びるのではなく、次の世代まで引き継ぐべきもの、尊重されるべきものを保存すべきなのだ。
> ——トーマス・ジェファーソン
> 〔第3代アメリカ合衆国大統領〕

リーダーシップ

「指揮するか、従うかだ、どちらでもないならとっとと失せろ！」——アメリカ陸軍

　ネイチャーセンターという音楽を奏でるには、ボランティア、理事会、職員、連携先という奏者が揃ったオーケストラが必要です。奏でる一人ひとりは有能かもしれませんが、しっかり調和のとれた音楽を奏でるには指揮者が不可欠です。組織のリーダーは、異なる役割をもった人を、効果的なタイミングと明確な指示によってまとめていきます。強い指導力は、強いサポートがなければ実現しませんが、一貫した推進力がなくては、それぞれの奏者がバラバラに演奏し、雑音になるだけです。

　ネイチャーセンターの指揮に必要な唯一のガイドは、ネイチャーセンター理事協会編の『Director's Guide to Best Practices』（とくにリーダーシップの章参照）です。以下はリーダーに必要な15項目のチェックリストです。

1. 組織の目的と使命を信じる
2. 共通のビジョンを作るために、積極的に人の協力を得る
3. 組織のビジョンを達成するために戦略的に働く
4. リスクを恐れず変化する
5. 変化への対応を学ぶ
6. 率先することを心掛ける
7. チームを育てる
8. 効果的なコミュニケーション・スキルを身につける
9. 人への関心や世話、心遣いを態度で表現する
10. パートナーシップを育て、ネットワークをつくる
11. 率先して範を示す
12. 生涯学習として取り組む
13. 仕事とプライベートのバランスを見つける
14. 弱点を認め、改善するよう努力する
15. 引退するタイミングを知る

私たちの経験から、以下の点を補足したいと思います。

1. あらゆる意見に敬意を払う
2. 多くの嵐や組織運営の妨げをのりこえ、使命の遂行に専念する
3. グループのために薄氷を踏むこともいとわない
4. 積極的に新しい友をつくり、旧友にはつねに誠実に
5. 組織の成功に徹する
6. 職員とボランティアの意志疎通を図る
7. 専門家や先を見通せる人に相談する
8. 自分自身の生活にも寛大になる
9. 自分の時間は自分のために使う
10. 健康で、面の皮も厚くする
11. ユーモアのセンスを育む
12. 自然を愛する

13. 記録、記録、とにかく記録をとる
14. 認められることや個人的な時間を確保し、仕事への満足感や感情面での力となし、創造性や明確な目的意識、楽しみといった人々のニーズに敏感でいること
15. 会議や講演、記者会見やテレビ、ラジオの出演のため、コミュニケーション・スキルを身につける
16. 個人の暮らしも大切に！

> **シボロ自然友の会会員、ジェニングズ・カーリスルからの手紙**
> 親愛なるキャロリンとブレントへ
> 初めてお２人と話をした時、私はお２人の成功を祈るには複雑な思いがあると申しあげました。成功が結果として破壊を招くことを恐れているのです。私たちが宝のように大切に思い（特に、小鳥やシボロ川の流れの音以外は聞こえない静寂や孤独）、分かちあいたいと思っているものは、壊れやすく、簡単に「死ぬほど愛されて」しまうかもしれません。

　リーダーシップと経営の違いを理解し、時に応じてそれらの能力を使い分けることが重要です。経営者が気を配らなければならないのは、効率や効果、しかるべきことを適切なタイミングで動かすことであり、リーダーは戦略家であり空想家で、人を奮い立たせなければなりません。リーダーはスタッフやボランティアの熱意を引き出し、模範を示し、寄付をしてくれている人たちには気前よく出資してもらえるように働きかけ、組織の中だけではなく、コミュニティにおいても役割をもち、、人々が安心して成長し自己啓発できる学びの場を作りだすことです。

グループの発達プロセス

　ネイチャーセンター作りに取り組むなら、そのプロセスの一つひとつを楽しむことが大切です。あせったり、これからの道のりに押しつぶされたりしないように。他に類のないプロジェクトであって、他のセンターと競うことはないのです。大きくしようが、小さくしようが、あなた次第なんですから。ネイチャーセンターの創設者はプロジェクトとともに成長するもので、手に負えなくなるほどの急成長には気をつけなければなりません。グループ発達の各段階について読み進めながら、あなたが今いる段階を楽しんでください。そして、イメージする次の段階に期待しましょう。

第1段階：「種」
　誰かがネイチャートレイルやネイチャーセンターを作ることを思いつく。
第2段階：「種まき」
　思いついた人が、相棒になりそうな人に語りはじめる。
第3段階：「芽吹き」
　関心を寄せる人が現れ、皆と親しく、素敵な関係ができる。
第4段階：「調和」
　論争が起こりはじめるが、表面的にはうまくまとめられる。
第5段階：「論争」
　個人同士の対立が大きくなり、主張や序列の問題が起こる。対人関係のダイナミズムが混沌とし、分裂と競合の時期となりうる。
第6段階：「凝集」
　対立が解決し、基本となる使命が合意され、グループが中心となる生産的な段階が始まる。根回しや取引抜きに、一人ひとりが自分の関心や感情について話し合い、グループが本当に「固まる」とき。
第7段階：「青春期」
　組織が成熟しはじめ、会員制度や資金調達または施設整備について一進一退をくり返す。理事会がより責任を自覚し、経営責任者の役職や組織の目的を再定義することもある。システム開発や経営面での分析、プログラムの実施、評議員会の設置などが進展する段階。
第8段階：「健康的な成長期」
　戦略的思考と明確な計画、効果的なコミュニケーション、資金調達、コミュニティを巻きこんだ発展に向かう段階。
第9段階：「成熟期」
　安定した運営ができるようになる。今までの取り組みにより、地元のコミュニティで喜ばれる質の高いプログラムが把握できる。会員獲得や資金調達という課題はつきまとうが、混乱や大騒ぎにはならず、権限の委任や協力体制が整い、経営の総合的なシステムが完成する。

他に起こりうるシナリオを付け足してみます。

第10段階:「中年の危機」
　主要な資金源が失われたり、内部で不一致が生じたり、コミュニティが激変し、組織の存続や重要なプログラムやスタッフの職などが脅かされる。
第11段階:「コンポスト化」
　ネイチャーセンターがなくなるといった最悪のシナリオでも、生命は引き継がれ、新しい始まり（種）が出現するかもしれません。だから最悪のシナリオについては忘れて、しっかりがんばってください！

　あなたが言いだしっぺになって、コミュニティにネイチャーセンターの設立を働きかけてもいいですし、あるいはある程度進んだ段階のところに加わってみるのもいいでしょう。既存の組織に参加する場合、過去の経過や組織がどのような段階にあるのかなどをあなたの目で確かめ、最も効果的な関わり方を検討しましょう。ボランティアのトレイルガイド、コミュニティのまとめ役や調停人、大工、プログラム指導など、最終的にはあなたが最も関心をもつことが何かによって決まるのです。

「ビジョン」をつくる

　コアグループのミーティングでは、まずグループの目的についての質問が自然と起こってくるでしょう。何を、どのようにして達成しようとしているのか？　初めに、グループが何に向かって努力していくかといったビジョンを明確にしておくとやりやすくなります。「ビジョン」は、メンバー全員がアイディアを語り、異なる視点からの意見を聞き、共通点を見いだすプロセスを通して完成するものです。
　勢いにまかせて取り組む前に、グループがどこへ向かおうとしているのかを確認することです。グループの中核になりそうなメンバーを招いてミーティングを開き、その後、目的達成のために力になってくれると確信できた人に連絡をとり、ミーティングの目的はネイチャーセンターのアイディアを共有することだと説明します。それぞれが違う考えをもっていることを理解し、尊重し合うことが大切です。合意はグループがもっとも実りのある方向に発展するプロセスです。合意が得られなければ、行き違いが生じてしまいます。グループのビジョンについて全体的な合意形成ができていないうちは、計画を立ててはいけません。ビジョンは変更や修正の余地を残した大雑

「ビジョン」を高く掲げて、
「貪欲」な姿勢で

ボランティア活動はしっかりと計画を立てれば、
建設的かつ楽しいものに

把なものでよく、グループの創造性を抑えることのないようにすることです。

　土地の入手に動きはじめると、超えるべき障害が明らかになってきます。私有地の場合、所有者は売却してくれるだろうか？　コミュニティはプロジェクトに反対、それとも応援してくれるだろうか？　土地を購入する公的または私的資金はあるか？　資金源の開拓は？　公有地の場合、現在どのような計画や予定があるのか？　どの行政組織が管理していて、新しい計画を立てる権利をもっているのは誰なのか？　計画の段階から一歩進み、実際に動いて現実の課題に向き合ってみると、意外な進展や展開があり、プロジェクトの変更をしいられることもあります。そうなって初めて一歩を踏みだしたと言え、現実から学び、上手く合わせていくことができるようになるのです。

　もし、あなたたちのビジョンが、行政機関にネイチャーセンターを開設し運営するよう働きかけることで、地域の人たちや議員を説得したなら、ネイチャーセンターの将来は行政機関の管轄となります。あなたたちがそれでよいなら、誰も文句はないでしょうし、そうなったとしても、行政は通常「友の会」といった組織の協力を頼みとするものです。そうすることで、センターに関心をもっている市民との結びつきや、財団からの助成金、持続的に運営費を抑えられるボランティアグループを確保できるからです。

当初の活動計画（アクションプラン）

　グループのビジョンが明確になると、目的をさらに進めるために自分には何ができるだろうかと、メンバーの一人ひとりが考えはじめます。合意がないまま、それぞれが勝手に動きはじめると、無駄な努力がくり返されたり、逆に重要な分野に目が行き届かなかったり、1人の肩にのしかかったりしがちです。活動計画は、目的を達成するために進むべき道をまとめていく手段でもあります。進むべき段階を週や月ごとに几帳面に書く必要はありませんが、取り組みたい分野や責任の所在、メンバーが互いに期待することなどは明確にしておく必要があります。

　グループ内での連絡は欠かさないように。連絡係は、電話や郵便物を受けとり、必要な時にニュースレターなどで他の人と情報を共有します。リーダー的な人や最初に組織を立ち上げた人がこの役割を担うことが多いようですが、適当と判断したら分担してもいいでしょう。プロジェクトに勢いがつき、会員同士の連絡が必要になってくると、そのためのちょっとした集まりが重要になります。カフェでのおしゃべりやピクニック、遠足など、目的に向かってお互いが集う創造的な手段としてミーティングを開くことです。

　活動計画はブレインストーミングと合意形成を経て作成します。活動計画を立てるミーティングは、グループにとってきわめて重要なステップとなります。重要な活動や担当のボランティアの名前、おおまかなスケジュールを一覧にします。

　コミュニティには、公式と非公式の組織があり、公式な組織とは自治体や企業と関係していて、市長をはじめとして行政や事務、警察、議会などといった特有の任務と責任を持った重要な役割を担う人びとで成りたっています。しかし、それ以上に重要なのは非公式なつきあいです。コミュニティでもっとも強い意志決定権をもっている人は、公職とは関係なく、誰に働きかけたら効果的かをよく知っているものです。町の中で影響力をもっている人は、新聞社主であったり弁護士や教師、または食品雑貨店の親父だったりすることもあるでしょう。コミュニティの「内幕に明るい人」は、皆のことを知っていて、誰とでもつながりをもっていますから、強力な助っ人です。コミュニティの中の公式、非公式の人脈を一覧にしておくと、誰に交渉をもちかけたらいいか、またその理由を明確にするのに役立ちます。

行政や大きな組織の担当者と協働する場合、彼らの立場を理解しておくことが大切です。多くは、組織の中で思い通りになることが少なく、欲求不満気味で、その結果、欲求不満が「縄張り」意識となり、協働しづらくなることがあります。また、あまりに息苦しい雰囲気で仕事をしているため、自分のやり方に固執する人もいます。気楽に対等な話し合いのつもりで接すると、また厄介なヤツが会いに来たなと受けとられたりもします。とはいえ、そういう人がプロジェクトのキーパンソンになるかもしれないのです。また、自分の意見をはっきり言わない人は、顔を合わしている時はうなずいていても、後で非協力的に振る舞うこともあります。こういった体験をしたら、不本意でも頻繁に会いにいくとか、もしくは、このプレジェクトにもっと相応しい人柄や興味をもった人を探したほうがよいかもしれません。

　コミュニティの見取り図を作るこの段階では、誰彼かまわず話をもちかけるのではなく、協力してもらえそうな人を探し、誰がどんな人物なのかを見極めることが重要です。重複を避けるため、メンバーのなかで誰が誰に会いにいくのかを決めておき、誰と接触したか、反応はどうだったかなどを記録し、閲覧ファイルにまとめて1カ所に置いておきましょう。組織が成長するにつれ、このファイルの価値が増してくることでしょう。この資料を作る1つの方法として、コンタクトの相手に、話しあった内容の主旨を添えたお礼の手紙を書くことです。心遣いに感謝されることと同時に、この手紙のコピーをファイルすれば交渉の記録に早変わり。

　こうした初期のコンタクトにより、他に誰に話をもっていったらいいか、どんな問題が起こりそうなのかといった意味ある情報を導きだせることでしょう。考え方に共感できない相手にも注意深く耳を傾け、こうした出会いを通して、コミュニティの勢力図が描けるようになっていきます。誰が土地を所有しているか、誰がその土地を狙っているか、また、その地域の政治的、経済的な影響だけでなく、歴史も学べることでしょう。

　住民の意識調査は、コミュニティのニーズを把握し、プロジェクトの方向性を決定する時に役立ちます。ビジョンを修正しなければならないというのではなく、このような調査は、捉えきれていなかったニーズや意見を明らかにしてくれるかもしれません。また、アンケートの結果が、皆を説得するツールになることもあります。

NPO法人を立ち上げる

　ネイチャーセンターを私有地に開設する場合でも、市や郡の行政との合同で開設する場合でも、NPO（非営利団体）法人格を取得するほうがよいでしょう。そうすることで、基金やチャリティー団体、個人などから助成金や寄付を得やすくなり、個人の寄付に頼らなくてすむ、より安定し独立した組織とすることができます。NPO法人であれば、ネイチャーセンターの物品の購入にあたって税を免除されることもあります。

　法人設立や非営利というステータスに圧倒されないでください。出てくる用語は見慣れないものかもしれませんが、法的な仕組みを活用してビジョンを実現させるための単純な手続きです。（アメリカのNPO法人に関する法律は州によってさまざまで、弁護士に手伝ってもらうのが普通です。ボランティアで引き受けてくれる弁護士を探すようです。）

内規と定款

　内規とは、設立される法人に法的に要求される運営上の規則で、理事の選抜や任期、組織の仕組みを定めています。初めのうちは一般的なもので良いですが、必要に応じて改訂していくようにします。NPO法人の法律について詳しい弁護士なら簡単に作ることができるでしょう。

　また、組織の目的、所在地、運営方法などの根本条項を明記した定款も必要です。

理事会

　設立時の理事会では、団体の設立趣旨や使命、目的、目標、そして運営費の管理方法を決めなければなりません。でも、同じことを目指している別の組織があれば、そこであなたの構想を実現するという方法もあります。しかし、自分たちでプロジェクトを切り盛りしたいなら、自分たちの組織を作ることです（そんなに大変なことではありません）。たとえ2～3人でも中心となるコアグループで会議を開き、理事会を立ち上げるところから始めましょう。将来の理事の人選については、内規の採択時に、会員による選挙や理事会推薦などの方法で決めることになります。

　NPO法人の場合、理事会が意思決定機関であり、それ以外に様々な役割を担う顧

> **NPO 法人を立ち上げる利点**
> - 個人や財団、企業の多くは、公的に支持された非課税の組織にしか寄付しない。
> - NPO 法人は、政府よりも早く動ける。
> - NPO 法人は、地元の自治体よりも寄付金が集めやすい。
> - NPO 法人は、贈与を受ける際、所得税の控除を受ける資格がある。
> - 法人はボランティアや職員にある程度の損害賠償保険をかけられる。

問委員会はあってもなくてもかまいません。顧問委員会には、コミュニティに影響力をもつ人や寄贈者、専門家、特別な能力をもった人々がいると助けになります。一方、理事には、重大な課題に時間と労力を傾注し、リーダーシップが発揮できる人に頼みます。理事が12名以下だと理事会の動きも迅速となり、かつ地域の代表者を概ね集めることができます。1年をとおして会議を開き、各理事はそれぞれ特定の分野の責務を請け負う必要があります。

創立グループの構成員が理事に向いているとは限りません。多くの場合、「野鳥観察の第一人者」や「在来種栽培の第一人者」などは顧問に向いていて、銀行家や会計士のほうが理事に向いています。多くのネイチャーセンターは以下の組織で構成されています。

1. 理事会（10〜50人）
2. 役員会（通常は行政関係者や委員会のメンバー、一般市民数名）
3. 顧問委員会（コミュニティのリーダー的存在）
4. 退任した理事長で構成される諮問機関。過去のリーダーたちとの関わりを維持するため。
5. 常任委員会、理事以外のコミュニティの人も含み、理事になりそうな人の適正をみるばかりでなく、センターの基礎を広げる機会にする。

以上の関係者に仕事をさせ過ぎずかつ適度に情報を共有するため、以下に適当な会議の開催頻度を紹介します。理事会（年に4回から6回）、役員会（毎月1回）、顧問委員会（半年ごと）、前理事長諮問機関（必要に応じて）、常任委員会（その時の仕事の内容に応じて。しかし、理事会がおこなわれる月の間に1回は開きたい）。退屈な会議にしないように、楽しいことも計画して、活発な場にしましょう。

新しく役員になる人は、現在検討されている問題点だけでなく、組織の歴史や内規、使命、マスタープラン（基本計画）など、十分な情報を事前に与えられるべきです。

概要説明の資料を用意しておくと、新しい人が役員になった時に便利でしょう。委員会を作り、理事会によって権限を与え、通常の理事会の会議のないとき理事会に代わって執行機関となります。

　市や州の公園局のような他の機関と協働する場合、あなたの組織は助言的な役割が中心となるでしょうが、プログラムや資金の管理をまかされることもあります。

　以下の記事は、当時ニューオリンズのルイジアナ自然科学センターの理事長だったロバート・A・トーマス氏によって書かれたもので、大きなコミュニティに設立されたネイチャーセンターが、理事と職員の間でどのように役割を分担しているか、上手くいった例を紹介しています（ANCA News Letter, *Directions*, Sept. 1990）。

一番乗りは誰？：責任を分かち合う

　多くのネイチャーセンター関係者は、理事と職員は別々の業務として活動計画を作成しています。しかし、健全で上手く運営されている組織では、理事は職員と一緒になって方針を決め、職員は理事と一緒になって物事にあたっています。しかし、手を取り合って働いていても、理事と職員の責任の区分を明確にし、仕事の分配や責任の所在について関係者が理解していなければなりません。

　組織（この場合はネイチャーセンター）を上手く運営するためには、理事会のメンバー構成がきちんとしていることです。コミュニティによっては関わる人の組み合わせが異なってくることでしょうが、大切なのは財力と知恵、行動力のバランスが上手くとれていることです。どちらにかたよっても、混乱や不幸な結果を招くことがあります。

　理事はコミュニティ全体の代表であると同時に、道を切り開き、コミュニティから広く支持を得られるだけの強さ（つまり影響力）をもっていなくてはなりません……。今でも役に立つ古い言葉が2つあります。

・与え、手に入れ、夢中になること！
・知恵や財産、労力を分かち合うこと。

　理事会は、以下の10の項目に責任を負う義務があります。

1. 免税に関するすべての法に従い、議事録を残し、内規や定款を改訂すること。
2. 年間予算に見合った資金を調達する（寄付集めなどの計画を立て、働きかけます）。年間予算を承認し、投資を勧め、賃金や契約、報酬を承認すること。
3. 長期的な運営やマーケティングに関する戦略的なプランを（職員とともに）作り、使命やビジョンと照らし合わせて検討し、承認すること。
4. ネイチャーセンターを組織的に継続し改善していくため、新しい理事を見極め、推薦し、訓練して育てること。
5. 事務局長を選出し、事務局長によって提案された賃金や収支予算の提案、その他すべての方針を承認すること。
6. ネイチャーセンターの運営方針や手順を決定すること。
7. ネイチャーセンターをコミュニティに紹介し、売りこむこと。
8. 来訪者に対するサービスや満足度、事務局長や理事の活動を評価すること。
9. ネイチャーセンターの活動の幅や使命、コミュニティとの関連性を把握しておくこと。
10. 可能な限り多くの役割が果たせるよう最大限の努力をすること。現場にいなければ、ここに挙げたことをすべて成し遂げることはできないでしょう。

　当然、職員はネイチャーセンターの使命を達成するために必要な能力をすべてそなえていなければなりませんが、職員の学歴や経験、能力といった要件はコミュニティのニーズにもよります。教育担当と事務など裏方の担当の職員数の割合についての原則はありません。うまく機能しているということは、その組織にふさわしいということです。職員と事業計画のバランスが業務内容を総合的に決定します。とはいえ、一人ひとりの職員が理事に対して果たすべき、多くの責任があります。

1. 職員の目標の一つは、理事をネイチャーセンターにより関わらせること。
2. 理事会で承認された活動を実行し、理事会で承認された方針や手続き通りに業務を遂行すること。理事会でそうした方針や手続きの書類がない場合は、新たに作成しましょう。職員にはガイドラインを定める権限があります。
3. 現場の課題やコミュニティで実施しているプログラムの内容を理解するため、理事に必要な情報を伝えておくこと。

4. 委員長が職員の協力を求めた時は、満足のいく対応をすること。迅速に！
5. ネイチャーセンターの活動計画について、理事と（くり返し）話し合うように工夫すること。
6. 組織のニーズや優先的な課題について職員の評価を明確に伝え、理事が適切な順序で取り組めるようにすること。理事は物事を変更する権限をもちますが、職員の提案を真剣に受けとめてくれるはずです。
7. 理事や各委員会が機能するために、求められる視点や能力を見極める手助けをすること。そして、求められる視点や能力は状況とともに変化するということに、理事も注意を払わなくてはいけません。実際には、一般に事務局長がこの役割を担いますが、職員からも事務局長に意見や提案を伝えるべきです。
8. 同じ地域で活動する同様のサービスについて知っておくこと。コミュニティのために最も効率よく機能し、意義のあるネイチャーセンターであるためには、つねに「競争」にさらされなければなりません。
9. 職員の最も重要な役割の一つは、情報源をよく理解していることです。魅力的でわくわくするようなプロジェクトに目をうばわれがちですが、日々の業務の基本は質問への受け答えです。電話や手紙などに忙殺され、やるべきことができないと不満を言う職員もいますが、ネイチャーセンターは新しい情報の発信源というだけではなく、一般の人と科学者の間に立って情報や理解への橋渡しとしての役割を果たすべきなのです。
10. プランニングを最優先させること。誰もがミーティングに時間をさかれると気を揉みますが、適切なプランニングなくして役立つネイチャーセンターになりえません。
11. プランニングには柔軟性をもたせること。思いもよらないことが起こった時、職員が柔軟に応じ、それを好機として活かせなければ、ネイチャーセンターは感動を与える刺激的な場所でなくなってしまう怖れがあります。しかし、その新しいチャンスが組織の使命に合っているかどうか、また、影響をうける他の任務との調整がされたかに注意してください。
12. 職員がコミュニティとネイチャーセンターとの関係作りの鍵であることを知っておくこと。職員は「常勤」で働いているため、一般的にはコミュニティ内ではセンターの代表として認知されやすいのです。理事もこのような役割を果た

しますが、ほとんどの理事はネイチャーセンターの関係者とは知られておらず、また、複数の市民団体に関わってもいるものです。
13. 夢をもちつづけること！　日々、こつこつと働いているうちに疲れきり、ネイチャーセンターの使命の重要性を忘れるようなことがないようにしてください。職員は達成目標という明確な課題をいつも意識するようにしましょう。
14. 理事が取り組んだ活動は褒め、感謝し、達成感をもたせるように。これは、あなた自身の思いを抑圧することになりますが、理事が取り組んだ内容やその達成のレベルが、あなたの目標や達成感の尺度になります。

駆け出しのネイチャーセンターには、時間がたっぷりとあることを覚えておいてください（理事会の活動については Executive Leadership in Nonprofit Organizations 参照）。

委員会

　委員会は、ネイチャーセンターとコミュニティ間だけでなく、職員と理事の間でも非常に大切な掛け橋となります。常任委員会は会員制度や経営、教育などといった日常の業務を扱います。特別委員会は、建設プロジェクトやイベントといった特定のプロジェクトを扱うために設置されるもので、終了すれば解散します。問題への対処や課題達成の機会を与えられると関係者としての意識が育ち、職員や一部の人に頼りすぎない組織を維持することができます。組織に加わったばかりの方は、興味のある分野の常任委員会について尋ねてみてください。

　取り組みを効果的にするため、各委員会の仕事内容に関する説明書を作りましょう。大きな組織では、各委員会に連絡係として担当職員を1人おき、理事長は月に1回は委員長と会うか電話で進捗を確かめ、助言や心の支えを提供すべきです。事務局長はすべてのミーティングに出席すべきですが、担当者から迅速な報告を受けられる場合は欠席してもよいでしょう。各委員会は年間目標を立て、記録をとりましょう。大切なことは、各委員会が役割を理解し、それを成し遂げることです。また、委員会はすばらしいことを引き起こす楽しい仲間の集まりにもなれるのです

　新しく創造的なアイディアに耳を傾け、ちょっとくらい規則を曲げるくらいのほうが面白いものができるものです。ボランティアや理事、職員の創造力は最も大切な宝ものです。一度決めた方針でも、変更できる余地を残しておくと創造性を膨らませ

ることができます。シボロ・ネイチャーセンターでは、友人や会員が才能を発揮できるよう努めてきました。それが、成功のポイントだったと思います。

ミッション（使命）を決める

　組織のガイドラインとなる使命を決めるには、多様な立場の人からなるミーティングを開き、コミュニケーションを活発にし、異なった視点を尊重し、ユーモアのセンスのあふれた、さらにいえば合意形成について経験のある人をファシリテーターとすべきです。まず、何に向かって活動するのか、どんな未来像を描いているかといったアイディアを出しあいます。この段階では、一つひとつの評価はしません。ブレインストーミングの目的は、評価したり競いあったりせず、創造性を発揮

いくつかの組織の使命の例を以下にあげます。
- アールウッド・オーデュボンセンター＆ファーム：「地域に根ざした環境教育と有機農法のための全米オーデュボン協会の施設は、教育、研究、レクリエーションを通して子どもや大人がこの惑星について理解を深め、保護する活動を提供する。」
- フォンティネーレの森ネイチャーセンター：「最高品質の自然科学と教育プログラムをコミュニティに提供し、敷地と野生生物を自然な状態で保護する。」
- パイン・ジョグ環境教育センター：「自然に対する気づきと感謝の気持ちを育む教育プログラムを提供し、生態学的なコンセプトの理解を促進。地球とそこに住まうすべてを維持する責任感をしっかり根づかせる。」
- ハシャワ環境センター：「ハシャワ環境センターは、約130ヘクタールの保護区で、環境教育、環境保護、野外教育という目的に専念する。」
- ウィルダネスセンター：「ウィルダネスセンターは、自然教育、野生生物保護、自然史研究、コミュニティサービスを目的に運営される。」
- ツリーヘイブン・フィールドステーション：「ウィスコンシン州立大学スティーブンスポイント校の自然資源学部の教育、研究、普及活動を支援し、総合資源管理に関する環境倫理と環境哲学を学ぶことを第一の目的として土地管理とプログラムを実施する。」

する雰囲気を作りだすことにあります。徐々に、皆の関心がわかるようになり、共通点が浮かびあがってきます。

　多くの場合、自然のまま保護することに関心をもつ人と、人々の啓蒙のために場を使いたいと思っている両者がいることが明らかになってきます。異なった考えをもつグループが、お互いのアイディアを認めあうことができれば、両方の目的をもったネイチャーセンターになります。地域の保護を最優先にすると、自然保護区とすることが組織としての基本方針となり、一般の人たちの立ち入りが制限されることになるか

もしれません。ネイチャーセンターがよいか自然保護区がよいか、それぞれのアイデアを吟味したうえで決断したいという人もいるでしょう。使命を決めるプロセスは急がないでください。どのグループも自分たちのペースで進めていけばいいのです。

私たちは、幅広い可能性をもった簡潔な使命をお勧めします。シンプルな使命となったとしても、長期間にわたる熟考や想像のたまものであり、関わった人にとっては言葉そのものの意味よりも意義深いものとなるでしょう。

会員制度

会員は、組織に資金とエネルギーを与えてくれます。広く一般の方々からの支援のベースとして、もちろん資金調達の根幹となり、登録ボランティアの人数を増やし、蒙る政治的な影響を軽減してくれます。初めての集まりから、氏名、住所、電話番号を書きこむ名簿を用意しましょう。そこから会員の第1号があらわれるかもしれません。ニュースレターを作り、会員や親戚、友人、コミュニティのリーダー、そして興味をもってくれた人やプログラムに参加した人などに郵送しましょう。もちろん、ニュースレターには入会申込書を同封します。他所のニュースレターも参考にしてください。新会員を勧誘する上手い方法がたくさんあります。商工会議所で会員名簿やアイディアを提供してくれるでしょう。

参加の理由は様々です。センターの使命に共感し、支えたいという純粋な人もいれば、同じような仲間と出会いたくて加入する人、子どもにプログラムを受けさせたくて加入する人、会員割引やニュースレター、特別奉仕品などが目当ての人もいます。入会キャンペーンを行ううえで、これらの動機を検討し、会員の要望に応えられる方法を探しましょう。例えば、会員を対象にした公園の散策や、近隣へのツアーを実施しましょう。また、ボランティアのナチュラリストを見つけて案内をお願いし、簡単なピクニックを開けば会員同志の絆ができ、将来のボランティアや理事、寄付者を獲得する機会ともなることでしょう。プログラムやTシャツなどの売店の商品に会員割引を導入するのも良いでしょう。来訪者一人ひとりに会員の特典を説明したうえで、当日申し込んだ方には入会金を無料にするという方法もあります。

入会キャンペーンは組織の成長と合わせて行えばよいのですが、もしプロジェクト用のパソコンもないという場合は手に入れるように。会員管理に関するソフトウエア

会員制度
草案　2003年12月3日

1. 1年間の会費を払った人は、誰でも年間会員になれる。会員名簿は毎月更新され、期限1カ月前にお知らせを送付する。期限の1カ月後に2通目の手紙が送られ、更新しない会員は会員制度委員会にはかられる。
2. ネイチャーセンターに寄付をした人は誰でも、その年の年間会員となる（寄付者と会員2つの区分をデータベース上で必ずリンクさせること）。その年度の会員リスト（名前と人数を記載）は運営マネージャーが作成し、年1回12月に開発ディレクターが目を通す。永久名誉会員として認められる人（すなわち更新手続きの知らせが送られると失礼にあたるVIPなど……）の更新通知は開発チームが発送作業を担当する。
3. ボランティア・コーディネーターがボランティアとして把握している人は、すべてボランティア会員とする。この名簿は毎年12月にボランティア・コーディネーターによって更新される。
4. ディレクターと開発ディレクター、運営マネージャーが永久名誉会員と認める個人は、会員であるが会員用の発送物ではなく、開発チームが特別に用意した情報を受けとる。
5. 毎年、以下のリストを見直す戦略会議（参加するのはディレクター、開発ディレクター、運営マネージャー、ボランティア・コーディネーター、会員制度委員会）が開かれる。
   - 会員／寄付会員／永久名誉会員／ボランティア／名誉会員に区分したデータベースを使って一つのリストにまとめる。
   - 寄付者のうち、寄付額を減らした人、または寄付をやめた人。
   - 会員や寄付者、ボランティアからの財政的な支援を拡大するための特別プログラム。
   - 1年間の会員データ分析。前年度の会員数と比較し、更新しない会員の数や名前を検討する。

はいろいろありますが、高価なものや高機能であったりする必要はありません。氏名、住所、電話番号、入会や更新日、寄付の記録、特記事項（ボランティア、理事、名誉会員など）が入力できれば十分です。

　そのうち、優秀なデータベース・ソフトが必要になりますが、最初は簡単な安いもので充分です。入会金や会費を払った会員を待たせてはいけません。少なくとも、1週間に1度はデータを開き、預金を確認し、新しい会員に礼状を書くようにします。会員は感謝されていることを知り、継続的に情報を提供されることを期待しています。短い手紙で十分です。会員には必ずニュースレターで謝意を伝えましょう。会員が更新時期を覚えているとは期待できませんから、更新通知は忘れてはなりません。ほとんどの人は、思い出せば更新してくれますが、一度会員でなくなると再入会の可能性は少なくなります。

シボロ自然友の会への参加のお誘い

会員の種類

☐ ドングリ会員──個人25ドル、家族35ドル
　　　　　　　　学生15ドル、高齢者20ドル
　　　　　　　　（いずれかに丸をつけてください）

☐ ナチュラリスト会員──50ドル
　ドングリ・セットに加えてシボロ・ネイチャーセンターのガイド・パッケージを差しあげます。

☐ サポーター会員──100ドル
　ナチュラリスト・セットに加えてシボロ・ネイチャーセンターのメモ帳を差しあげます。また年報にお名前が記載されます。

☐ ガーディアン会員──250ドル
　サポーター・セットに加えて「歌と物語」のシーズン・パスを差しあげます。

☐ チャンピオン会員──500ドル
　ガーディアン・セットに加えてリンデ学習センターのツアーに2名様をご招待します。

☐ ステュワード会員──1000ドル
　チャンピオン・セットに加えてネイチャーセンターの刻板にお名前を加えます。

寄贈

☐ 記念品または贈呈品（寄贈者の氏名を入れてください）

☐ 教育パートナー（センターの教育プログラムを支援してください）

☐ 寄付（あなたの寄付によってコミュニティに対するネイチャーセンターのサービスが継続できます）

☐ 寄付を計画しているので連絡をください（上昇株は素晴らしいギフトです！）

☐ 一般向けのプログラムのサポート

すべての会員への
スペシャル・ボーナス

シボロ・ネイチャーセンターは以下のような「会員限定」の特別ツアーを通年で開催しています。

名前のない洞窟ツアー　　　地学フィールド・トリップ
夜の生き物　　　　　　　　ハイキングとキャンプ・ファイヤー
春の宝物さがし　　　　　　子どもと家族向け
お父さんの休日

氏名 ＿＿＿＿＿＿＿＿＿＿＿＿＿＿＿＿＿＿＿＿＿＿＿＿＿＿＿＿＿＿＿＿＿＿＿
住所 〒＿＿＿＿＿＿＿＿＿＿　都道府県 ＿＿＿＿＿＿＿　市町村 ＿＿＿＿＿＿
自宅の電話番号 ＿＿＿＿＿＿＿＿＿＿＿＿　メールアドレス ＿＿＿＿＿＿＿＿
☐ 小切手を同封しました。
クレジットカードで支払います。カードの種類　☐ VISA　☐ Mastercard　☐ Discover
カード番号 ＿＿＿＿＿＿＿＿＿＿＿＿＿＿　有効期限 ＿＿＿＿＿＿＿＿
保持者の氏名 ＿＿＿＿＿＿＿＿＿＿＿＿＿　保持者の署名 ＿＿＿＿＿＿＿＿

☐ 記念品　☐ 贈呈品　寄贈者の氏名 ＿＿＿＿＿＿＿＿＿＿＿＿＿＿＿＿＿＿＿
ギフトに関する連絡先：＿＿＿＿＿＿＿＿＿＿＿＿＿＿＿＿＿＿＿＿＿＿＿＿

会員になることも素晴らしいギフトです！

送付先：シボロ自然友の会　P.O. Box 9, Boerne, Texas 78006-0009
Tel: 830-249-4616　Fax:830- 249-7293
メール: nature@boernenet.com nature@boernenet.com　www.cibolo.org

ニュースレターやお知らせを郵送するのに、宛名ラベルを印刷できるようになると便利です。データベースのソフトウエアにソート機能があるか確認してください。例えば、郵便番号別に分けて大量発送の値引きサービスを受けたい時、ボランティアだけにお知らせを送りたい時など、宛先を仕分けて必要なだけのリストを印刷するのに何時間もかけずにすみます。

　会員数は、メディアを利用すると増やすことができます。特別のイベントや割引、ネイチャーセンターの活動についての話をメディアに流すキャンペーンを、1カ月か2カ月継続して実施してはどうでしょう。もちろん、プログラムに参加した人たちこそ会員の最有力候補です。

　私たちは会員になる見込みのある人には2、3回はニュースレターを送っています。しかし、それでも何の応答もない時は、リストから名前を削除します。コミュニティのリーダーや学校の理事、キーパーソンになる先生や校長先生、理事や職員の祖父母などには敬意を表して名誉会員としてニュースレターを送ると印象が良くなり、認知されるようになります。

　ボランティアや寄付をしたことがある方には、ぜひとも会員になってもらいましょう。会員になると定期的にニュースレターが送られ、最新情報が得られ、会員向けの催しに招待され、組織のコアメンバーになる機会もあります。

賠償責任と安全

「神はつねに許し、人は時には許してくれるが、自然はけっして許さない」
　　　　　　　　　　　　　　　　　　　　　　　　　——ポリネシアの諺

　自然の中では怪我はつきものです。また、私たちは訴訟の時代に生きていますから、保険に加入している必要があります。ほとんどの財団や行政組織、資金提供元は、火災や盗難など建物に関するもののほか、立地特有のリスク（洪水や地震など）に応じて必要な賠償責任保険の加入証明を要求します。

　地元の保険会社を使いましょう。様々なタイプの保険が用意されています。

　個人の賠償責任はNPO法人で加入している場合があります——保険会社や弁護士に確認してください。シボロ・ネイチャーセンターの理事は1人につき100ドルほど

特殊な道具が必要なときも。

の賠償責任保険で保護されています。参加者に怪我をさせて訴えられると、その損害賠償のためにで組織が潰れてしまうことがあります。ほとんどの組織は、冒険的な野外活動の参加者には権利放棄証書に署名することを要求しています。弁護士に相談してください。

　体験学習協会は、ハイキングや川下り、山登り、水泳などの様々な野外レクリエーション活動などの一般的に実践されている冒険プログラムの安全と責任に関する出版物を刊行しています（*Common Practices in Adventure Programming* など）。こうした手続きをふめば訴訟にならないという保証はありませんが、責任をとっていると客観的にみなされる可能性はずっと高くなります。

　最も有効な方法は、責任をもって注意を呼びかけ、起こりうる危険をすべて説明して怪我をさせないことです。「通常の事故防止措置を講じましたか？」とかいうような質問に、どう答えられるかが判決を決めるものです。以下に例をいくつかあげます。

1. 危険な場所に来訪者を連れていかないようにすること。崖やすべりやすい川岸、整備されていない階段、難度の高い山登り、雪崩の起きやすい場所、沼地、雪や氷による危険箇所などを避ける。
2. グループで行く時は、子どもたちにいつ注意を呼びかけたらいいかを保護者に教えること。すべりやすい場所、勾配の急な場所、小動物の巣穴に近づくことなどの危険を周知する。
3. 一般の人たちへも危険な野草や動物について知らせます。ウルシ、毒ヘビ、狂犬病、ダニ、アリ、ハチ、蚊など。
4. 広い公園内では、活動の所要時間や難易度がわかるようにしておきましょう。飲料水の所在や天気予報、服装などを伝える情報コーナーを設けましょう。

第 10 章　コミュニティ作り

エルムフォーク自然保護区
のボランティアの皆さん

> こここそ私の街であり、私はこの街の一市民です。
> ──ウォルト・ホイットマン

　ネイチャーセンター作りのお手伝いをしていて、うれしいことの1つは、都市であれ農村であれ、コミュニティの誕生に関われることです。もちろん、初めは何か素敵なことをやろうよと、数人の仲間で集まっているだけのようにしか思われませんが、ネイチャーセンターは世界のためだけでなく、人間関係作りにも大きな役割を果たすのです。コアグループがビジョンを作りあげると、いっそう親密に──時には衝突も起こりますが──なっていきます。でも、この協働によって生じた意見の食い違いこそ、お互いの価値観が明確になり、友人同志を尊重し合うことにつながっていくのです。グループがコミュニティに関わるようになると、新しいエネルギーがもちこまれ、新しい友が見つかることでしょう。

　私（ブレント）は、ピーター・マシーセン氏〔『雪豹』（芹沢高志訳、ハヤカワ文庫、2006年）などで知られるノンフィクション作家〕とシボロ川に添って散歩したことがあります。私たちは良い仕事というものについて話し合いました。私はソーシャルワーカーであり、まとめ役として人々とともに働くこと、協力することなどについて話をしました。また、トレイルを建設したり、川をきれいにしたり、野外にいることがどれほど好きか

といったことも話していると、ピーターは「ブレント、それは同じ仕事だよ」と指摘したのです。

　私たち人間は、他人への恐れを乗り越え、もっとよく知り合い、協力し、素敵な隠れ処となる自然をそなえたコミュニティを作る必要があります。そうすることで、自然への情熱を共有する新しい友人に出会うことでしょうし、その情熱は人から人へ伝染していくものです。そこで得た人間関係は今までに経験したことのないもので、一生を通じて続くこともあります。このような関係が、コアメンバーとなっていくのです。

　仲間も増え、これでやって行けそうだと感じたら、関係する人の輪を広げる時です。ゼロからネイチャーセンターを立ちあげようとするのなら、コミュニティ内の有力者の情報をつかむことです。あなたが目をつけている土地の決定権をもっている人や、将来、資金提供者になるかもしれない人、あなたの目的に対して支え、あるいは妨げになりそうな人などを見つけだすのです。まずは、センター設立を支援してくれそうな人を獲得するための行動計画を立ててみましょう。コミュニティの中心的な人の輪に加わり、正式に、また、そうでなくてもコミュニティのリーダーやあなたの計画に影響を与えそうな人たち、仲間になりそうな人たち、地元の専門家たちとコンタクトをとるのです。しつこいようですが、記録はきっちりとっておくこと。誰と会ったのか、コミュニティのリアクションはどうだったのかをつねに把握しておく必要があります。話す人を選ぶときは、交渉能力の有無などに注意をはらってください。

コミュニティの資源

　地域にある施設なら、どこも巻きこむことができます。政治と一緒で、ネイチャーセンターには思わぬ仲間ができるものです。地域にネイチャーセンターを作る時は、普段は関わりをもたないようなグループ同志が共通点を見いだすこともあり、関わる人の輪が大きくなっていくことでしょう。さまざまな団体から支援を惹きつける自然の力を過小評価してはいけません。

　　家族
　　学校
　　宗教団体

デイケアセンター
病院
専門学校や大学（同窓会、教職員）
市民グループ
商工会議所
商店や会社（重役、理事、従業員）
組合
専門家の団体
レクリエーション関係のクラブ（自転車、ハイキングなど）
同好会、社交クラブ
4-Hクラブ〔Head（頭）、Heart（心）、Hands（手）、Health（健康）の4つの頭文字をとり、よりよい農村、農業を創るために活動している組織〕
ボーイスカウト、ガールスカウト
青少年団体
高齢者団体、退職者団体
老人ホーム
保護観察所、コミュニティ・サービス・システム〔犯罪者によって実行される市民のために無報酬の業務〕
法務機関
マスコミ
農業団体
連邦あるいは州当局の各部門
市あるいは郡当局
ガーデニングクラブ
オーデュボン協会やシエラ・クラブの会員
財団
その他の非営利団体

　支援の意思を表明した手紙を書いてもらうようにしましょう。誰かが、あなたのアイディアを気に入ったら、思いをしたためてもらい、その人の名前で手紙を出しても

寄付は、みんなを幸せに

らうように頼みましょう。一般の市民や地域の専門家、コミュニティのリーダー、教育者、そして身内からの手紙は、他の人を引きこむきっかけになり、ファイルされた数多くの手紙が、あなたのアイディアが支持されている証となります。誰かに手紙を書いてもらうためのとっておきの方法は、あなたが書いて欲しい内容を書いた依頼文と一緒に、住所と切手を貼った封筒をわたすことです。以下に文例をあげます。

　　こんにちは
　　あなたの助けを必要としています。（組織の名前○○）は、多様な原生植物や草の生い茂るユニークな場所を保護しようと努めています。この14ヘクタールの草原を、地域の利害の対立に巻きこみたくありません。私たちはこの場所にネイチャーセンターを作り、自然を守り、人々が自然の宝ものについて学ぶ姿を夢見ています。市の役人を説得するため、この夢への思いを綴った手紙を送り、市民が関心をもっていることを示す必要があります。
　　もし、あなたが短い手紙を書いてくださるなら、これほど嬉しいことはありません。どうぞ（組織の住所）宛てに、あなたの住所、電話番号、このプロジェクトを応援したい理由を書いた手紙をお送りください。
　　ご協力お願いします。

宣伝する

広報手段はたくさんあります。新聞記事、市の広報、プレスリリース、プレゼンテーション、手紙やＥメール、戸別訪問、ポスター、教会の掲示版、地域のニュースレター、

口コミなど。

口コミ

　おそらく最も有効な伝達方法は、人から人への口伝えでしょう。あなたやコアメンバーが発信する熱意は伝染しやすいもので、友だちは耳を傾けてくれるでしょう。コアメンバーの誰かに友だちを1人連れてきてくれるよう頼んでみたり、どこででもプロジェクトの話をもちだしたりしてみましょう。ボランティアや寄付をしてくれる人はどこにいるかわからないものです。さりげなく、楽しそうに近づくことです。高圧的なセールスマンのようにしてはいけません。活動中の写真を貼り付けたスクラップブックは、長々とした話より効果があります。

ニュースレター

　あなたたちがやったこと、やろうとしていることを伝える最良の手段はニュースレターです。ボランティアの努力に報い、将来のビジョンを明確にし、支援者の名前を載せ、お願いリストを伝え、あなたの思いを売りこみます。ニュースレターは、会員や会員候補、関心のある市民、支援者候補に重要な情報を伝え、交流をうながします。要するに、関心を惹き、組織の実際を伝える道具です。センターのイメージのほとんどが、ニュースレターを通して作りだされるといっても過言ではありません。魅力的で創造力のあるニュースレターはプログラムや活動を推し進めます。急いで作ったいい加減なものや、でたらめなものですませないでください。優れたニュースレターは、支援の輪を広げ、読者に情報を与えることに焦点をおいた、活き活きとした記事を記載しています。人は、他の人のことを知るのが好きです。何事にも肯定的に取りあげること、否定的な文章は自分に返ってくるということを忘れないでください。ニュースレターは、ボランティアや職員、理事や支援者に光を当てる最高の場です。
　読者に参加を呼びかけましょう。会員は冷蔵庫に貼れるようなイベントカレンダーを喜びます。ボランティアの募集や「お願いリスト」も入れておきましょう。このようなツールは、人びとを巻きこみ、彼らに組織への貢献を実感させる手段です。
　ニュースレターは楽しく、魅力的で、読みやすいものでなければいけません。写真

シボロ・ネイチャー
センター・ニュース

グラフィック・デザイナーは、あなたの声をかたちに変えます

や絵のほか充分な余白を取りいれましょう。著作権フリーのイラスト集は書店に売っていて、ありきたりに見えることもありますが、慎重に選べば簡単に考えていることを表現したり、ニュースレターを飾ったりするのに使えます。イラスト集には、さまざまな種類があって選ぶのに迷うでしょうが、もちろんオリジナルのイラストのほうが魅力的です。

　気に入ったニュースレターのレイアウトを参考にしてもいいし、グラフィックアーティストに無償で作ってくれるように頼んでもいいでしょう。このようなボランティアをしてくれるアーティストはかけがえがありません。ニュースレターを作るためのパソコンのソフトウェアプログラムもたくさんありますが、必要な機能を備えた簡単で効果的なソフトについて、人に訊ねたほうがいいかもしれません。あなたがコンピューターの達人でない限り、「簡単」であることがキーワードです。初めは、ニュースレターを作りながら操作を教えてくれる人を見つけたほうが良いでしょう。

　郵送費や紙代、印刷代と資金が必要ですが、今までにない最高の投資になることでしょう。できれば数百部多めに刷って、商工会議所や学校、ネイチャーストア、地

元の図書館などに置いてもらいましょう。最初の寄付者には、ニュースレター発行の資金を提供してもらうと良いでしょう。ニュースレターに地元企業の広告を掲載して印刷代と郵送費を賄っているところもあります。小さくシンプルに始め、継続させることと信頼感を与えることが大切です。メーリングリストに300名くらいの名前がたまったら、郵便局に大量発送の割引について問い合わせてみましょう。節約のために、分類や発送作業を手伝うボランティアも必要になります。大量に発送しようとすると、送付までに時間がかかるので、イベントの日程に間に合うように、必ず余裕をもって発送してください。

　印刷会社へ持っていく時は、古紙再生紙を利用できるか問い合わせましょう。色がきれいな再生紙もあります。印刷会社が地元の場合、記事の中でちょっと触れることで割り引いてくれるところもありますから、いろいろと当たってみましょう。費用はまちまちですが、一番安いところがネイチャーセンターの主張に決してピッタリしているとは限らず、また長い目で見たらかえって割高になるかもしれません。支援を求めることを恥じないでください。私たちの地元の印刷会社は、ポスター代を無料サービスにし、ニュースレターの印刷代を割引してくれるばかりか、辛抱強くアドバイスしてくれ、技術やノウハウを教えてくれました。私たちは他の会社には決して発注しません。

グラフィック・デザイナーとニュースレターをつくるには

　グラフィック・デザイナーは、あなたの組織のイメージを作るという非常に大事な役割を果たすチームメンバーです。表舞台には出てきませんが、彼らの熱意が見事な広報に昇華することがあります。

　グラフィック・デザイナーのやり方はみなそれぞれ少しずつ違いますが、期待していることをはっきり伝えることがポイントです。煩わしさを最小限にするため、私たちがお願いしているデザイナーが提案してくれたようなガイドライン作りを頼んではどうでしょう。才能にあふれ経験豊富なグラフィック・デザイナーであるドーン・グウィンは、以下のような提案をしてくれました。時間の制約が厳しいニュースレターの製作も、この手順をふむことによって非常に簡単にすることができると言います。

> **叡智へのひと言**
> ニュースレターには、執筆やデザインに加え、スケジュール作成、宛名ラベル印刷などの発送作業など、目に見えない仕事があります。ボランティアの手助けを頼みましょう！　あなたの目的に賛同する寛大なグラフィック・デザイナーを探してみましょう。手間はかかりますが、やるだけのことはあります。

- すべての記事、写真、イベントカレンダー、お礼コーナーなどについては、それぞれにフォーマットを作成する。原稿は電子データ（ワードなどのソフトを使用）でメールまたはCD-ROMで送付し、参考のために打ち出し原稿も添える。
- 不用意に空白（スペース）やタブを挿入しない。カレンダーも、標準スタイルで、見出し、プログラムの説明、日時、料金、時間などで構成すること。
- 全員にこれらのガイドラインを配布し、すべての原稿がそのガイドに沿うものであるようにする。
- 写真を含むすべての素材の編集者への送付について、厳重な締め切りを設ける。執筆者には締め切りの6週間前までに依頼すること。配達日から、印刷や発送サービスに必要な時間と、デザイン、校正、査読にかかる時間を逆算していけば、ネイチャーセンターのほうで製作スケジュールを組め、原稿の締め切り日も決められる。発送日が1月15日の場合、その前の3日間は宛名貼りと発送のために確保する。印刷に8日、校正と修正に3日、デザインと製作に5日、提出された電子ファイルの整理などに2日間必要などなど。
- 編集者が手を入れ終え、校正と修正が済んだら、データを事務局長に送って査読してもらう。
- 原稿内容の最終的な修正確認が済んだら、レイアウトとデザインのためにニュースレターの全原稿がデザイナーに送られる。（レイアウトは原稿量によって決まるため、デザイナーがすべての原稿を一度に受けとれるようにする。原稿を小出しにしないようにすること。追加原稿のために、数ページ分のレイアウトを変更しなければならないこともあります。ページを増やせば、ニュースレター全体のレイアウトを変えることになる。）折ったり綴じたりするため、版面は通常1枚4ページ単位で構成される。
- この時点で印刷会社へ原稿の受けわたし日を連絡する。（スケジュールを組んでいる時点で印刷会社に連絡し、紙やインクを取り寄せる必要がある場合に充分な時間がとれるようにする）
- 初校のレイアウトが完了したら、グラフィック・デザイナーが細部に取りかかる。

自然保護の問題についてメディアが注目すると、ネイチャーセンターに対する市民の支持を高めることができます。サンアントニオ・エキスプレス新聞社のマンガ家、ジョン・ブランチ氏はサンアントニオ市（S.A.）の恐るべき発展と、それがボルン市のコミュニティと田園地帯を侵食していることについて警鐘を鳴らしています。

・ニュースレターの査読と校正、デザインの承認などのために、事務局長と事業部長に戻される。
・グラフィック・デザイナーが細部を修正し、最終稿の承認を得る。校了後、印刷会社へ送られる。運営部長は宛名ラベルを用意し、ボランティアに発送作業の手伝いを依頼する。通常、印刷と発送に10日ほどかかる。
・皆で肩をたたき合ってパーティーをする。

メディア

　ネイチャーセンター作りに取りかかる時、しかるべき筋でメディアに知らせることが大切です。ジャーナリストはポジティヴな話を好み、美しい自然環境の中でのボランティア事業は願ってもないニュースネタになります。とはいえ、メディアにはつねに敬意をはらい、お仕着せがましくないように接しましょう。地元のメディアに間違った方法で接すれば、草の根運動の深刻な妨げになりかねません。説明は熱意をもって、とっぴな主張をしたり事実をおおげさに言ったりせず、各メディアの代表者に書面で必要な情報を伝え、彼らの煩わしさを最小限にすると同時に間違った報道がされないようにしましょう。

　メディアに対して誰が組織の代表者として接するかは、よく考えて決めましょう。聡明な人格者で、組織を知り尽くしている人でなければいけません。最低限、組織で合意したことや避けるべき項目について知っているべきです。

　記者のスケジュールは過酷で多忙を極めているので、スケジュールは柔軟に対応しましょう。取材時間を設定するときは、催しの日程を知らせるようにしましょう。たいていの記者は人が活動しているところを取材するのを喜ぶものです。事前に内容を教えておくこと。スーツやハイヒールで来る記者もいますから、そのような時には、

> **広報キット**
>
> 活動を始めるにあたり、報道機関用の資料を作ると役立ちます。基本的に以下のようなことを書いておきます。
>
> - 組織の目的やキャンペーンの詳細などのプレスリリース。詳しい情報の問い合わせ先や方法を載せる。
> - プロジェクトの詳細、所在地、経緯、その他メディアに知らせたい基本情報をまとめた資料。
> - ネイチャーセンターを撮った写真、一番良く撮れたものを用意しましょう。
> - 著名人からの推薦の言葉。
> - 理事会メンバー、職員の名簿。
> - ネイチャーセンターを案内するツアーへの招待状。

ボーイスカウトの後について小川の清掃をするために生い茂った薮に中に入っていくといった活動は喜ばないでしょう。

小規模な地方新聞の多くは週刊で、ニュース記事や公共の社会奉仕の発表に関する原稿締切りは決まっています。皆さんも、そうした日程やスケジュール、締切り、各紙の特質について知っていなければなりません。

ネタは新聞の購読者や番組の視聴者にとって興味深いものでなくてはなりません。珍しく、想像をかきたて、シンプルなメッセージを含んでいることが重要です。トークショーや情報番組をもっている地元のテレビ局やラジオ局を活用しましょう。公共サービスに情報を提供するのもいいですし、プロデューサーと関係を作り、望んでいることを探れればもっといいでしょう。

完成したネイチャーセンターは、継続的にコミュニティと関わるためにPR活動を維持し更新しなくてはいけません。ニューヨーク州イサカ市にある年間予算42万ドル（約3,300万円）のカユガ・ネイチャーセンターでは、PRコーディネーターが、宣伝・啓蒙活動、プログラムのマーケティングに週10時間を割いています。

市役所、福祉団体、学校、企業、そして友人との協働の方法

コミュニティに根づいたネイチャーセンターでは、できるだけ幅広いグループに利用してもらう必要があります。コミュニティというのは、行政、学校、教会、企業、福祉団体、クラブ、家族など、多くの要素から成り立っているシステムです。その一つひとつが、センターの応援団となる可能性をもち、その各々が独自の使命と指針をもつ個人で構成されています。課題が生じたとき、何が解決策となるかより、誰が解決できるかを考えるとよいでしょう。直面する課題に応じて人材をつなげていくこと

で、問題解決に向けた可能性が広がっていきます。あらゆることの専門家になろうとしたり、すべての問題を解決しようとしたりといった軽はずみなことは慎むこと。

コミュニティ内で、ある特定の関係がうまくいかなくなった場合、誰がという視点がポイントです。あなたと解決の鍵を握る人物の馬が合わない場合、あなたを代弁できる別の人を探しましょう。その人と共通の視点をもち、ジッパーが合わさるように意気投合できる人を見つけることです。このような、説得したい人物と私たちとの双方の立場を調和させ、上手くとりまとめる人を組み合わせることを、私たちが「ジッパーイング」と呼んでいる由縁です。

市役所・郡庁

地元の行政へは、非公式に働きかけたほうがうまくいきます。公職にある人と個人的に接し、アドバイスや協力を頼みましょう。苦情や思いつきの企画をもちこむ市民が多く、役人の多くはアイディアの良し悪しにかかわらず、まずノーと言うことを学んでいます。ですから、最初に否定的な反応があってもあきらめないことです。異論に対しては、賢く、冷静に、誠実に取り組みましょう。彼らの多くは、社会福祉に永続的な遺産を残したいと願っている教養ある人たちです。

市や郡当局は、コミュニティ内の多様な団体を平等に扱わなければなりません。当然、あなたは自分たちの課題が最も重要だと考えているでしょうが、他もそのように考えているのです。公務員は苦情や要求に慣れており、市民団体の利害関係をやわらげる緩衝材としての機能をもっています。そのため、特定の団体をひいきして他の団体に批難されることを嫌います。とはいえ、実際には都市部のレクリエーション施設のためには多額の運営予算をもっていることが多いのです。ネイチャーセンターの重要なセールスポイントは、比較的安い予算で、例外なく住民やビジターを惹きつけることです。多くのレクリエーション施設はコミュニティの一部の人にしか利用されていませんが、ネイチャーセンターは万人が楽しめるということを担当者に気づかせてください。

予定地に担当者を招き、彼らのアイディアに耳を傾けましょう。セールストークは自然に任せればいいのです。ネイチャーセンターがどうなっていくのか、具体的にイメージできるように説明しましょう。野生生物の専門家にも手伝ってもらい、人々

を自然の中に誘うのにふさわしい施設について、都市計画担当者に理解してもらいましょう。

地元の商工会議所

ネイチャーツーリズムは、ビッグビジネスです。ネイチャーセンターはコミュニティに観光客を惹き寄せるので、商工会議所もネイチャーセンターを売りこんでくれます。私たちの場合、商工会議所の代表がニュースレターの発行を手伝い、メディア関係の連絡先のリストを提供してくれ、イベントカレンダーに私たちのプログラムを書き加え、ポスターを作り、雑誌社の連絡先を送ってくれるなど、様々なことをしてくれました。商工会議所と親しくなれるのなら、ぜひ、そうしましょう。ここでも、個人的な関わりがカギとなります。会議所の代表と直接話しましょう。

商工会議所は、ビジネス界との出会いに最適な場所です。会議所の昼食会での短いスライドショーを提案してみましょう。地元の企業から支援を得る効果的な方法です。資料を整理し、心から話しかけるのです。

企業からの支援は、事業の成功にとって重要な要素となります。あなたに共感する企業主を探しましょう。理事になってくれる可能性もあるでしょうし、あなたの可能性に耳を傾けてくれるでしょう。経営者は、コミュニティに配慮し、企業イメージを大切にするもので、野外教育のキャンペーンや特別企画を支援してくれることがあります。その場合、できるかぎりの方法を使って社会に向かって各後援者への感謝を表すことを忘れないでください。

企業

企業はお金を生みだすために存在していますが、やる気のある人たちによって運営されています。気に入ったプロジェクトだけでなく、コミュニティで人気のあるプロジェクトに関わることによって、企業はポジティヴで確かな宣伝効果という利益を得ることができますし、特定の非営利団体への寄付は税制上も有利で、ニュースレターや銘板、標識、地元の新聞その他のメディアを通して、貢献が広く認知されるでしょう。協賛企業を顕示することの重要性を忘れないでください。

「世界は泥のように甘美で、水たまりのように素晴らしい」E・E・カミングズ

資金調達のイベントでバーベキュー・トレイラー「夢の一等席」に従事するシボロ管理局のアート・ウィルソン氏

学校

　地元の学校は、ネイチャーセンターから大きな恩恵を受けるでしょう。遠足や科学をテーマとした特別な取り組みや依頼に応じて作成されるカリキュラムは、生徒だけでなく先生にとっても刺激となります。また、地元の学校から支持されることは、あなたのプロジェクトの信望を大いに高めます。さらに、学校が関わることで、企業も支援しやすくなり、「教育パートナー」キャンペーンは消極的な方面からの資金を引き出すきっかけにもなります。できれば、ネイチャーセンターの価値を理解している、カギとなる先生か理事者を見つけましょう。学校関係に支持者がいると、劇的にチャンスが増えていきます。ある学区では、ネイチャーセンターを支えるために職員やプログラムに資金を提供するほか、参加費を生徒一人ひとり、または学級ごとに支払っています。その一方、このような特別な授業の利点を一から説明しなければならない学区もあります。地域の学校がネイチャーセンターへの遠足を恒例とするようになると、永続性をもったプログラムを維持できるようになります。

宗教団体

　地元の宗教団体がセンターを支援してくれる可能性があります。教会のニュースレターや会報は、所属会員にコミュニティのイベントを知らせてくれます。ネイチャーセンターの価値を認識し、施設を使って礼拝や集会を開きたいと申し出る団体もあるかもしれません。

福祉団体

地元の福祉サービス機関やグループは、良い目的への支援を要請されることに慣れています。あなたは、コミュニティや特別なニーズのある人にネイチャーセンターがどのように役立つのか、支援することでその団体の評価がどう上がるのかについて説明する必要があります。こうした団体に知り合いを作り、求められている企画を探りましょう。例えば、特に若者向けのプロジェクトを好むとか、障害をもった子どもたちのニーズを意識しているとか。

資金提供を頼む時には、適当な金額を把握しておくことも重要で、「無茶な値段をつけて相手にされない」なんて無意味です。金額は少なくても、あなたのプロジェクトに労働を提供してくれることもあります。地元紙に写真とともに紹介されたりすれば、福祉団体の力添えにもなり、今後も協力する気持ちになってくれるでしょう。

友人

友人と一緒に働けることは、ネイチャーセンターを立ちあげてよかったことの一つです。あなたの友人は楽しく意義ある活動に参加し、コミュニティに名を残すことにもなります。友人を理事に迎えることも重要です。自分で立ちあげた理事会と意見が対立してしまった創設ディレクターもたくさんいますが、それは、難局や問題を乗り越える時に助けとなる、心の通じ合える人間関係がなかったからです。自然の中で手を携えるって、ワクワクしますよね！

同時に、友人とともに働くことは問題をはらんでもいます。友人は、あなたとの友情ゆえに加わったものの、プロジェクトのために多くの時間を割いたことを後悔する羽目になることもあります。また、プロジェクトをどう展開するべきかで意見が対立することもあります。友人は、あなたが環境問題に対して急進的すぎる、あるいはもっと急進的であるべきだと思うかもしれません。友の助けを求めるのは自然なことですが、プロジェクトのために友人に無理を強いては友情にひびが入ることにもなりかねません。本当に関わりたいと思っているかどうか、あなたにノーと言えず困っていないか確かめながら進めましょう。情熱を分かちあえるプロジェクトにともに関わるこ

第 10 章　コミュニティ作り　219

幹線道路の清掃活動に参加した我が家の子どもたちと友人。奇妙なスーパーヒーロー「ゴミマン」といっしょに

地元のボランティア団体がネイチャーセンターの施工を手伝ってくれました

とは、最も気持ちの良い時間にもなりえるでしょうが、友人に疲れや抵抗感を見てとれるようになったら注意を払いましょう。ボランティアは必要ですが、友人は、プロジェクトのボランティアをしてくれるか否かにかかわらず、あなたに必要なのです！

反対意見や対立につきあう

「革新的な人は誰も、千人もの人に反対され、従前を踏襲するよう命じられる。」
　　　　　　　　　　　　　　　　　　——モーリス・メーテルリンク『青い鳥』より

　ネイチャーセンターが私たちコミュニティに素晴らしいものをもたらすと誰もが考えている時、誰かがそれに反対するなんて思いもつかないものです。誰もがネイチャーセンターを楽しむことができ、自然は守られ、観光客が地元の経済を潤すというのに、どこから反対意見が出てくるというのでしょう？　考えられるのは、たくさんの人が集まることを恐れる近隣住民や土地を他の用途（ゴルフ場や住宅地など）に使いたい市民、または環境保護論者と意見が合わない人たちです。
　フォートワース・ネイチャーセンター＆保護区は、1970年代初めに利害が対立する時期を経験しました。ネイチャーセンターのあるエリアでは何年ものあいだ、狩猟や釣り、ピクニック、キャンプ、ゴミの投げ捨て、土砂の採掘、バイクの乗り入れ、そして猟犬のエクササイズといった様々な活動が野放し状態だったのです。その結果、広大な土地の荒廃をまねいてしまいました。また、センターに隣接して、犬の飼育場

> **甘い考え**
> 1. 自分がすぐに惚れこんだように、誰もがこのアイディアに惚れこむだろう。
> 2. 物事は予想できる速度で進行するだろう。
> 3. 問題のまったくないプロジェクトになるだろう。
> 4. 自然にダメージを与えずに一般客を招き入れることができるだろう。
> 5. 人は常識を心得ているだろう。
> 6. 人はやると言ったことはやるだろう。
> 7. お金は大した問題ではないだろう。
> 8. 大きいほうがよいだろう。
> 9. できっこない。
> 10. 私はニュースレターでもれなく全員に感謝を述べた。

や船の陸揚げ場、警察の射撃場、ゴミ処分場、フォートワース・リハビリセンター、そして宅地造成地がありました。こうした問題を適切に処理するため、ゾーニングや道路計画と土地利用、公園の利用規則、そして総括的プランニングが話しあわれなければなりませんでした。地元の消防署が、サンクチュアリの一画で不発弾を処理するところを想像してみてください。これは、フォートワースで実際にあったことで、土地利用についての意見の不一致が原因でした。このネイチャーセンターは、専門的な能力をもったディレクター、ウェイン・クラーク氏と熟練の理事、それに市議会のおかげで、洗練された5カ年計画のもと、今では全米で最も素晴らしい運営がされています（小さなバッファローの群も1つ飼育しています）。

　対立は組織内でも起こりえます。どのようなグループでも、避けられないことです。それは、多様性ゆえに起こることで、決して悪いことではありません。異なる視点を出しあうことによって、グループのメンバーは共通のきずなや共通の信念を育むことができるのです。お互いが尊重しあえる関係ができているなら、権力争いさえも健康的なしるしです。争いのなかから、自然にリーダーが現れてくるからです。

　コミュニティ内の対立に対処する第1のルールは、異なる主張の双方を尊重し、合意によって解決するよう働きかけることです。他の人が感情的になったり、挑発的になったりしても、冷静で、友好的かつ分別ある態度を崩さないことです。私たちのコミュニティでは、市民から原生の草原を球場として使いたいという要望が寄せられた時、最終的には市が資金を投じ、なんとか球場のための別の場所を見つけて確保し、原生の草原はそのまま残りました。中傷や駆引きなどで対決するのではなく、彼らの目的を達成させる方法を探す手伝いをしたほうが新しい友を得られるかもしれないのです。それでも、すべての人を満足させることは不可能で、決断はしなければなりません。

2番めのルールは、メディアや第3者を介さずに反対意見の人と直に向きあうことです。時間をかけ、礼節をもって接すれば、対立を最小限に、同意を得るチャンスを最大にできます。政治家は、プロジェクトを支持するようなことを言いつつ、他からの圧力によって非協力的な立場に変わることがあります。政治家には、政治的な関わりを通じて継続的に接触するとよいでしょう。

　妥協やその他の視点を検討してみた後でさえ、政治的なプロセス（市議会の判断、さらには住民投票）を通さないと解決しないこともあります。こうして得た勝利の問題点は、負けた人がプロジェクトに対して生涯敵対心をいだき、機会あるごとにあなたを妨害する可能性があることです。ですから、可能ならば合意形成と妥協案への道をとりましょう。とはいえ、時には支持者でいっぱいの会議室や署名といった目に見える支持を議員たちなどに示す必要もあります。

　反対意見に「理由や根拠」がないような時はどうしたらいいでしょう？　例えば「俺は環境保護家が大嫌いなんだ」とか「木が役立つのは1つの用途だけさ——薪だね！」と言われた場合は？　実際、最初からあなたのプロジェクトが自分にとって問題であると決めてかかるような人もいるのです。世の中にとって良いことをしようとすれば、社会に変化を引き起こすものと受けとられます。変化には抵抗がつきものです。抵抗が激しければ、それだけあなたが大きな違いを生みだそうとしているのだととらえ、他人の否定的な言葉に染まらないようにしましょう。よほど運が良くないかぎり、負けることもあるのです。しかし、長期的な視野で考え、避けがたい敗北にがっかりしすぎないことが重要です。対立で傷ついたら、自然に癒してもらいましょう。美しい自然の中へ散歩に出かければ、苦痛は和らぎ、気持ちも新たになることでしょう。

　開発業者は、長いあいだ権力と尊敬を手にしてきました。開発業者と対立すると、世論が味方についていても、まったく不利な立場となります。経済の力を過少評価してはいけません。彼らをコミュニティに招き入れ、ネイチャーセンターを建てるにはどこが適しているかを相談したり、写真を見せ、所有地の価値を高める見込みを示したりして、乗り気にさせることです。協力が得られたら、心から感謝しましょう。「水はけが悪く」開発業者が放置した土地というのがよくあり、そうした一画がまさに適地かもしれません。あるいは、土地の利用について開発業者と対立しているなら、彼らの経験と知識に耳を傾けるようにしましょう。彼らも世論の圧力には敏感で、購入したばかりの土地のなかから環境の変化にデリケートな一区画を保護したり寄付して

ネイチャーセンターの
ボードウォーク

くれたりするかもしれません。開発業者も（少なくとも何社かは）あなたのコミュニティの中で生きていかなければならないわけですから。

政治

　環境保護は政治問題にもなりますが、私たちのネイチャーセンターはある政党に偏ったりしません。基本的に人は自分のことを「自然保護家」と思いたいものです。また、地球や未来に対する懸念は、人を結びつけます。自由主義や保守主義、民主主義、共和主義といった伝統的な政治用語より、個人的利益のほうが重要で、個人に利害関係が生じれば、政治的な歯車も動きはじめます。マーク・トウェインは言いました。「トウモロコシパンが手に入る場所を教えてくれたら、人がどこで意見を手に入れるか教えてやろう。」（トウモロコシパンとは、人が生きていくための基本的な糧の象徴）不動産開発業者が、ネイチャーセンターの用地は売り物にならなくなり、収益が落ちると考えたとしても、それはネイチャーセンター周辺の地価が実は上がることに気づくまでの話です。ですから、政治的な見解の相違を超え、個人的にどのような利益が得られるかを一人ひとりに説明して見せましょう。そして、関係する一方からの支持のみを得ようとしないことです。なぜなら、環境保護運動の最大の成果は、地権者や企業、行政、そして個人というありそうもない連携から生まれるものだからです。

　全米オーデュボン協会や絶滅危惧種保護運動のように、環境問題に対して政治的に

強い立場をとる団体もありますが、他の団体はもう少し柔軟な態度で、特定の政治的な活動をせず、人々に環境問題について情報を伝えています。このようなことは、それぞれの団体の使命や内規の範囲で会員が決断することです。

第11章　お金は大切——細部に気を配ること

細部に注目する。
ビスケイン国立公園にて

> 夢を抱き、さまざまに変化させ、あらゆる視点を
> 持ちなさい。　　——ウォルト・ディズニー

　ネイチャーセンターを継続して運営するためには、支払い能力がなければなりません。非営利組織の経理は身につけられますし、資金調達のやり方も後述する様々な方法で学ぶことができます。組織が成熟するにつれ、どこから収入を得られそうかがわかるようになります。収入源は魅力的に見えるかもしれませんが、フリーマン・チルデンがいうように、提示された事実の背景にある、より大きな真実を見抜くことが大切です。民話や神話はそうした核心を率直に伝えていて、多額の助成金を得ようと野心的になる前に、「ウオーキングマンとクモ」というアメリカ先住民の物語を参考にしてください。

　　昔々、世界が生まれてのち、ウォーキングマンは散歩に出かけました。いったい、自分の人生で何をすべきか、人々に何ができるか知ろうとして、人がするように森へ入り、相談相手の動物を探しました。
　　最初に見つけたのは、小川沿いのぬかるみについたシカの足跡でした。彼は考えました。「これは本当に運がいいぞ。シカは森で1番足が早い動物だ。シカは私に速さという

贈り物をくれるかもしれない。私は部族のなかで最も足が速く、駿足の戦士で、優秀な伝達者になり、部族の人々に名誉に思われ尊敬されるだろう。彼らは私に最高の肉や革の素晴らしい箇所を貢ぎ、良いことがたくさん起こるだろう」

〔中略〕しかし、山頂に着くなり日は沈み、地面は暗闇に消え、足跡が見えなくなり、シカを見失ってしまいました。彼は細い木の傍らに座りこみ、泣きはじめました。

その時、誰かの声がしました。「ウォーキングマン！」

「誰だ？」彼は答えました。

「クモだよ！」

「ああ、クモか」ウォーキングマンは泣きながら言いました。「私はシカを追いかけるのに失敗した。もう何の役にも立たない。部族の人たちの役に立つことなんてできないんだ」

クモは答え、「なに、もしかしたら、あなたに必要なのはシカからの贈り物ではないかもしれん。必要なのはクモからの贈り物かも……。つまり、正しいところにいれば、すべてのものはやってくるんだ！」

あなたのプロジェクトは、コミュニティに相応のペースで成長するのです。長い付き合いになることでしょう。焦らず、できるだけ借金はしないようにし、組織をコミュニティの中にしっかりと根づかせ、献身的な行いをしていれば、良いことがやってくることでしょう。

組織をしっかりと根づかせるということは、資金の運用においてもいえます。いかなる事業も、立ちあげる時には必要な費用と現実を反映した予算、それをまかなうだけの資金調達の見通しについて、中心となる利害関係者が把握しておく必要があります。でも忘れないでください。このようにお金のことで頭がいっぱいになった時こそ、ふっと自然の中に出かけることを。

経費

ネイチャーセンターを運営するには、いくらかかるのでしょう？　『*Directory of Natural Science Centers*』によると、ネイチャーセンターの10％が年間予算2万5千ドル（約200万円）以下で、10％が100万ドル（約8,000万円）以上だと報告しています。

一般的に、ネイチャーセンターの予算の規模は3つに分けられます。全体の23%は2万5,000ドルから10万ドル（約800万円）の間、35%は10万ドルから25万ドル（約2,000万円）、そして31%が年間予算25万ドルから100万ドルで運営されています。こうした数字を見て落ちこまないでください。銀行に預金のある状態から始めたネイチャーセンターなど一つもないのです。コミュニティすべてに個性があり、そこだけにしかないネイチャーセンターを作りだすことができるのです。

> **叡智へのひと言**
> 困難な問題にぶつかったり、予算管理の複雑さに圧倒されたりしたら思い出してください。ネイチャーセンターは小さく始め、あなたが可能なステップを踏んでしか成長できないのが普通です。あなたも一緒に成長していくのです。人と人が出会って生まれた推進力が、必要な資金の1部を生みだすことでしょう。急いで成長しようとしなければ、どこに資金があるのか、どうしたら入手できるのかを学ぶことができます。借金はせず、ネイチャーセンターの成長に合わせて自立していけるようにしましょう。

重要なアドバイス：金銭の動きはすべて記録しておきましょう。プロジェクトが立ち上がってからの物品の購入やかかった費用の領収書を取っておき、ボランティアに費やされた時間や物品だけでなく、あなた自身の時間や活動についても記録を残しておけば、プロジェクトのPRや活動を継続していくための貴重な道具となり、成功へと導いてくれるでしょう。この章では、あなたがとるべき記録の種類と資金調達の方法について詳しく説明します。

組織には予算書が必要です。予算書とは、次の年に得るはずの収入と、使う予定の支出を計上する資金計画です。また、実際の収入と支出を記録する収支計算書も必要となります。この2つの書類が、組織の財務の基本的な記録となり、これらの書類によって、会員や将来の資金提供者たちは、あなたがこれから行おうとしていることや、これまでの実績を把握するのです。

予算

活動を始めてみると、どんな予算案も夢物語にすぎないことに気づくことでしょう。初めの1年は、やりたいこととそれに必要な費用について考える機会です。当初は、予測にもとづいた収入目標にすぎないでしょうが、その数字は進捗具合を現し、現状

メリーランド州クリントンのクリアクリーク・ネイチャーセンター

を把握する目安となります。

　何に向かって努力していくのか、理念をもつのは良いことですが、柔軟であることも大切です。シボロ・ネイチャーセンターでは、プロジェクト開始から間もなく、思いもかけなく建物の提供を受け、これを移設し本部として再利用することになりました。これは、明らかに予算になかったことでしたが、新たな本部機能のビジョンを受け、ボルン市を通してテキサス州公園野生生物局から助成金を得たり、個人の寄付から移転や修復に必要な資金を集めたりすることができたのです。

　テキサス州カーヴァイルにあるリバーサイド・ネイチャーセンターでは、正反対のことが起こりました。夢見ていた建物が、修復の完了前に焼失してしまったのです。しかし、彼らは灰の中から立ち上がり、新しい場所を見つけ、地元の企業や個人から援助を得、お金を借り、新しい敷地に移すべき建物を購入しました。予算は、あなたが想像した現実をあらわしますし、あなたの創造力と適応力が現実を創りだすのです。

　最初の予算は、使命や活動計画で設定した目標にしたがって作られます。トレイルや標識板、教育プログラムや修繕費など、それぞれのプロジェクトの金額を決めるときは、2種類の予算——夢の予算と最低限の予算——を設定することをお勧めします。まず、短期的、長期的な希望リストを作り、夢の予算から始めます。大口の寄付が期待できる人と話をする時は、カタログにあるような、最先端の案内板を要求してもよいでしょう。でも、同時に、寄付された、あるいは使い回しの材料を使って、自分で作るという現実的な結果も想定しておくように。何が実を結ぶかは、後からしかわからないのです。

　予算は短期、中期、そしてあるいは長期の目標でもって作成します。余裕のあるネイチャーセンターは5年、10年の戦略プランを公表したりしていますが、他のセンターでは1年1年を何とかやりくりしている状況です。私たちは借金を避け、センター

シボロ・ネイチャーセンター：1993年度 予算

（単位：ドル）

収入	金銭	現物支給
〈寄付〉		
個人	15,000	
財団	12,000	
企業	3,650	
寄付合計	30,650	
〈その他収入〉		
資金調達（ネット）	5,000	
収入合計	35,650	
支出		
〈教育事業費〉		
謝礼／専門家	5,700	300
印刷	1,440	
配布物 – 資料、印刷	850	
学校のバス移動費	—	500
報酬、出版	250	
プログラム・コーディネーター	—	1,000
給与 – ディレクター	10,000	
教育事業費合計	18,240	1,800
〈開発事業費〉		
ニュースレターの印刷	1,100	200
郵送費	200	
消耗品	400	500
接待	300	
開発	500	
給与 – ディレクター	5,000	
開発事業費合計	7,500	700
〈ネイチャートレイルとセンター管理費〉		
トレイルの管理／資材	300	
センターの管理費	500	
学生ボランティア	—	3,000
成人ボランティア	—	5,000
実用品	—	
トレイルとセンター管理費合計	800	8,000
〈管理費〉		
経理	—	2,000
事務用品	50	
郵送費	600	
電話代	600	
保険代	900	
給与 – 事務職員	2,400	2,000
給与 – ディレクター	3,000	
給与支払い税	1,560	
管理費合計	9,110	4,000
支出合計	35,650	*14,500
収入合計	35,650	

*「現物支給」は労働または物品の寄付です。

メモ：ディレクター1名が上記リストの全項目を担当。

の成長とともに資金を貯えました。しかし、A点からB点へ到達するのに一時的な「掛け橋ローン」が必要なこともあるでしょう。優れた実績と堅実な信望があれば銀行とも取り引きすることができます。

非営利団体の会計は、財団からの助成金、会費、プログラムの収入、ショップの収

シボロ・ネイチャーセンター：2003年度 予算

（単位：ドル）

収入		
利息収入		
利息	700.00	
利息収入合計	700.00	
一般寄付	30,000.00	
寄付	—	
企業	5,000.00	
財団／団体	15,000.00	
個人	5,000.0	
寄付合計	25,000.00	
催事	50,000.00	
ギフトショップ		
売り上げ	6,500.00	
ホテル・		
モーテル税	18,000.00	
会費	30,000.00	
野外教室	15,300.00	
教育パートナー事業	—	
企業	8,000.00	
財団／団体	40,000.00	
個人	2,000.00	
教育パートナー		
事業合計	50,000.00	
苗木等の売り上げ	15,000.00	
公開プログラム		
土曜プログラム	2,700.00	
緑化プログラム	4,000.00	
教員向け		
ワークショップ	1,500.00	
土地管理		
プログラム	2,700.00	
公開プログラム		
合計	10,900.00	

サマーキャンプ	11,200.00	
収入合計	247,000.00	
販売品購入費		
ギフトショップの		
商品購入費	6,500.00	
販売品購入費合計	6,500.00	
総収入	254,100.00	
支出	—	
必要経費	5,500.00	
教育委員会支出	—	
教員向け		
ワークショップ	500.00	
経費	500.00	
調査費	—	
テキサス水源		
ウォッチ	200.00	
トレイル整備費	500.00	
野生生物フィールド		
調査費	2,000.00	
教育委員会		
支出合計	3,700.00	
事業支出	8,500.00	
一般支出	—	
広告宣伝費	4,000.00	
銀行手数料	1,000.00	
コンピューター関連	4,000.00	
減価償却	12,500.00	
税／寄付	500.00	
接待費	2,000.00	
保険	1,200.00	
弁護士・会計士		
謝金	10,000.00	

施設管理	2,000.00	
事務用品	2,000.00	
郵送料	4,000.00	
印刷代（事務一般、会報）		
	7,500.00	
給与	118,140.00	
職員研修費	2,500.00	
通信費	5,000.00	
交通費	2,500.00	
光熱費	3,000.00	
ボランティア経費	2,500.00	
一般支出合計	184,340.00	
会員制度諸経費	4,000.00	
（助成金を受領）		
資金調達経費	3,000.00	
野外教室経費	5,100.00	
教育パートナー		
事業経費	1,500.00	
苗木等仕入れ	2,500.00	
公開プログラム経費	—	
緑化プログラム	5,500.00	
土曜プログラム	900.00	
土地管理プログラム	1,000.00	
公開プログラム		
経費合計	7,400.00	
サマーキャンプ経費	4,950.00	
給与	9,955.71	
支出合計	240,445.71	
純利益	7,154.29	

> 「彼らは樹をすべて伐って樹木博物館に入れ、すべての人に1.50ドルを請求した。ただ樹を見るのに」
> ——ジョニ・ミッチェル

入と支出、寄付、資金調達など、さまざまな資金提供者がいるために複雑にならざるをえません。資金がどこから入り、何に使われたか、月ごとに経過を追えるようにしておきましょう。簡単な会計ソフトを使えば大丈夫です。

　ある財団が、展示ルーム建設のために1万5,000ドル（約120万円）の寄付をした場合、詳細な領収書と、意図された通りに使われたことを示すための報告書が必要になります。当然、提供された資金は他の用途には使えません。もしも、マッチング・グラント〔特定のプロジェクトのために個人や団体などが提供する寄付金で、政府・公益法人から同額の資金醵出を誘導することを目的としたもの〕を受ける場合には、実際に他からの資金を受けたことを文書で証明する必要があります。対応策の一つは、組織が所有している主な財源ごとに、施設関係、プログラム関係、運営関係などと、別の決済用口座を割り当てることです。他に、それぞれのプログラムや事業ごとに予算を組み、それを表計算ソフトで統合して全体の予算とする方法もあります。この方法だと、支出の割合に従ってプログラムごとの予算を割り振ることができます。また、収支計算書によって、次年度の問題点をあらかじめ予測し、必要な資金調達活動を優先させることができます。

　プロジェクトが展開するにつれ、NPO運営の経験をもったプロの会計士が必要になるでしょう。会計士から助言のもと、非常勤の経理職員と、年1回の会計監査で充分かもしれません。しかし、ここで、「ピーターの法則」（能力のない分野でキャリアを試されること）が初心者に悪夢をもたらすことがあります。もし、自分自身の個人の能力を超えたと思ったら、会計士に相談しましょう！　簿記の経験をもった会計係のボランティアを募集したり、仲間うちから相応しい人物を探したり、候補者を尋ねまわったりしましょう。多くの会計士は、頼まれればボランティアをいとわないものです。簿記が大好きという人もいますので、自身が髪の毛を掻きむしったり歯ぎしりするかわりに、彼らが輝くのを手伝うことができるのです。

　前ページの表は、シボロ自然友の会の1993年度の予算書で、次ページの2003年度予算が10年間の成長を示しています。「現物提供」は、労働や物品の寄贈を示しています。私たちのセンターの塗装は、すべて寄付されたペンキとボランティアの労働によっておこなわれ、ランドスケープデザインも無償のサービスによるものですし、本部の改修からトレイルの建設までボランティアによって行われました。こうした汗かき資産はネイチャーセンターの発展に欠かせない要素です。

ネイチャーセンターには、2つとして同じ予算案がありません。シボロ・ネイチャーセンターの予算が他に同じものがないように、あなたの組織もきっとそうでしょう。地元にある他のネイチャーセンターや非営利団体の予算について尋ねてみれば、地域の実情を確認することができるでしょう。

ボランティアを募るときは、簿記や会計の経験をもった人がいないか注意しましょう。正確な記録が重要です。助成財団や政府機関は、適切な簿記ができない団体への資金提供は容赦なく打ち切ります。紹介した予算書は簡単なほうですが、大規模なネイチャーセンターになればより複雑で緻密な予算が必要となってきますから、組織の成長に合わせてより大きな組織に相談するといいでしょう。

資金調達

ネイチャーセンターの資金調達の方法は多様で、お決まりの方法と誰も気がつかないような新しい方法の2通りがあります。私たちが行った調査において、ほとんどの回答にみられた基本的な方法は、得られるところから資金を得るということで、それは地元からという意味でした。ネイチャーセンターのために土地を寄付した人が資金や物品を申し出ることもありますし、行政が運営費やプログラムに対する資金提供をしてくれることもありますが、通常、資金源は一つとは限らず、複数の資金源を確保しています。私たちが調べたネイチャーセンターの大半では、公費による資金提供や個人からの寄付、プログラム参加費、委託契約、寄贈による収入、毎年行っている恒例のお祭り、助成金、資金集めのキャンペーン、売店、会費などに頼りつつ、「仲間」の組織（NPO）や公共団体とパートナーシップを組んでいます。それから、そう、入園料をとるところもあります。

私たちから一番言いたいことは、あなたが動かないかぎり、どんな資金も得られないということです。時には直接的で大胆なアプローチも必要で、友人や親戚に頼んだりしても気まずくならず、支援してもらえることがわかりました。他団体と話をする時も、資金や物資の提供を頼んでみましょう。あなたの必要なものは皆知っていると早合点しないで、その団体が出してくれそうな金額を願いでて、資金が何に使われるかはっきり説明することです。相手を知れば、あなたの求めるものと相手の実力や関心との一致点が見つかるでしょう。

個人へのアプローチは、懇願したり無理強いしたりしないで、率直に話すほうがよいでしょう。手前味噌でも、成し遂げたことを説明し、何が欲しいのか、予算を頭にたたきこみ、どのような質問にも答えられるようにしておきます。援助をお願いした後、相手の返事があるまで待っているように。もし、「ノー」と言われても「今はダメ」という意味かもしれないので、別の日にまた頼んでみてください。特別な企画や力を入れている活動に関する寄付や寄贈についての相談は、それぞれ頼むべき相手を考えることです。書類をわたし、お願いしたい寄付の内容と、その寄付がどのように使われるか詳しく説明します。楽観的に、断られるたびに成功への１歩だと考えましょう！

多額の寄付と資金調達の４つのＲ
　　　──リサーチ（Research）、ロマンス（Romance）、リクエスト（Request）、表彰（Recognition）

多額の寄付を得るには辛抱強く、粘り強くなければなりません。まずは、息長く寄付してくれそうな人を探しだすことです。目星をつけた人の興味や関心がわかれば、どのように寄付を頼めばよいかがわかってきます。ここが、リサーチの効果が反映されるところで、可能な限りその人のことを調べます。過去の投資や趣味、彼らの子どもたちの好きなこと、あなたの組織とのつながりや友人など。丁寧に、礼儀正しく、そのうえでしっかり質問しましょう。できるなら、寄付者かその配偶者との個人的な知り合いを見つけてみましょう。間違っても「勧誘電話」をかけ、いきなり援助を頼むようなことはしないように。

寄付者候補をイベントに招待すれば、プレッシャーなくセンターについて知ってもらう機会となります。また、夕食会やピクニック、ワインの試飲会、コンサート、探鳥会などによって、多様な人々を惹きつけることもできるでしょう。

接点がまったくない人には、資金調達担当者を通じてボランティア個人の手紙を送ってみましょう。その手紙には、組織に対する気持ちや、組織の使命、先方に対して知っていること、次のコンタクト（電話）の予定を伝えるとよいでしょう。

コンタクトをとるさいの計画を立てましょう。ボランティアには最適な人材、できれば、寄付者と共通点があり、経理について理解し、ビジョンを共有している人を選びましょう。最初から何かを求めてはいけません。電話する時は、組織のことを知ってほしいのだと伝え、新しい計画や夢について説明し、アドバイスを求めることも、

きっかけ作りになります。最も簡単なターゲットは、過去に小規模な寄付をした人や孫をサマーキャンプに送り出した人、少なくともニュースレターを受けとってくれた人たちです。まずは、寄付者と組織の間に関係を作ることです。最初の面会は、主に先方の関心事や価値観を知ることに費やしてください。多くの人は、寄付によって自らの価値観を追い求めるもので、ここでロマンの出番です。ネイチャーセンターが彼らの自己表現の場になることを知ってもらうことです。例えば、亡くなった夫人が鳥を愛していたとか、若い頃はアウトドア派だったとかということがあるかもしれません。心に耳を傾けてみましょう。あなたの役割は、彼らが何を必要としているのかを探り、それを手に入れる方法を探す手伝いをすることなのです。

　寄付者になる見込みのある人にプロジェクトに関わってもらいましょう。イベントに招き、マスコミから注目されていることがわかる資料やニュースレター、短い手紙などを送り、感想を尋ねてみてください。また、後援者だけを招いたパーティーに招待することも、つながりを作る良い方法です。招待状に返事があったら、パーティーの後に話を聞いてもらえる時間をとってもらうようにお願いしてみましょう。パーティーは小さくして、一人ひとりと話せるように。

　リクエストを伝えましょう。先延ばしにしてはいけません。寄付者になる見込みのある人とつながりができたら、いくらの寄付を、どのように頼むかを決める時です。寄付者がいくら寄付できるかわからない時は、あなたの予算と目標を提示します。例えば、「これまでお話してきました教育の目標を達成させるためには、＿＿＿ドル必要なんです。この分野での支援をお願いできませんか？」と言い、同時にオプションのリストを見せるといいでしょう。その時、思いきった大きな額から小額までのリストを一覧にしておくこと。寄付者へ敬意を表すために、特定の基金を設けることもできます。創造力を働かせて、その人に合った方法を考えましょう。しかし、組織の使命と一致しない条件がつくもの、あなたが好きになれないものを作るような寄付は決して受けとってはいけません。

　寄付を受けとったら、寄付者がそれをどのように表彰してほしいのか確認してください。誰もが寄付について世界中に知ってもらいたいわけではない一方、匿名希望の寄付者でも注目はされたいものです。公表に寛容な人なら、地元の新聞社に寄付者が小切手をわたしているところの写真を送り、板や建物に名前を彫り、ニュースレターで感謝を述べ、彼らの名前をメーリングリストに入れることもできますが、まずは

自然は自然のままに

先方の考えを尋ねてみることです。また、次にお金が必要になる時まで、寄付者のことを忘れていてはいけません。寄付が決まった面会の後には、心からの感謝の言葉を添えて契約書を送ります。感謝して感謝して、つながりを保てば、また寄付してくれるかもしれません。

申し出を断られたら、何に対してノーなのか丁重にその人の懸念に耳を傾け、それまでの貢献に対して感謝を述べ、これからも新しい事業について情報を送ると伝えましょう。

資金調達に関する技と術を学びましょう。NPO法人にとって、寄付集めに心をくだける人材は欠かすことができません。高額の寄付には、寄付者の気分を良くするという利点もあり、また、世の中に自分の軌跡を残したいという希望を叶えるわけですから、素晴らしいことでもあるのですが。

資金調達計画を作ると、将来のパトロンのターゲットは誰か、どのようにアプローチをしたらよいかがはっきりしてきます。コミュニティ内で、他団体に寄付をした実績のある個人や団体を調べてみましょう。彼らの名前は地元の資金情報センターや財団の名簿、図書館やコミュニティセンター、病院などの壁に貼られた刻板からわかります。

また、誰が誰にアプローチし、それぞれ何を頼んでいるか、地元のニュースやメディアなどの広報や会員募集、資金調達、企業への助成金の懇請、個人の寄付、学校の学外支援活動などの情報を共有しておきます。一般的に、駆け出しのネイチャーセンターは、それほど組織的ではなく、そもそも、ネイチャーセンターを作ろうという人たちは、クリエイティヴな右脳人間で、実践的で系統だったものの見方をしない人が多く、組織的なプランニングの経験をもつ経営の専門家の助けを必要としています。

ネイチャーセンター理事協会は、資金調達の戦略やマーケティングプラン、開発プランなどについて最も優れた情報源です。

非営利団体は資金の約85%を毎年の個人からの寄付や寄贈によってまかなってお

り、残りは助成や企業、遺産という形で援助を受けています。資金は複数の支援先から調達すべきで、一つの団体に依存し、突然の資金の打ち切りがセンターを閉鎖の危機に追いやる可能性を避けなければなりません。

　ネイチャーセンターでは、まずプログラムの参加費や会費を通して資金を集めます。ニュースレターは会員とのつながりを保ち、新しい会員を呼びこむものです。ある調査結果によると、最も効果的な勧誘の方法は、一人ひとりに直接会って行うもので、電話での勧誘の効果はその半分ほどとなり、つづいて個人宛に手紙を出す、テレソン（基金募集のためなどの長時間テレビ番組）と続きます。最も効果が薄いのはダイレクトメールだということです。とりあえず、すべてやってみることです。

　高額の寄付者で構成する「寄付者クラブ」は、資金集めの方法としてよくあるやり方です。それには、目星をつけたターゲット──多額の寄付をする力があり、金銭的援助に関心をもっている可能性のある個人──にアプローチし、コンタクトをとりつづけることが必要です。たとえば、多額の寄付に対して、礼状を送る、個別に電話する、特別な会議や名誉顧問会議、非公開の視察会、特別なディナー、マスコミを呼んだイベントなどへ招待したり、アドバイスを求めたりといったことをします。クラブを組織するには、年間ある一定の金額を寄付してもらうためのプランを用意します。支払いは一括でも、分割でもいいでしょう。寄付の金額に応じたクラブを作っているセンターもあります。昼食会や夕食会、セミナー、特別パーティーなどは、関心のある人を集め、寄付を継続する気持ちをもちつづけてもらえる良い機会となります。ニュースレターやメディアなどで寄付者についての報告もいいですが、彼ら自身の意向を確認してください。というのも、他の団体からの勧誘を呼びこむ可能性もあるために名前を公表したくない人や、謙虚な人もいるからです。

気持ちを込めて申請書を書く技術

　企業や行政、財団などに助成金を申請する場合、プログラムを提案し、その必要性を理解してもらう技術が必要となります。文才に恵まれたボランティアや理事がいると心強いですね。心からの言葉で書かれ、先方の関係者を知っている人物からの紹介状を添えて提出された申請書が最良です。

　一番良い方法は、試行錯誤をくり返すことです。そもそも、プロジェクトを把握し

コロラド川下流公社がボルン市とシボロ自然友の会にネイチャーセンター建設にあてる助成金を提供した

ているのはあなたですし、熱意をもっているのも、質問に応えられるのもあなたなのです。比較的規模の大きな自治体には、基金についての情報センターがあり、非営利団体を支援してくれています。その他のお役立ち情報は、巻末の文献リスト（*Successful Fund-Raising* と *The Simple Act of Planting a Tree*）を参照してください。

　申請書を書く前に、先方に問い合わせの手紙を書くか、電話をし、自分たちの目的にあった助成事業があるかどうか、また、決められた様式の有無について確認しましょう。一般的に申請書には以下の項目を書きます。

1. 概要または要約：申請するプロジェクトの特徴、目的、必要な費用と期間を示す
2. 団体紹介：団体の能力や信頼度を記述する
3. 必要性：プロジェクトが必要な理由や他団体ではそのニーズをカバーできないことを主張する
4. 目標：一定期間内に得られるプロジェクトの成果を明記する。通常、主なニーズを満たすことが目標となる。
5. 方法：どうやって目標が達成されるかを説明する。それぞれの目標を達成する手順が示されなければいけません。
6. 評価：組織と資金元に対して、プロジェクトが一定期間内で目標を達成したことを知る手段を詳しく述べる
7. 将来または他に必要な資金：助成終了後に継続して予定している計画や、プロジェクトを達成するために必要な他の利用できうる資金について記述する。
8. 費用と予算：プロジェクトにかかると想定される費用の概要を示す。年間予算と、おそらく3年間の予算計画が要求されます。
9. 「人は人に与える」：資金提供者と個人的に接触することをお勧めします。誰の知り合いを得るかは重要で、プロジェクトが成立するか否かは、人間関係によるものです。

地元の自治体からの支援

　市役所などの行政組織へ請願をしてみると、政治を学ぶ良い機会になります。行政の中には、あなたのプロジェクトの真価を理解できる人がたくさんいますから、なんとか資金を得る方法を見つけてくれるでしょう。税金を使うというのは大変なことなんです。でも、多くの政治家や市民がネイチャーセンターを高く評価しています。資金獲得に必要なのは啓蒙と忍耐力です。政治家や公務員との交渉には、敬意と忍耐、そしてユーモアが大切です。行政は通常、年度予算で運営されているので、PR活動はタイミングを考えて、できれば半年前から始めたほうがいいでしょう。

　多くのネイチャーセンターは、行政の資金援助以前に、何年もかけてコミュニティに支援の輪をひろげ、発展していくものです。行政からの支援の獲得は、人と人とのつながりから生まれてきます。プロジェクトを気に入ってくれる人物を見つけ、活動に引き入れましょう。これは、種を植えるようなものです。もし、急なことで、人間関係を作る時間がない場合でも、手紙や署名、公聴会などでコミュニティの支持を提出すれば、地元の有力者を説得できるかもしれません。

他の優れたアイディア

　ネイチャーセンターに土地の寄付を申し出る人もいるでしょう。その人はネイチャーセンターへの関心も高く、運営資金の提供も考えてくれるかもしれません。あるいは、税制上も有利で、寄付者の存命中は土地を利用できるような契約に関心をもつ人もいます（*Preserving Family Land* 参照）。

　公益法人ウィルダネス・センターのゴードン・T・マウピン氏によれば、不動産の寄付は「複雑で解決困難な問題」ともなりうると言います（詳しくは *Diredtion*, no. 3）。法的な規制、寄贈者の要望、建造物の問題点など、さまざまな負担が考えられます。とにかく、専門家に相談しましょう。拙速に寄贈を受けてしまうと、思いも寄らない問題をかかえることになりかねません。例えば、敷地内のガス・電気・水道、使用するうえでの規制や税、委託やその複雑さなどなど。とはいえ、その土地があなたの組織の大切な財産になるかもしれません。よく検討してください。また、正式な寄

贈ではない土地の提供には、少なからずリスクがあるものです。心を広く、かつ賢明に。でも、土地の獲得には方針を立てておいたほうが良いでしょう。

　資金獲得の手段としては、パーティーやサマーキャンプ、宿泊プログラム、カヌーの旅、ワークショップ、戸別訪問、給与からの控除、記念行事、遺言による寄贈、年金の慈善贈与、チャリタブル・リメインダー・トラスト（寄付者の死後、土地がセンターに寄贈されるという寄付）、慈善先取特権トラスト（一定期間、センターが土地や株を使えるという寄付）、有価証券の寄付（たとえロックコンサートのチケットであっても可）などさまざまです。金融の専門家に相談してみましょう。資金調達の基本は、関係を作り信頼を築くことです。カギは根気と持続力、そして我慢です。

　州政府の関連部局や民有地の保護区、公園、学区、大学、財団、企業、そして個人——どのようなところにでも働きかけてみましょう。あなたの夢は、あなた自身のやる気と粘り強さによって実現するものです。

　ミネソタ州にある5つのネイチャーセンターの革新的な取り組みでは、州全土で活用できるような環境教育システムを開発するための資金調達を共同で行っています。これによって、センター間で競争することなく、協力して資金調達に取り組むことができます。詳細はグリーンプリント評議会へ。

　ネイチャーセンターは増える傾向にあります。市民がネイチャーセンターの価値に気づけば、時として隣接地を遺贈や売却によって手に入れられることもあります。ミシガン州ミッドランドのチッペワ・ネイチャーセンターは1966年に1ヘクタールたらずの土地でスタートしましたが、今では敷地面積が360ヘクタール、会員1500人、年間運営費70万ドル（約5,600万円）にもなっています。初めに用意した元手や助成金など、スタートダッシュのために手に入れた資金はいずれなくなってしまうものです。また、不景気の時には、地元から支えてもらうためにもネイチャーセンターの会員数を増やすことがより大切となります。ある政党や1つの資金源に頼っているネイチャーセンターの基盤は脆弱なもので、多様な資金源を確保することが賢い方法です。例外もありますが、ほとんどのセンターでは活動を続けていくために資金調達の働きかけを続けなければなりません。

　調査の返答のなかには、どんな資金を受けとるか、気をつけなければいけないと指摘する理事もいました。資金に多くの制約が伴っていたり、書類の提出を義務づけられたり、趣旨とは違うことを強いられるかもしれません。助成金や財源についての書

類は細かなところまで目を通し、必要条件について把握しておくように。多額の助成金を得て建物を入手しても、管理や職員配備などの維持費にあてる資金がない場合があります。大勢の会員がいればいいですが、小さなコミュニティでは無理かもしれません。私たちが訪れた施設のなかには、プロジェクトの進捗が身の丈をこえてしまい、もはや一般に公開されていないところもありました。例えば、動物ふれあい体験施設には動物がおらず廃墟となっていました。というのも、最初に手に入れた助成金は「レンガとモルタル」の購入に限られており、理事会は運営費は後からついてくるだろうとあてこんでいたのです。慎重に検討しましょう。

　非常に熱心であっても、少人数のグループによって運営されるネイチャーセンターは、周りのコミュニティを巻きこむのが難しく、あきらかに弱点をもっているといえるでしょう。コミュニティに根ざし、多様で広範囲の市民から支持されるセンターは、難局を乗り越える可能性が高く、確実にしっかりと成長するものです。

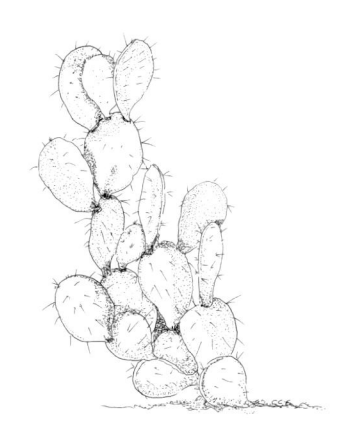

第 12 章　土地の管理

ブラックストーン・
リバー・バレー

「私たちは知っている。大地は、人間に属しているのではなく、人間が大地に属しているのだということを。……だから、もし、私たちが土地を売ることになったら、私たちが愛したように土地を愛してほしい。私たちが大切にしたように、大切にしてほしい。その土地がどのような姿をしていたか、譲り受けた時の記憶を大切にしておいてほしい。全力で、知識の限り、心の限りを尽くして、子どもたちのために土地を守り、愛しなさい。……神が私たち人間一人ひとりを愛してくださるように。」
　　　　　　　　　　──スワミシ族の酋長、チーフ・シアトルの言葉。
　　　　　　　　　　1854年にフランクリン・ピアス大統領に宛てた手紙から

　一度、土地があなたに委ねられたら、その場所に対して、会員に対して、そして未来の世代に対して責任を負うことになります。法律問題についても注意し、ある土地が法的な問題のために使用できなくなるというような事態にならないようにすべきです。土地の授受について、理事会で明確な方針を設け、組織で取り組む仕組みを作っておく必要があります。できるだけ早く、地元の不動産制度に詳しい理事を確保しましょう。
　土地の現況によって、管理の方法が決まってきます。深刻な被害を受けている土地は、新しく土壌を入れたり、木を植えたりして、回復（rehabilitate）させる必要があ

ります。それほどでもない場合は、その土地にゆかりのある種を幾種類か持ちこむことで再生（reclaim）することができます。土地を完全に復元（restore）するには、土壌が無傷のままでなければならず、外来種の駆除や広範囲にわたる植樹、在来種に類似した樹種の導入が行われることになります。（*Enviromental Restoration* 参照）

プロジェクトが始まった時から、保護について心に留めていなければなりません。ネイチャーセンターによってその生態系は非常に多様で、それぞれのプロジェクトに関する保護基準を設けるのは不可能です。参考書として『*Full Circle*』、『*The Earth Manual*』の2冊をお勧めします。多くの生態学者は、特定の生息地や一生態系の研究に生涯を費やすものです。よってこの章では、ネイチャーセンターの敷地管理について、基本的かつ一般的な注意点について考えてみます。

土地を保護することと、皆に楽しんでもらうために公開することとの間で微妙なバランスをとる必要があります。敷地内に水辺があったら、人は必ずそこへ行く道を探しだすもので、歩道を整備しなければ、自分たちで作ってしまいます。水は、何といっても楽しいのです。

安全は、極めて重要な検討事項です。ネイチャーセンターは「魅力的な危険」をはらんでおり、それに対する注意をはっきりと伝え、適切な対応をしなければなりません。危険な箇所の例としては、魅力的な小川に見えて、かぶれるウルシがはびこっているところや崖沿いの狭いトレイルやすべりやすい歩道、ビジターセンターの壁にできたハチの巣などがあげられます。人は好奇心をそそられ、一つのことに夢中になると、適切な判断が欠けてしまうことがあります。ですから、さまざまな点に留意しながら冒険を提供し、危険箇所には警告板などを設置して適切な警告をしましょう（Signs, Trails, and Wayside Exhibits）。

第一段階

私たちからの基本的なアドバイスは、手を加えることは控えめにし、いろいろなアドバイスをもらいながら、慎重に、あなたの小さな楽園にふさわしい管理法を身につけていくことです。実際の管理の方針作りは、プロジェクトを思いついた時から始まっているのです。

シボロ自然友の会ニュース
1994年9月　フィールドノートから

　最近のことです。私は沼地の中に立ちつくし、残された最後の水たまりを見ていました。うろたえた動物たちの足跡が、乾いた大地に模様を刻んでいました。水が地中深くに浸透してしまい、アオサギやカメ、アライグマたちのオアシスがなくなったら、どんなに喪失感を感じるだろうと想像しました。訓練中のトレイルガイドたちに、私は沼地の自然のサイクルについて語りました。湿っている時もあれば、乾燥する時もあるのです。それは自然なことなのです。子どもたちがトレイルにやってきたとき、指を浸し、網やトレーを入れる水が見つからなくても、それでいいのです。湿地が干上がり、旱魃を実感できる場所なのですから。緑の芝に囲まれた住宅街に住み、水道から水が出つづけていたら、どうやって旱魃を実感することができるでしょう？　どうやって地下水位が低くなったことを推測できるでしょう？

　以前は透き通った水に囲まれ、今は乾燥した大地にたたずむこの木道に立ち、私は骨に、そして心に滲みるように旱魃を感じました。静かに雨が降るよう願い、祈るように空を見上げると、その乾いた透明な青さに何か落ち着かない気持ちがしました。

　しかし、私は気持ちが折れないよう科学的な説明に徹することにし、6年生の子どもたちが干上がった沼地にやってきても大丈夫だと、自分に言い聞かせたのでした。周囲にはまだ不思議なことがたくさんあり、子どもたちは必ず何かを学ぶはずです。どうして大地から水をポンプで吸い上げると、池や小川、湿地の水が少なくなるかといったことも説明することもできます。あるいは、生徒たちにもっと水を大切にし、水に関心を持つようにと説得することもできます。とてもよい活動になりそうな気がしてきました。

　次の朝は暗く、太陽が地平線の向こうで躊躇しているかのようでした。空気は湿り、希望が感じられました。猛烈などしゃ降りの雨で、6年生の子どもたちのために準備していたプランがすべておじゃんになりましたが、落胆しなかったことを白状しましょう。最初の雨は湿地の一部を潤すだけでしたが、今や美しい晴天続きは終わったようで、湿地には水がふたたび溢れるようになりました。空は広く、渦巻く雲が色とりどりの層になって浮かんでいます。私は雨のめぐみを讃え、世の中はすべて平穏無事なようです。　──キャロリン・チップマン-エヴァンズ

1. ある場所に惚れこむ、またはその可能性に気づく。
2. 中に入って散歩する許可を得る。
3. ナチュラリストを誘い、一緒に歩きながら、どんなタイプの生息地なのか、その土地固有の植物や動物について尋ねてみます。将来、公園を予定している場所の現状や健康状態、問題点、可能性について質問しましょう。どんな環境も深く理解するには何年もかかるものですから、あらゆる情報源や相談にのってくれる専門家をあたりましょう。
4. 土地管理に体系的に取り組むには、ネイチャーセンターの敷地内の植生と生息する動物の調査が必要です。作業は複雑ですが、地元の大学や野生生物管理のコンサルタント、公園局や野生生物局、地方自治体、土壌保護管理局などに働きかけるとよいでしょう。早い段階で行わないと、知らないうちに希少な生物種を絶滅させることになりかねません。
5. 特定の種の拡散保護について、地域の生態系に大きなダメージを与えることがないかよく検討しましょう。(例えば「原生」エリアを復元するために大量の除草剤を撒くことをアドバイスされたら、よくよく考えましょう。得るものよりも多くを失う可能性もあるのです。) 地元の生物学教師や、農家、農業関係のアドバイザー、シエラクラブの会員、野鳥の会、狩猟動物の監視員、ナチュラリストなどに相談しましょう。協賛者を求めて、タウンページで土地計画局、ランドスケープデザイナー、土建業者、そして牧場管理業者や野生生物管理業者なども調べてみましょう。
6. 地球科学や生態学、野生生物管理学、地理学などの専攻をもつ地元の大学や専門学校へ行き、初期調査を手伝ってくれる人、論文プロジェクトがないかなど、地元のサポートを探してみましょう。
7. 時間をかけて土地管理計画を練ること。異なった視点をもった多くの専門家と話をしましょう。そうすることで、自らの見識をまとめられるだけの充分な情報を得ることができます。生物多様性、とりわけ固有種の多様性を重視することは、初期の課題です。
8. 自然は絶えず変化しています。一度立てた計画がいつまでも有効だと期待しないように。嵐や洪水、旱魃、野火、異常繁殖、害虫や病害、枯死、そして避けられない人間の侵入も、自然現象の一部なのです。ジョン・レノンの曲を思い

出してください。「人生とは、他の計画に忙しくしている間に起こることなんだ。」
9. 敷地内の生息地の環境がわかったら、どのように保護したらよいか、どの辺りが壊れやすいか、そして人間が入ることで計画地をどのように変えてしまうかなどについて理解できるようになります。（例えば、人々がエンジン音やラジオを響かせながら自動車でやってくれば、巣ごもり中の鳥や動物たちにとって騒音となるかもしれないことについて配慮していますか？）
10. ハイインパクト・エリア／ローインパクト・エリアという観点で考えてみましょう。大きなインパクトを受けるのは、自動車の往来に近いところや駐車場、それにトイレやピクニックエリアの近くでしょう。子どもも大人も遊べるような場所を確保することを忘れないでください。
11. 土地の管理には、来訪者に守ってもらうルールについて、深く考慮することが必要となります。たとえば、来訪者に決まった道を通らせるといった課題は、よく考え抜かれたトレイル設計と施工によって解決できます（後述の「トレイル建設とトレイル・エチケット」の項目参照）。でも、さまざまな来訪者がおり、それぞれ違った対応を求めてきますが、皆が求めるものすべてを実現することはできません。テーブルやゴミ箱、定期的なゴミの回収を実現できますか？

　　狩猟や釣り、岩石収集、ペットの同伴、CDラジカセなどの持ちこみ、四輪駆動車やバイク、自転車の乗り入れ、水泳、ロッククライミング、薪の伐採、キャンプ、たき火、粗大ゴミの投棄などはどうしますか？　ルールの掲示は不可欠です。人生のほとんどを室内で暮らしている人々の常識は、自然環境の中ではあまり常識的ではないですから。
12. 土地管理計画において考慮すべき野生生物の問題には以下のことが考えられます。
    a. 野生生物の管理についてどのような地域特有の規制があるか？
    b. 固有種の生息環境を守り、改善していくためには何をしたらいいか？（例えば野焼きなど）
    c. 地域に導入すべき野生生物はあるか、それは何？
    d. 野生生物の生息数や課題、およびその方策といった、その地域の種の置かれている状況についての最新の検証は？

自然を育む

　自然保護の思想にはさまざまな流派があります。「ネイティヴ」な植物について厳格な人々もいます。コロンブス以前の生物種のみにすべきだという人々もいます。一方、自然は絶えず盛衰をくり返しており、外来種も、共存する限りは問題ないと考える人もいます。誰もが意見をもっているもので、あなたも自分の意見をもつようになるでしょう。

　何よりも、その景観に惚れこんだ時の魔法の感覚を忘れないように、その感覚を損なうものから守りましょう。表面上は合理的な土地管理でも、美的にはぞっとするようなこともあります。生物種や生態系だけでなく、最初にあなたの心に触れた不思議さや美しさをも守らなければなりません。

自然を育む

　野生生物には、水と食料、隠れ場所、安全な場所を提供する生息地が必要です。生息地というのは、生物が相互に依存している複雑なシステムです。1つの生態系に住まう生命体の基本は、土と水、大気の相互作用によっており、それは多様な食物連鎖の基本的要素である無数の微生物を育んでいます。土地管理者が、生息地を改善しようとする過程で良かれと思ってしたことが、少なからぬダメージを与えてしまうこともあります。問題を解決しようと外来種を導入すれば、移入した種がより深刻な問題を引き起こすことになりかねません。生息地の改良とは、その土地固有の植物や動物の数が徐々に増加するように、水や食料、隠れ場所、安全な場所をうまく組み合わせることです。

　ネイチャーセンター運営の初心者は、多くの市民が野生生物に触あえる機会を作ろうとして、不適切な方法をとることがあります。例えば、地元住民に、捕獲したアラ

イグマをネイチャーセンターの敷地内に放すように言うなど、もってのほかです。アライグマはすぐに生息数過多になり、鳥の巣作りの場所を攻撃し、自然界を不安定にしてしまいます。適切な土地管理をすれば、生態系を傷つけることなく、やってくる人々に野生生物を観察してもらうことができるのです。

　今は絶版になっている全米オーデュボン協会の出版物（Wildlife Habitat Improvement）は、ネイチャーセンターに3種類のゾーンを作ることを提案しています。集中的に教育活動に利用するエリア、管理実践エリア、原生自然エリアの3種で、それぞれのエリアは目的に合わせて、以下のような異なった管理方法をとる必要があります。

教育活動エリア
　教育活動エリアは、教師や生徒、一般市民が、ナチュラリストの体系的指導を受けられるようにデザインされています。野生生物について学びに来たグループを収容できる円形広場などがあり、人の影響を最も強く受けます。多くのセンターは、バードフィーダーや巣箱、カエルや魚のいる池、水鳥が使う木やいかだ、噴水や撒水パイプ、潅木を積み上げた山、観察用の隠れ場所、さらには捕獲された動物の生きた展示などといったふれあい体験を提供しやすくするため、自然に手を加えています（野生生物を惹きつける食草を、観察しやすい場所に植えるなど）。

管理実践エリア
　管理実践エリアは市民を啓発するためのもので、野生生物の生息地を広げ、地域の自然環境の質を高める自然管理の技術を教えるところです。湿地の再生、池や沼地の水位管理、餌となる植物、植物の遷移を見せる花壇あるいはベルト地帯、樹木園（固有種を紹介する）、野生生物のためのオープンスペースや塩なめ場、野生動物のための「水飲み場」、人工の巣穴、ツル植物を巻きつかせた柵、低木、樹木、野草展示花壇のほか、草原復元プロジェクト、植林、全滅の危機に瀕した鳥の人工営巣プロジェクトなどがあります。これらのプロジェクトでは、野生生物が好んで食べる種や果実をたくさん実らせる、野生生物にとって価値ある樹木がよく植えられます。以下では、お勧めの野生生物管理を紹介し、土地管理がひらく可能性を紹介します。具体的な実践には、地域の専門家のアドバイスを聞いてください。

　やぶ木の管理：ある樹種（外来種を含む）を定着・生育、あるいは除去・抑制することで、

野焼きには注意深い計画と消防署の協力、そして熟練の指導者が必要です

特定の野生生物種の餌、あるいは巣づくりや身を隠す場所となるような在来の樹木や低木、草などの生長を助けます。

　放牧地や草原の管理：野生生物に食料や隠れ場所を提供したり、土壌の侵食を防いだりするような草や野草などといった在来種を育てること。できる限り多様な在来種がそろうよう、種は混植して蒔きましょう。

　水辺の管理：ゴミの除去のほか岸辺の植生や土壌を保護することが中心となります。

　森林管理：ある特定の生物種の餌となり、巣作りや隠れ場所となる、好ましい樹種や草などの生長を促進すること。

　湿地の管理：湿地の生物が休息、食餌、営巣できるよう、季節ごとに、または常時水を供給すること。その他にも、浅い沼地や自然のため池となる低地林、雨期にだけ出現する湖、ぬかるみを作ったり、復元したり、管理したりします。

　放牧場の管理：バッファローやウシなどの家畜の群れを放牧・管理しているネイチャーセンターで必要とされます。家畜の放牧は、食料や隠れ場所を増やし、特定の動物の生息地を改善する方向に変わってきています。

　野焼き：生息地や植物の多様性を改善するために計画的に火を放つことで、食料や隠れ場所や特定の種の生息地を改善するために行われます。地元の自然資源管理局や州立公園、野生生物局、消防署などが野焼きの方法を知っているでしょう。

　重要な種の生息地保護：絶滅危惧種や希少種のための生息地を提供すること。営巣地や餌場、その他生息地に必要な環境を金網で囲ったり、植生管理や野焼きを行ったり、監視を毎年行ったりして保護します。

　在来種、外来種、野生化した種の管理：在来、外来を問わず、野生生物（シカやブタなど）による新芽の摂取や放牧をコントロールし、好ましい植物の過剰消費を防ぎ、在来の動物のための生息地や植物の多様性を改善すること。

野生生物の復元：特定の種の生息地を改善し、生息地の収容力に合わせて在来種を再導入して管理します。

　土壌侵食の抑制：池の造成、側溝の浚渫、小川の法面や池、湿地の植生復元、原産種の定着、水路の迂回、堤防や土手の建設などを通して土壌侵食を軽減します。

　補食動物の管理：被害を受けやすい野生生物を絶滅から防ぐために必要なことがあります。野生化したネコやイヌ、野生の肉食動物、鳥、アリ（fire ants）〔刺されると焼けるような痛みを感じる雑食性のアリの総称〕などです。

> **叡智へのひと言**
>
> 在来の植物を植えて野生生物に自然な食料を提供するほうが、餌場を用意するより生態学的に健全です。餌場を用意すると、動物は人工的な餌に依存するようになり、悪天候や餌付けする側の不注意によって深刻な食料難に陥ることがあります。バードフィーダーは観察できる場所に設置し、地面は植物でしっかり覆われているべきです。人びとが野生生物を実際に観察できたときに味わう興奮や動物への親しみは非常に価値があるものです。しかし、大型の狩猟動物は人工的な餌付け場所に集まることによって、病気や寄生虫に感染しかねません。あなたの地域での適切な餌付けについてアドバイスをきき、起こりうる問題を回避したうえで「野生生物との出会い」を提供しましょう。

　水場の設置：沼地や湿地の復元や開発、井戸の整備、樋、風車による配水、泉の開発などによって野生生物の生息数を増やします。

　えさ場の設置：やはり、野生生物の生息数を増やすために、食餌エリア（少なくとも公園の面積の一割以上の広さ）や食料やミネラル補充のためのえさ箱を設置し、牧草育生地や古い草原、自然区域近くの耕作地の管理を行います。

　シェルターの設置：新たな植生とその維持、あるいは人工的な建造物によって天候から身を守るシェルター、営巣・繁殖地、または天敵から逃れる場所を作ります。適切に管理された生息地は野生生物にとって最適な隠れ場所となります。以下の実践は、新たなシェルターの作り方です。

・巣箱の設置
・伐採を繰り返し潅木を積み重ねておく
・フェンスで仕切る
・樹木や低木の剪定
・木質植物や低木を定着させる
・自然のうろや倒木を活用する

プランニングには GIS と地図作成の専門技術が不可欠となります

　個体数調査：定期的な観察やデータ分析によって、生息数や群れの構成、その他の情報を判定し、現行の管理方法が特定の野生生物種に適したものであるかどうかを評価するために行います。定点計測や航空機からの計測、日中の群れ構成の計測、データ集積、記録の保管、若芽食痕調査、補食動物や絶滅危惧種・保護種などのモニタリングなどによって行われます。サイバー・トラッキングは、コンピューター技術とGIS（地理情報システム）とナチュラリストによる現地調査を組み合わせたもので、携帯端末を活用することができます。

原生自然エリア

　自然のままの区域の管理は、通常最小限に抑え、来訪者が自然のままの姿を鑑賞できるようにします。とはいえ、これまであげたような管理技術が、生息地を保存し保護するために使えることもあります。この区域で優先されるのは、来訪者による影響を最小限に抑えることと、生息地の自然の特徴を最大限に生かすことです。ですから、泉や湧水のある場所は手を入れることなく、枯れ葉や落ち葉も、小さな生き物の巣作りのためにそのまま残されます。砂や小石は、広場や歩道、人の往来の多いところの侵食を防ぐために使います。生物学的に自然な状態に保つことが目標です。

トレイルの建設

　トレイルの建設は、そのものが芸術といえます。トレイルには4つの種類があります。

1. インタープリティブ・トレイル（1マイル〔約1.6キロ〕以下）：生態学的な問題や自然の特徴について、詳しく説明するポイントがあります。

2. ナチュラル・トレイル（2マイル以下）：利用者自身のペースで、興味深いまたは珍しい特徴について、歩きながら学ぶ機会を作ります。
3. ハイキング・トレイル（2マイル以上）：長い距離を歩く体験を提供します。
4. アクセス・トレイル：別の場所への移動、また異なるタイプの施設、例えばレクリエーション広場への通路として使います。

ボランティアには専門家の監督が必要になります

トレイル建設の計画を立てるさい、以下の4つのポイントを頭に入れておいてください。

1. 水は、低地へ流れ、一緒に土を運ぶこと。
2. 人は、土壌侵食を起こす懸念があっても、歩きやすい道を選ぶ傾向があること
3. 今あるトレイルが、将来もベストとは限らない。
4. プロに相談することは、どんなに複雑な建設プロジェクトと同じくらい重要。

トレイル建設について、さらに考慮すべき項目をあげておきます。

1. 土壌侵食の管理：水を脇へそらす技術、段差、水はけ用の土管、通行量の多いところや障害者が通れるように改良を加えた舗装など。
2. 解説ポイント：魅力のある自然を破壊したり過剰に開発したりせずに、訪れた人を自然に招き入れ、啓蒙します。
3. 自然が壊れやすい区域：立ち入りをとどまらせる柵や標識を設置。
4. 橋と木道：安全性と利用しやすさ、機能性を考慮した専門家のデザインで。
5. 休憩場所：美的な魅力を損なうことなく、同時に衛生面の規定や利用のしやすさ、安全性を満たすため、専門家による設計を強く薦めます。
6. 標識：教育的価値や耐久性、明晰さ、そして簡潔であること。
7. メンテナンス：お金と時間が継続してかかります。

破壊行為は、すみやかな修復によって最小限に抑えられ、　ロラドタフト・フィールドキャンパス
追随行為も止められます。

8. 破壊行為：駐車場付近は通常、最も大きくダメージを受けます。公道や他の施設からの道路が、自然に関心のない人を引き寄せることもあり、インタープリティブな展示物は、しばしば標的とされます。迅速な清掃と修理によって、追随者を止めることができます。
9. ゴミの投棄：駐車場付近や車道には、大量のゴミが投棄されます。頻繁に清掃することで、投棄されるゴミの量を減らせます。ピクニックでは必ずゴミが出、ゴミ箱を設置すると土壌侵食の原因となるゴミ収集車が必要となるので、トレイル沿いでのピクニックは勧めないように。
10. 立ち寄り場所：高速道路に一定間隔で休憩エリアがあるように、どんな長さのトレイルにも休憩所が必要です。そのための場所が指定されていなければ、ハイカーたちはトレイルの中央に座り、通行の妨げになることもあります。また露出した岩や丈夫な場所だけでなく、植物の生えたところや破壊されやすいところを利用するかもしれません。ベンチなどがあれば、彼らはまっすぐ休憩所へ導かれます。

トレイル利用のエチケット

　タンザニアのマンヤラ国立公園の入り口で、来訪者は次のような標識に出会います。

誰にも言わせてはいけない
そしてあなた自身の羞恥心に言い聞かせ
なさい
ここのすべてが美しかった
あなたが来る前までは、と

エルムフォーク自然保護区にて

　あなたが提示するルールやエチケットは、公園と利用者を保護するためのものであり、あなたからのメッセージでもあります。ルールは明確かつ前向きに。そして必要に応じて説明を加えてください。以下のメッセージは、ネイチャーセンターの標識で典型的なものです。

「歩道を通ってください（壊れやすい生息地です）」
「近道は土壌侵食を招きます——トレイルを歩いてください」
「生態系を乱さないでください」
「犬は常時、リードにつないでください」
「野生生物の餌付けは、彼らが生き延びるために必要な習性をだめにします」
「野生生物は感染病を媒介し、しかも噛みつきます！」
「水泳禁止。ワニに餌を与えないこと！」
「どうか、とるのは写真だけにして、足跡だけ残してください」
「野生生物の妨害をしないでください」
「火気厳禁！」
「自然の音より大きな音をたてないようにしてください」

多目的トレイルには、以下のような標識が適切です。

「ハイカーのみなさん、車椅子や自転車をご利用の方、自動車を運転されている方へ。乗馬中の方を優先してお通しください（おびえやすい馬がいることがあります）」
「乗馬されている方へ。自動車や自転車、ハイカー、車椅子をご利用の方に出会ったら、馬を制止して相手が道を譲るのを待ち、注意して通過してください。馬が慣れない景色や音に驚く可能性があります」

木道は、耐久性や安全性、利用しやすさ、美しさを考慮してデザインされなければいけません

叡智への言葉

馬糞は様々な草の種を含んでいることがあります。もし、あなたが在来の植物の復元を試み、無差別に種が蒔かれることを懸念しているなら、乗馬は制限しなければいけないかもしれません。

　子どもたちには、おばあさんの家を訪ねたつもりで、と伝えます。「おばあさんの家の庭に咲いているバラの木を引っこ抜いたりしないでしょう？」他には、看板も役立ちます。「ここは野生の生き物が暮らしているところで、私たちはお客さんです。あなたが出会った時より、自然を少しでもよくして帰りましょう。ゴミを拾い、この場所を永遠に自然のままに保つのを手伝ってください。」

　（「自然に及ぼす影響を最小限に抑える」技術と態度について詳細は、*Soft Paths* 参照。）

第13章　プランニング——夢を実現するために

エルムフォーク自然保護区

> 私たちは、どのような決まり事を話し合う時も、私たちがくだす決定が7世代先の子孫、大地の中にいてまだ見ぬその面々に影響することを念頭においておかなければならない。
> ——6つの部族の法 イロコイ族連合

　プロジェクトが発展するにつれ、マスタープランが必要性になります。駆け出しのネイチャーセンターや、これから多大な寄付金や助成金の申請をしようという組織にとって、これは重要な課題です。やる気や創造力、活力に満ちたネイチャーセンターのパイオニアにとって、マスタープランを書くことは億劫なことかもしれません。でも、恐れるなかれ！ 魔法のごとく適任のボランティアが現れ、喜んでその役割を担ってくれることでしょう。誠実にふるまっていれば、あなたのアイディアを明確な言葉に置き換え、目標や目的、事例などを示せる人が現れるものです。

　行政や財団、民間の寄付者、会員、来訪者は、誰もが完成像を知りたいものです。会員が増えれば、皆が力を合わせるために一定の方向性や目的意識が必要になります。マスタープランがないと、例えば、あるグループが円形劇場を作りたいと考えている場所に別のグループが野草を植えてしまうというようなことになりかねません。行政とパートナーシップを組む場合、マスタープランによって、意図を同じくして協働することができるようになり、互いの摩擦を防ぐことができます。さらに、マスタープランは将来サポーターになるかもしれない人へのPRにもなるのです。

本当の専門家たちの助言を求めることも忘れないように

　マスタープランは、夢そのものです。通常、使命や趣旨、そして以下のようなマネジメントプランの提案で構成されます。インタープリテーションの方法、施設の内容、運営と管理の方針、予算、資金の調達方法、土地管理の方針、マーケティングプランなど。また。提案するネイチャーセンターの地図を用意し、敷地の構成、現状および予定施設を説明文とともに示します。現存するすべての施設の配置、計画されているトレイル、建物、道路、駐車場、施設、展示物、破壊されやすいエリアや関心を引きやすいポイント、ガス・電気・水道などのライフライン、川の流域、危険な場所などを入れてください。建築士が無料で地図を制作してくれることもあります。というのも、最終的には彼らにビジネスをもたすことになりますから。

マスタープラン（基本計画）を作成する

　最初の一歩は、使命達成のための目標と戦略を決定することです。現況にもっとも適した方法を決めれば、施設やトレイルの計画も出来てくることでしょう。
　この段階で、経験豊富なネイチャーセンターの運営主任やネイチャーセンター理事協会からアドバイスを受けることを強くお勧めします。個人のコンサルタントは費用が高くつく可能性がありますが、潤沢な資金援助があれば、それも良い使い方です。
　ネイチャーセンターというものは、私たちの施設がそうだったように創立時は貧しいものです。私たちはプロのコンサルタントを雇うどころか、標識を買ったりニュースレターを出したりするための資金もありませんでした。あらゆる資金提供を頼んだ結果、徐々に標識も購入でき、ニュースレターの費用をまかなえるようになりました。ビジネス感覚をもった寄付者であれば、初期のコンサルティングの価値を理解し、プロジェクトの成功を見こんで資金を寄付してくれることでしょう。専門家の助言を積

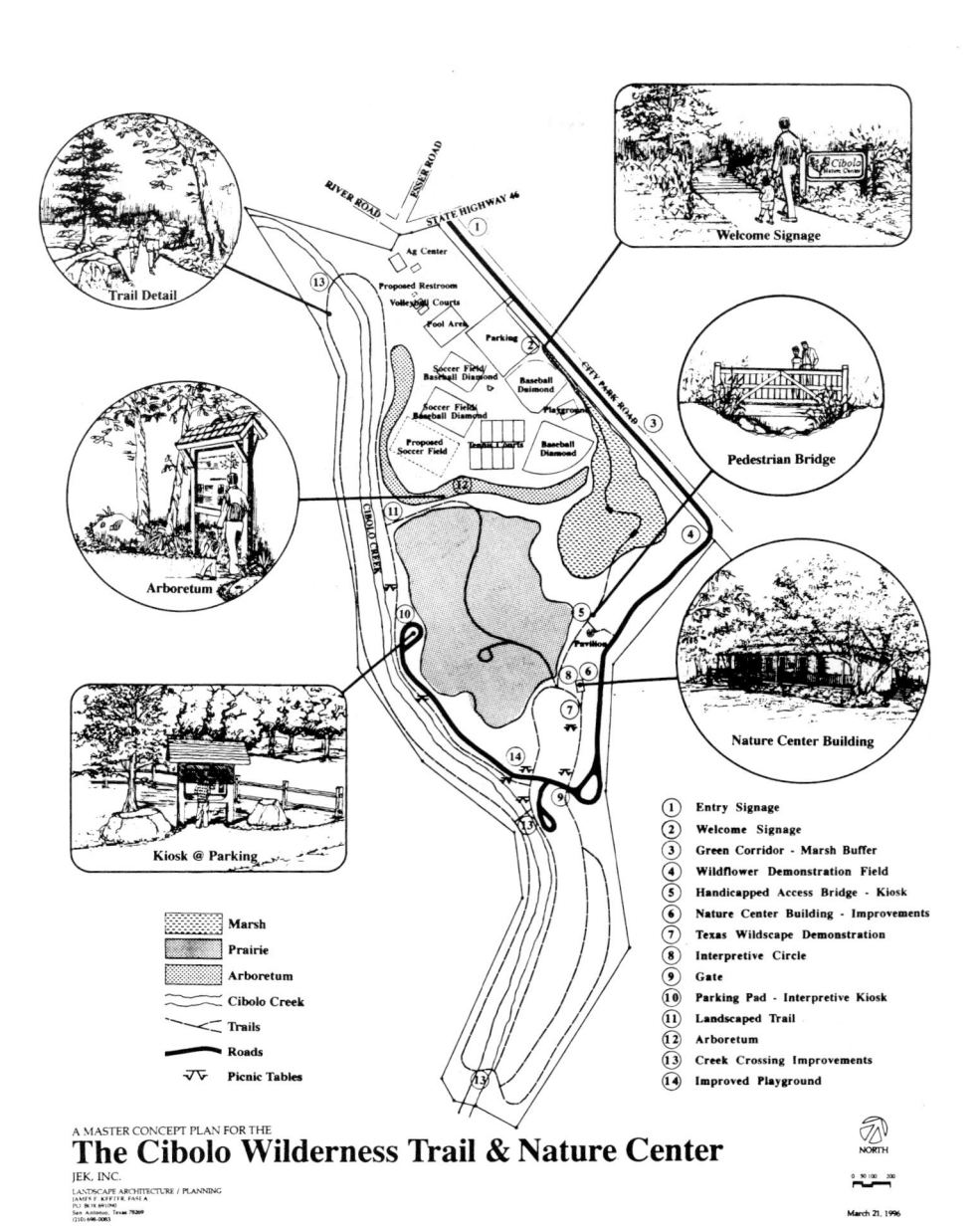

第13章 プランニング——夢を実現するために 257

- Marsh
- Prairie
- Arboretum
- Cibolo Creek
- Trails
- Roads
- Picnic Tables

① Entry Signage
② Welcome Signage
③ Green Corridor - Marsh Buffer
④ Wildflower Demonstration Field
⑤ Handicapped Access Bridge - Kiosk
⑥ Nature Center Building - Improvements
⑦ Texas Wildscape Demonstration
⑧ Interpretive Circle
⑨ Gate
⑩ Parking Pad - Interpretive Kiosk
⑪ Landscaped Trail
⑫ Arboretum
⑬ Creek Crossing Improvements
⑭ Improved Playground

A MASTER CONCEPT PLAN FOR THE
The Cibolo Wilderness Trail & Nature Center
JEK, INC.
LANDSCAPE ARCHITECTURE / PLANNING
JAMES F. KEEFER, FASLA
P.O. BOX 691092
San Antonio, Texas 78269
(210) 696-0083

March 21, 1996

極的に求めることです。コミュニティ意識の高い地元の専門家が無償で相談に乗ってくれることもあります。無料で入手できるものは何でもお願いしましょう。しかし、有償の専門家のほうが、より包括的な助言を得られることが多いものです。資金があるなら、依頼しましょう。助言が気に入らなかったら、却下すればいいのです。助言や援助をしてくれた人には必ず礼状を出すことです。

　地図は、建築家や測量士に書いてもらってもよいでしょう。地元の役所へ、地図を購入したりコピーしたりできるか問い合わせてみましょう。こうした地図に、収集した情報を書きこめば立派なものになります。地図によっては正確でなかったり、古かったりしますから、地図に示された場所はすべて歩き、土地の現状と照らし合わせて確認すべきです。航空写真や地形図は、本格的に建築物やトレイルの場所を計画する時にとても役立ちます。柔軟に対応してください。物事はいつも変化し、新しいアイディアが浮かんだりするものです。

　マスタープランは、他のプロジェクトと同様に、時間とともに進化してゆきます。時には、視点を変える必要も出てきますから、柔軟に対処しましょう。マスタープランには、壮大で多額の費用をかけたプランから、短期的でかなり一般的な予算額のものまであります。例えば、質素なシボロ・ネイチャーセンターのプランは、最終的な建築物の製図以外は完全にボランティアによる労働で、製図の費用は750ドルでした。アイジャム・ネイチャーセンターでは、建築家とランドスケープアーキテクト、そしてインタープリティブな展示プランナーのチームに委託して、マーケット分析とインタープリティブなプラン、土地のマスタープラン、建物のコンセプト、そして室内展示プランを作成しました。そのうえ、5年分の予算、職員構成、利用者計画の見積りについての計画が作られ、プランニングと資金調達キャンペーンのためにコンサルティング・グループが雇われ、1994年10月から1995年6月までの間に3400万ドル（約27億円）が集められたのです。これはもちろん、創立後32年で、年間予算が37万ドル（約3,000万円）で2,000人以上の活動的な会員がいる組織だからできたことです。

　標準的なマスタープランというものはありません。例えば、ミズーリ州ジェファーソン市にあるランジ保護ネイチャーセンターの場合をご紹介します。

Ⅰ．現地に関する情報
　　A．敷地とその周辺の地図

　　　　B. 計画期間とマネージメントの度合い
　　　　C. 背景
　Ⅱ. 拡張プラン
　Ⅲ. 現地の自然資源と管理
　　　　A. 現存する自然資源
　　　　B. これまでの管理とこれからの可能性
　　　　C. 達成目標
　　　　D. 自然資源管理の目的と戦略
　　　　E. 市民の利用とアクセス
　　　　　　1. 対象者
　　　　　　2. 見学会の目標
　　　　　　3. プログラム開発と実施の目標
　　　　　　4. ボランティアの目標
　　　　　　5. プロモーションの目標
　　　　　　6. 評価の目標
　Ⅳ. 実施スケジュールと予算案

アイジャム・ネイチャーセンターの場合。

はじめに
会員制度と推定会員数
会員制度
　　推定会員数
インタープリテーションのコンセプト
　　使命と達成目標
　　コンセプトの概要
　　インタープリテーションの特色
マスタープラン
　　現地の環境アセスメント
　　インタープリテーションで提供する体験

来訪者を迎える場所のデザイン
　　　トレイルやインタープリテーションを実施するポイント
本部機能をになう建物
　　　デザイン基準
　　　空間利用
　　　区画ごとの詳細な説明
展示ホール
　　　室内展示解説

戦略的なプランニング

　戦略プランは長期的な計画で、組織上の課題、マーケティング戦略、PRなどを含みます。マスタープランがどのように達成され、維持されるか、その課程を具体的にするものです。既存のネイチャーセンターに加入する場合は、戦略プランまたは戦略プランを作る予定について尋ねてみましょう。

　戦略プランを立てる際には、理事会で合宿することをお勧めします。1日か2日の間、理事が集中してビジョンづくりやプランニングなど、個別の課題に専念する機会ができます。経験を積んだファシリテーターがいると助かるでしょう。複合施設で合宿し、休憩時間には自然の中を散歩できるとなおよいでしょう。皆が合意できる並外れた目標がみつかれば、大変刺激になります。高い目標をもつことによって、並外れた結果を達成できるのです。

　必要なのは戦略プランのカギとなる以下の問いかけです。

　　　手に入れるべき、また果たすべきことは何か？
　　　経済的に考慮すべきことは何か？
　　　どのようにすれば目的を達成できるか？　どんな課題がともなうか？
　　　任務を実行するのは誰か？　割り当てについて決定するのは誰か？
　　　どのようにして組織に支援をとりつけるのか？
　　　どのようにして任務を成し遂げるのか？
　　　いつ成し遂げるのか？

どのように課題を評価し、完遂したと判断するのか？
これらのことを、なぜ行う必要があるのか？　リスクを上まわる成果があるか？
(Tim Merriman, *Directions*, vol.3 no.3)

戦略プランのステップは以下のとおりです

1. プロセスの準備
    戦略プランを立てることを決定する
    人材を集める
    外部からの援助が必要かどうかを判断する
    適切なプランニングのプロセスを書き出す
    プランニング・チームを編成する
2. 状況分析
    歴史
    使命
    外的な好機や脅威
    強みや弱み
    将来的に重大な問題
3. 戦略
    プランニングの方法を選ぶ
    代替案を探り、評価する
4. 草案とプランの改善
    フォーマットの確認
    最初の草案作成
    プランを推敲する
    プランを改善する
5. 実施
    計画の実施
    実績のモニタリング
    軌道修正する

計画を更新する

私たちは組織結成後すぐに、戦略プランを立てはじめ、計画は今でも進化しつづけています。

シボロ・ネイチャーセンター戦略プラン 1990

使命
シボロ自然友の会は、丘陵地域の生活の質を維持すべく、緑地とレクリエーションに使われる土地の保存に専念します。ボルン市がシボロ・ネイチャーセンターを維持し、拡張しようとする努力を継続的に支援します。

目的
Ⅰ. シボロ・ネイチャーセンターおよび草原やその他のエリアを見つけだし、手に入れた時と同じ状態に維持するという長期的な公約を取りつけること
Ⅱ. シボロ・ウィルダネスでの散策や、研究を基盤とした調査プログラムおよび教育プログラムを開発すること

目的Ⅰの達成目標
1. シボロ・ネイチャーセンターと草原をボルン市が保存するという長期的な公約の制定を求めること
2. 組織の使命と長期目標に賛同する理事会を発展させ、継続すること
3. シボロ・ネイチャーセンターを保護、保全し、その自然を使った教育プログラムを維持するための資金が得られる効果的な支援ネットワークを構築すること
4. ボランティア組織を設立し、拡大すること
5. シボロ湿地を効果的に保全し、樹木や草花を調べ、トレイルについて解説し、必要に応じてアドバイスを提供するため、専門性をもった顧問委員会を結成し組織すること

目的Ⅱの達成目標
1. 地域の学校を対象に、シボロ・ネイチャーセンターを生きた教室として利用するカリキュラムを開発し、現地までの交通については補助金を支給すること
2. シボロ・ネイチャーセンターの自然資源を利用した大学レベルの研究について、調査、開発し、便宜をはかること
3. シボロ・ネイチャーセンターについて解説するために必要となる技術をツアーガイドに教えるトレーニング・プログラムを開発すること
4. シボロ・ネイチャーセンターについての情報プログラムを開発し、一般の意識を高め、コミュニティによる自然保護を推進すること
5. シボロ・ネイチャーセンターでの毎月の教育プログラムとニュースレターの発行を持続させること
6. ネイチャーセンターについてのアイディアやニーズを共有するため、顧問委員会を組織すること
7. シボロ・ネイチャーセンターにネイチャーセンターを建て、情報の展示や教育プログラムを提供すること

方法(活動段階)
目的を達成するため、私たちは以下の方法と段階で進みます。
1. 会費制の会員制度を設け、資金調達活動を行う
2. ボランティア関連に専念するディレクターを調達する
3. シボロ・ネイチャーセンターに寄贈された建物を敷地内に移築し、修復してネイチャーセンターとして整備する
4. 1年を通じて、年齢を問わずおよそ2,000人を対象に36種類の基本的な教育プログラムまたはアクティビティを提供する
5. 学校遠足に出かける2,000人のケンダル郡の生徒を引率する教員の研修やカリキュラムに必要な教材を提供する。
6. ボランティアによるトレイルの補修や改善の監督をする
7. 環境問題に関する情報提供を求める地元のグループのため、一般向けのセミナーを開催する
8. 環境に関する情報センターを設ける

9. ニュースレターや教育的な出版物を発行する
10. コミュニティの支援によって自然区域を保護しているテキサス州、全米、世界各国のコミュニティと交流し、お互いから学ぶ
11. 開発されていない自然な場所を手つかずのままにしておく、包括的な支援を提供するというコンセプトを普及し、ボルン市とその丘陵地帯のような対象地域に管理を担うよう啓蒙する。

すでに運営されているネイチャーセンターには、どのような戦略プランが必要でしょうか？ 1957年に創設されたアールウッド・オーデュボン・ネイチャーセンターには、ネイチャーセンターのほかに、作業体験ができる牧場やトレイルがあります。同センターは、今、先駆者がたいへんな努力をそそぎこんできた夢の実現に集中するときです。アールウッド・オーデュボン・ネイチャーセンターの戦略プランは、以下のような構成になっています。

Ⅰ. アールウッド・オーデュボンセンター＆ファームについて、全般的な理解と支援の仕組みを構築する
  a. ロータリー、ライオンズ・クラブ、商工会議所といった地元の市民組織と連携する
  b. 地元コミュニティのイベントに参加する
Ⅱ. アールウッド友の会で最もその資質を生かせる会員を募集する
  a. 持続的に会員を惹きつける活動をする
  b. 1年に1度会員を惹きつける行事を開催する
  a. アールウッドが満たすことのできる、コミュニティのニーズに関する市場調査をする
Ⅲ. 通常の運営、大規模な整備、特別なイベント、寄付、および資産規模の拡大に必要な経済的支援を得る
  a. 毎年行われる会員の募集：12月の「キャンドルに火を灯す」キャンペーン
  b. 特別イベントを通した資金調達：野生生物フェスティバル、地球のリズム・コンサート、りんごフェスティバル、キルト・オークション、探鳥会など
  c. 助成金

d. 基金の寄付キャンペーン
　　e. 遺贈される寄付や不動産に関するプランニング

　そのほか、対象となる利用者、要求されうる責任、活動計画（アクションプラン）が含まれます。私たちはアールウッドのディレクター、チャリティ・クルーガー氏に、ネイチャーセンターを維持し、成長させつづけることは、作りだすのと同じくらい困難だが、やりがいがあることだと言われました。実際、ネイチャーセンターを作った時に確立したネットワークは、ネイチャーセンターの原動力にもなります。このネットワークは広げつづけていかなければなりません。物事を見通し、人びとの結節点となる能力が、組織の寿命を決めるのです。

　非営利の情報センターなど、地元のプランナーが力になってくれることがあります。ネイチャーセンター理事協会では、ネイチャーセンターの開発にともなう戦略プランの作成を支援しており、これまでの記録を保管しています。あなたの組織が長く存続するかどうかは、堅実な戦略プランの有無によって決まります。一方、思いがけない機会や危機がもちあがった際には、変化に対する許容力がきわめて重要になります。

> **叡智へのひと言**
>
> これでは四角四面にすぎると感じるかもしれません。ただ、資金提供者はこのような形で情報を提供されることを求めていることを理解してください。戦略的なプランニングなしでは充分な資金を得ることはできません。また、目の前に課されたどんな仕事にも圧倒されないように。あなたが努力していれば、必ず誰か助けてくれる人が現れることを保証します。これは、私たちが発見した宇宙の法則です。だから、確信を持って続けてください。

運営方針

　ネイチャーセンターがコミュニティの草の根運動として創設された場合、大勢の人が関わっています。一人ひとりがアイディアや発展させるエネルギーをもっているもので、考えぬかれたガイドラインがないと、ある人が尽力したことを他のボランティアが台無しにしてしまうなどということが起きかねません。こういった衝突が避けられれば、上手くコーディネートされたセンターにしていくことができます。職員に関する方針を決め、必須条件を示しておけば、深刻な法的問題を避けることができます。センターの運営やメンテナンスに関して、設定されたガイドラインに従って処理すべ

き重要な問題もたくさんあります。

　手を加えることのできる建物と大切に守っていく土地を手に入れた時の感動は言い表しがたいものですが、手順や方針についてはすぐに思いつかないものです。しかし、明確な方針を立てることで難しい人事トラブルをも回避できるのです。以下はネイチャーセンターの成熟したときに生じる問題のリストです。

1. 職員、ガイド、ボランティア、それぞれの職務の明確化
2. 権限の所在（組織図）
3. 会員制度の規約
4. ネイチャーセンターについてメディアに発表する際の規定（PRプラン）
5. 財務処理の規定
6. 土地の管理計画
7. 土地の購入計画

他に必要に応じて考慮すべき点

1. 開館時間
2. 施設利用の規則
3. 一般向けイベントのガイドライン
4. インタープリテーションの技術
5. 建物の修復と管理、記録、手順（ボランティアにスタッフをまかせる場合には、水道の元栓や電気の配電盤がどこにあるのか教えておく必要があります。こうした施設の概要を、ボランティアのトレーニング・マニュアルに記載してもよいでしょう）
6. 特殊な施設の管理に関するガイドライン（本やネイチャーグッズの売店、生きた動物の展示、事務室、ディスカバリールームやディスカバリー・ボックス、学校向けの野外教室プログラム、チャリティーイベントなど）

　いつかはあなたの組織も固有の事情に配慮した分厚いマニュアルを持つことになるでしょう。危機対応が方針を作るきっかけになりますが、よい方針は危機的な状況を防ぐことができるのです。

第 14 章　希望

トケイソウ、「芳香の花」

　私の経験において、自然とは、街を離れて牧場へ行った時に、最も深くふれあえるものでした。牧場に着くと、私はすぐに偉大な生命のリズムに波長に合わせました。空に浮かんでいるのが新月か、満月かわかっていたし、月夜の闇も知っていました。嵐が来ると、バリバリと音をたてる稲光りと荘厳な雷鳴に震えました。雨あがりの花の香りと草のにおいで、優しい心と嗅覚を再発見しました。こうした季節や天候ごとに体験したことは、人生で最も不可欠で新鮮な体験です。――ものすごく重要な体験ですから、休暇や数少ない休日のためだけのものにできないのです。　　　　　　　　　――レディバード・ジョンソン
〔アメリカ合衆国第36代大統領リンドン・ジョンソンの妻であり、晩年にいたるまで環境保護運動へ積極的な支援をおこなった。レディバード（テントウムシ）の愛称で知られる〕
『ハートランド新聞』

　ネイチャーセンターを産み育てるということは、もう未知のプロセスではないはずです。ネイチャーセンターを創るという大きな絵を描いてみせましたが、皆さんを畏縮させてはいませんよね。最初は、私たちも組織開発やボランティアマネジメントの技術などもっていませんでした。訓練を積んだナチュラリストでも、プロの管理人でもありませんでした。私たちの生活はすでに忙しく、コミュニティで草の根運動を始

「自然とのふれあいは、世界全体を身近にする」
——ウィリアム・シェイクスピア

める時間もなく、おまけに保守的なコミュニティに住んでいました。私たちは、どうかしていたに違いありません。でも、ありがたいことに！　プロジェクト全体を通して、私たちは人々に自然と楽しく意義深い関係をもってもらうプログラムを創造するという特権を手に入れることができたのです。それが、私たちへの報酬でした。そう、私たちの前には、シュバイツアー博士の語ったあの「生命への畏敬の念」があるのです。

　子どもたちのはしゃぐ声、高齢者の瞳に映る喜び、来訪者が見いだす穏やかさ——こうした貴重な瞬間が、私たちをこの旅路へ駆り立ててきました。小さなボルン市に、永遠に自然のままで残されるサンクチュアリと、自然保護を普及する教育センターを贈るまでの旅路です。ネイチャーセンター創設の動きは、草の根運動として広がりつつあります。あなたのセンターは、年間予算100万ドル（約8,000万円）のモンスター級になったり、あなたの生涯を事務室に閉じこもるものであったりする必要はありません。小規模で、管理できる身の丈のままで維持し、機会が訪れたら大きくしていけばいいのです。

　プロジェクトが進むにつれ、あなたのメッセージや教えたいと思う内容も変わってゆきます。自然への愛情が深まるにつれ、自分の信念をもとに行動を起こすことがいかに重要かを、あなた自身が理解するようになってくるでしょう。

希望

　自然から隔離されてしまった今、どうすれば人間は他の生き物あるいは人への慈しみを感じることを学べるのでしょう？　私たちが、人間性というものを他の生物とは異なるものと認識しているかぎり、動物園の動物たちが示してくれている重要な教訓を見落としつづけることでしょう。私たちは皆、自然との関わりが必要なんです。食物や水、資材などとしてではなく、もっと微妙な、それでいて強力な理由があるので

シェーバーズクリーク環境学習センター

> 私たちの課題は、自らを自由に解き放つことにほかなりません。(……) 共感の環を広げ、すべての生き物と自然、その美しさを包みこむことによって。
> ——アルベルト・アインシュタイン
>
> 人は、すべての生き物にまで共感の環を広げないかぎり、自身で平和を見いだすことはない。
> ——アルベルト・シュバイツアー

す。環境心理学者は、人も、他の地球上の動物と同じように、自然からしか得られない元気の源が必要だという見解を述べています。私たちは皆、ひとりの人間として何らかの自然との触れ合いが必要です。庭やペット、休暇、公園、林の中の散歩などでいいのです。自然の中を散歩することによって、魂のシンフォニーが奏でられ、心の薬になるのです。

　変化の兆しは、風の中にあります。多くの人が何らかの形で自然とのつながりを手に入れています。ガーデニング（アメリカで最も人気のある余暇活動）、キャンプ、ハイキング、サイクリング、水辺のレクリエーション、ゴルフ、その他野外のレクリエーションや自然に関するテレビ番組もそうです。公園はかつてないほど混み合っています。私たちは本能的に自然の美しい場所に惹きつけられ、こうした場所は、私たちをリフレッシュさせるようです。休暇はしばしば自然環境への巡礼に費やされますが、それでも飽きたりません。私たちは、室内を人工的な木目で装飾し、実物あるいは人工の観葉植物を置き、壁には、自然を描いた絵画や窓をつけるのです。窓は都市で働く人々にとって、オフィス環境の中で最も必要とされるものです。窓の多いオフィスで働く人は、風邪をひくことが少ないといいます。近隣の環境がどうあれ、自然光の入らない家を好む人は本当にわずかしかいません。

　都市においても、私たちはランドスケープデザインや植樹、自然を取り入れた進歩的な都市計画、室内には鉢植えを置き、自然と呼応する建物、自然の色や形を取り入れたインテリアデザインなど、本能的に大地との絆を求めつづけています。しかし、集合住宅はもちろん、郊外の住宅地に住むような平均的な子どもたちの住環境は、どんなに殺風景なことか。刈り込まれた芝と柵に囲まれた裏庭に閉じこめられた子どもたちは、自然が与えてくれる冒険や不思議と、どこで出会えるというのでしょう？

　平均的な郊外の住宅地では、芝生が歩道や柵によってチェスのゲームボードのよう

子どもたちが自然に魅了されることを手伝うことは、心弾むことです。時には地面から浮くほど！

に区切られ、子どもたちは人の家の芝生に入らないでアスファルトの上で遊ぶように教育されます。子どもたちが1日6〜8時間テレビを見ていても不思議ではありません。テレビは彼らが置かれた世界で出会える、最も興味深く、刺激的なものなのです。それでも、子どもは排水溝や公園など、命があふれる自由なところに惹きつけられます。答えは、今でも近所に残っている忘れられた自然なままの庭など、私たちの目の前にあるのかもしれません。

　この惑星を育む方法を学ぶことで、私たちも自らの癒し方を学ぶでしょう。ネイチャーセンターは、たった1人のスタッフと地味な施設しかなくても、コミュニティ全体の人々の人生に触れることができるのです。人々に愛され、街や都市の暮らしに活力を与える基地になりうるのです。全国にネイチャーセンターが普及すれば、自然保護の倫理は広く強く成長するでしょう。それぞれのコミュニティが、生命に対する畏敬の念を育めば、この惑星の生物多様性は守られ、私たちの中にある野生や創造性も保ち続けることができるのです。

　本書は、何千人もの心の優しいパイオニアが学んだ、何千という教訓の情報を盛りこんだ小さな種のようなものです。今でもこの世界には、たくさんのネイチャーセンターの種を植えて育むべき豊かな土壌があります。この種が誠実な自然愛好家の手にわたることを願っています。

モチベーションを保ちつづける

　自然に対して前向きな力であろうとしていると、否定的な力との衝突を余儀なくされることがあるものです。嫌なことを避けるということも、生き残るすべです。身体

これは人生の真の喜びです。自分が素晴らしいと思う目的のために自身を捧げること、疲れ果て、がらくたの山の上に投げ出されること、自分を幸せにするために世界が尽くしてくれないと不平不満を言う熱っぽい我がままな馬鹿者になるかわりに、自然の力になること。
　　　　　　　　——ジョージ・バーナード・ショウ

リバーベンド・ネイチャーセンター

を動かし、健康的な食事をとり、自分のための時間を作りましょう。楽しいことや遊び、自然の中にいる時間、そして小さな成功を追い求めることが、力となります。

最後に、ベテランの自然保護活動家2名からのアドバイスを紹介します。

　あなた自身が燃え尽きないこと。私のように、狂信者とは距離を置き、(……) 運動家気取りもときどき、半分だけの熱狂的なファンになろう。自分の半分は、楽しみや冒険のためにとっておくこと。土地を守るために戦うだけで満足するのではなく、楽しむことのほうがより大切なのだ。まだ、できる間に。まだ、それがあるうちに楽しむことのほうが。だから、外へ出よう。狩りや釣りをし、友とめちゃくちゃに遊び、あちこちをぶらぶら歩き、森を探検し、グリズリーに遭遇しながら山に登り、山頂を独り占めし、川を下り、甘くて澄んだ空気を深く吸う。しばらく静かに座り、貴重な静寂を鑑賞しよう。この素晴らしく、神秘的で荘厳な場所を。
　　　　　　　　——エドワード・アビー〔アメリカのナチュラリスト作家。『砂の楽園』(1968) ほか〕

　最後に言わせてくれ。やがて我われや、我われの子孫に立ちはだかる、あらゆる暗闇を前にしても、あきらめる理由はない。立ち向かう意味は充分にある。というのも、我々のもとには正しい決断を下せる人々の力があるからだ。より多くの人々、より多くの力、より多くの希望 (……) そう、イルカからインスピレーションが得られるだろう。彼らは危険に直面すると、本能的に群れをなし、自分たちや子どもたちを守り (……) 脅威に対して智慧で戦うのだ。
　　　　　　　　——ジャック＝イブ・クストー
〔フランスの海洋学者。調査船カリプソ号で海、海洋生物の研究を行う一方、それを著書、記録映画として啓蒙活動を行った〕

監訳者あとがき

　ある日のこと、北海道の自然豊かな観光地を訪ねた時、その地のことを知ろうとガイドブックを調べてビジターセンターがあることがわかり、さっそく訪ねてみることにしました。行き着いたところには立派な建物があり、入り口には「○○ビジターセンター」と書かれている。駐車場に車を止め、ワクワクしながら近づいてみると、ゆでとうきびやアイスクリームなどの旗が立ち、賑やかで人も多いのだが、どうも様子が違う。私のイメージした、周囲の自然が説明されていて、すぐ本物の自然の中に行ってみたくなるような仕掛けがあるビジターセンターとはあまりにもかけ離れていて、みやげ物が所狭しと並べられ、壁に自然の写真が申し訳ていどに掛かっているだけ。思わず「ビジターセンター」という名前の土産物屋と思ってしまいました。

　そんなとき出会ったのが、*How to Create and Nurture a Nature Center in Your Community*（あなたのコミュニティでネイチャーセンターを作り育てる方法）(Austin University of Texas Press, 1998) だったのです。このタイトルを見た時、こんなネイチャーセンターが日本にもあったらなあとすぐに翻訳を考えました。さっそく著者に会いにテキサスまで行き、快諾を得て作業に取りかかり、何とか翻訳が終わった頃、著者から「出版社を変えて再版することになったから少し待って欲しい」という連絡に驚いたものです。加えて、第二版にはお前のネイチャーセンターも紹介したいので原稿を送ってほしいというのです。こういうわけで、アメリカのネイチャーセンターを紹介したこの本に「北海道道民の森」が紹介されています。再版時に *The Nature Center Book* とメインタイトルは変わりましたが、コンセプトは「How to Create and Nurture a Nature Center in your Community」のままです。

　この *The Nature Center Book*（National Association for Interpretation, 2004）はアメリカ・テキサス州のシボロという町にある小さなネイチャーセンターのディレクターご夫妻が書かれたものです。ディレクターという肩書きからすると、著者はいかにもその道のプロといったイメージですが、2人ともそうではないということが、私がこの本に惹かれた第一の理由です。ブレントさんのお仕事はソーシャルワーカー。「私は、ネイチャーセンターを創設するのにナチュラリストである必要はないという生きた証です。『植物不適応』と自分では呼ぶ、ある種の学習障害をもっているとさえ思っています。というのも、植物の名前を覚えることが苦手なのです。自然を心から楽しんでいるのですが、専門用語はとにかく頭に入らないのです」と、本人が自己紹介に書いてあるように、自然は好きなのですが、人のほうがもっと好きなタイプです。キャロリンさんも開拓者としてこの地にやってきた先代の自然を守りたいという、普通の自然大好き人間です。お二人と話をしていると、自分の住んでいる地域の自然が大好きで、地域の人を巻

きこんでいくことが上手なソーシャルワーカーというイメージです。

　私ごとで恐縮ですが、私も今の環境教育の仕事に携わる前はソーシャルワーカーとして働いていて、自然との関わりがひらく可能性を活かしたいと思っていました。ソーシャルワーカーというと、福祉のイメージですが、活動のフィールドとして自然は非常に有効なところで、予防福祉としても、地域の自然に地域の人が触れあえる場所がもっと日本にあっても良いのにと思わずにいられませんでした。ただ、日本にも自然と触れ合う施設は多くありますが、その多くが地元の人がメインではなく、「自然を求める都会の人、受け入れる地元の人」という雰囲気です。この本に紹介されているネイチャーセンターは、地元の人が地元の自然を楽しむ施設で、そこでは自然の専門家よりもソーシャルワーカーの活躍できる場所だと私は考えています。

　前置きが長くなりましたが、この本は二部構成で第Ⅰ部はネイチャーセンターの全体像がわかるようになっています。ネイチャーセンターマニアと著者が言うように、全米の22のネイチャーセンターや多様なプログラムが紹介されています。これを読むだけでも「こんなネイチャーセンターが近くにあればなあ」と思わずにはいられません。私も1995年にはアメリカ政府USIAのInvitationプログラムで1カ月にわたって全米の環境教育施設を訪ねまわった時、多くのネイチャーセンターを訪れ（その時は彼らのシボロ・ネイチャーセンターには行かなくて残念でしたが）、地域に根ざした手作りのネイチャーセンターのほうが、行政が作った立派なビジターセンターよりよっぽど親しみを感じました。

　さらに、ネイチャーセンターの定義、歴史、その目的として「自然保護」「教育」「インタープリテーション」「レクリエーション」の4つのテーマで詳しく書かれています。その中でも、教育の項ではアースエデュケーションが取りあげられています。日本では紹介された本がほとんどなくなじみがありませんが、そのコンセプトや活動のアイディアは多くのアメリカのネイチャーセンターで使われているようです。本書で取りあげられた資料や文献の詳細は巻末にまとめています。

　第Ⅱ部はネイチャーセンターができるまでです。準備の段取りを行い、サポートを引きこみ、地域を巻きこみ、資金計画や土地の利用や保全、企画と具体的な手法が失敗談を交えながら続きます。また、この本のもう一つの特徴は、単なる全米のネイチャーセンターの紹介ではなく、シボロ・ネイチャーセンターをケーススタディにしながら、実に細かなところの説明まで、実際に苦労したことのある人しか書けない文章で書かれているところです。私も北海道でNPO法人当別エコロジカルコミュニティー（TEC）

を運営して10年になりますが、アメリカと日本の違いはあれ、一つひとつにうなずきながら読み進め、パワーをいただきました。

　この本に出会ってから10年、2011年には、この地域に根ざしたネイチャーセンターをという私たちTECから国への提言が、環境省による「NGO/NPO・企業環境政策提言」で優秀に準ずる賞をいただきました。ただ、準ずるということで優秀ではなく、結局、政策に反映されるような事業にはならなかったのが残念です。

　それから1年、3.11を迎えることになります。それまでも、著者から「いつ日本版が出版されるんだ」と再三にわたって催促を受けていましたが、TECの運営に追われる私の背中を震災は大きく押してくれました。というのも、津波への防災や福島原子力発電所の崩壊にともなう新たなエネルギー開発を考える時、地域に目を向けるということが重要になってくると感じ、そこでこのネイチャーセンターというキーワードがいよいよ意味をもってくるように思われ、やっと完成にこぎつけることができました。復興のお役に立てるんじゃないかと思っています。

　最後になりましたが、田畑世良さんに翻訳をお願いしました。そのうえで、出来上がった文章を、日本で同じような仕事をしている私の言葉に置き直して完成することにしました。わかりやすい文章を心がけましたが、理解しづらいところがありましたら、すべて私の力量不足です。意味をお汲みいただき、お読みいただければ幸いです。また、日本での実情と読者の便を鑑み、著者の了解のもと、一部の記述を割愛したこと、また索引・付録を日本語版独自のものに作り変えたことをお断りしておきます。気長におつきあいいただいた人文書院の伊藤さん、最後までユーモアをもって待ちつづけていただいたブレントさん、キャロリンさんに心より感謝いたします。

　　2012年1月

　　　　　　　　　　　　　　　　　　　　　　　　　　　　　　　山本　幹彦

参考文献

本書で言及されたものは太字で示した。

***50 Simple Thing You can Do to the Save the Earth: Completely New and Updated for the 21st Century.* By John Javna, Sophie Javna, Jesse Javna. Hyperion, 2008.** （アース・ワークスグループ編『子どもたちが地球を救う50の方法』亀井よし子・芹澤恵訳、1990年）

Acclimatization: A Sensory and Conceptual Approach to Ecological Involvement. By Steve Van Matre. American Camping Association, 1972.

Adopting a Stream. By Steve Yates. University of Washington Press, 1988.

Audubon: Natural Priorities. By Roger DiSilvestro. Turner Publishing Co., 1994.

The Brukner Nature Center Primer of Wildlife Care and Rehabilitation, 2nd ed. By Patti L. Raley, Brukner Nature Center, 1992

The Community Garden Book. By Larry Sommers. National Gardening Association, 1980.

***Common Practices in Adventure Programming.* Edited by Karl M. Johanson. Association for Experiential Education, 1984.**

Connecting People and Nature: A Teacher's Guide. By the Great Smoky Mountains Institute at Tremont, North Dakota, 1993.

Conservation Directory, 41st ed.. Edited by R. E. Gordon. National Wildlife Federation, 1996.

***Creating Community Gardens: A Handbook for Planning and Creating Community Gardens to Beautify and Enhance Cities and Towns,* 2nd Edition. By the Minnesota State Horticultural Society, 1992.**

Designing a Nature Center Discovery Room. By Dianna E. Ullery. Aullwood Audubon Center and Farm, 1987.

***Director's Guide to Best Practices.* By Norma Jeanne Byrd. Association of Nature Center Administrators, 2000.**

The Development and Status of Science Centers and Museums for Children in the United States. By Melville W. Fuller, Jr. University of North Carolina at Chapel Hill, Ph.D. thesis, 1970.

***Directory of Natural Science Centers.* Natural Science for Youth Foundation, 1990.**

Earth Child: Games, Stories, Activities, Experiments, and Ideas About Living Lightly on Planet Earth, By Kathryn Sheehan and Mary Waidner. Council Oak Books, 1991.

***Earth Education: A New Beginning.* By Steven Van Matre. The Institute for Earth Education, 1990.**

***The Earth Manual: How to Work on Wild Land Without Taming It.* By Malcom Margolin and Michael Harney, Heyday Books, 1995.**

Ecopsychology: Restoring the Earth, Healing the Mind. Edited by Theodore Roszak, Mary E. Gomes and Allen D. Kanner, Sierra Club Books, 1995.

***The Effect of Greenways on Property Values and Public Safety.* By Leslee T. Alexander. The Conservation Fund, Colorado State Parks and State Trails Program.**

Environmental Interpretation: A Practical Guide for People with Big Ideas and Small Budgets. By Sam H. Ham. North American Press, 1992.

***Environmental Restoration.* Edited by John J. Berger. Island Press, 1990.**

***Executive Leadership in Nonprofit Organizations.* By Robert Herman and Richard. Heirnovics, Jossey-Bass Publishers, 1991.**

***Extraordinary Popular Delusions and the Madness of Crowds.* By Charles Mackay, LL. D. Farrar. Straus and Giroux Publishers, New York, 1932. Originally published in 1841.**

***Full Circle: Restoring Your Habitat to Wilderness.* By Bayliss Prater and Kathleeen McNeal. Last Resort Press, 1993.**

Fund-Raising for Nature Centers: A Collection of Fund-Raising Strategies. Published by the Association of Nature Center Administrators.
The Golden Guides and Golden Field Guides. By various authors. Golden Press.
The Grass Roots Fundraising Book. By Joan Flanagan. Contemporary Books, Inc., 1982.
The Green Box. Humbolt County Office of Education, Environmental Education Program.
Green Nature/Human Nature. By Charles Lewis. University of Illinois Press, 1996.
Habitat Conservation Planning. By Timothy Beatley. University of Texas Press, 1994.
Hands-On Nature: Information and Activities for Exploring the Environment with Children. Edited by Jenepher Lingelbach. Vermont Institute of Natural Science, 1986.
Helping Nature Heal: An Introduction to Environmental Restoration. By Richard Nilsen. A Whole Earth Catalog/Ten Speed Press Publication, 1991.
How to Save a River: A Handbook for Citizen Action. By The River Network and David M. Bolling. Island Press, 1994.
***Interpretation for Disabled Visitors in the National Park System.* By David Park, Wendy Ross and W. Ellis. National Park Service, U.S. Government Printing Office, 1984.**
Interpreter's Handbook Series:
Making the Right Connections: A Guidebook for Nature Writers.
The Interpreter's Guide Book: Techniques for Programs and Presentations. (『インタープリテーション入門——自然解説技術ハンドブック』キャサリーン・レニエ、ロン・ジマーマン、マイケル・グロス著、日本環境教育フォーラム監訳、小学館、1994年)
Creating Environmental Publications: A Guide for Writing and Designing for Interpreters and Environmental Educators.
Signs, Trails, and Wayside Exhibits: Connecting People and Places.
Interpretive Centers: The History, Design, and Development of Nature and Visitor Centers. By Michael Gross and Ron Zimmerman. College of Natural Resources, University of Wisconsin-Stevens Point.
***Interpretive Planning: The 5-M Model for Successful Planning Projects.* By Lisa Brochure. InterpPress, 2003.**
Issues in Wilderness Management. By M. Frome. Westview Press, 1985.
Keepers of the Earth: Native American Stories and Environmental Activities for Children and Keepers of Life: Discovering Plants Through Native American Stories and Earth Activities for Children. By Michael J. Caduto and Joseph Bruchac. Fulcrum Publishing, 1988.
The Kids' Guide to Social Action: How to Solve the Social Problems You Choose-And Turn Creative Thinking to Positive Action. By Barbara A. Lewis. Free Spirit Publishing, 1991.
Kid Heroes of the Environment: Simple Things Real Kids Are Doing to Save the Earth. By The Earthworks Group. Earthworks Press, Inc., 1991.
Kids Camp! Activities for the Backyard or Wilderness. By Laurie Carlson and Judith Dammel. Chicago Review Press, 1995.
Lightly on the Land: The Student Conservation Association Trail-Building and Maintenance Manual. By Robert C. Birkby. The Mountaineers Publishers, 1996.
***The Manager's Guide to Program Evaluation: Planning, Contracting, and Managing for Useful Results.* By Paul W. Mattessich. Fieldstone Alliance, 2003.**
Nature as a Guide: Using Nature in Counseling, Therapy, and Education. By Linda Lloyd Nebbe. Educa-

tional Media Corporation, 1991.

Nature as Teacher and Healer: How to Reawaken Your Connection with Nature. By James A. Swan.Villard Books, 1992.

A Nature Center for Your Community. By Joseph J. Shomon. National Audubon Society, 1962.

National Park Service Trails Management Handbook. By Lennon Hooper. United States Department of the Interior.

Organizing Outdoor Volunteers, 2nd edition. By Roger L. Moore, Vicki LaFarge, and Charles L. Tracy. Appalachian Mountain Club, 1992.

Outdoor Biological Instructional Strategies (OBIS). Developed by the Lawrence Hall of Science, University of California, Berkeley, CA. (『OBIS　自然と遊び、自然から学ぶ』財団法人科学教育研究会翻訳 ,1996年)

Park Ranger Guide to Wildlife. By Arthur P. Miller, Jr. Stackpole Books, 1990.

Park Ranger Guide to Rivers and Lakes. By Arthur P. Miller, Jr. and Marjorie L. Miller, Stackkpole Books, 1991.

***People-Plant Relationships: Setting Research Priorities.* Edited by Joel Flagler and Raymond P. Poincelot. Food Products Press, 1994.**

***Personal Interpretation: Connecting Your Audience to Heritage Resources.* By Lisa Brochu and Tim Merriman. InterpPress, 2002.**

Points of Light Volunteer Community Service Catalog. Published by the Points of Light Foundation.

Prairie Restoration for the Beginner. By Robert Ahrenhoerster and Trelen Wilson. Wehr Nature Center, 1988.

***Preserving Family Lands: Essential Tax Strategies for the Landowner.* By Stephen J. Small. Landowner Planning Center, 1992.**

***Private Options: Tools and Concepts for Land Conservation.* Edited by Barbara Rusmone. Island Press, 1982.**

***Project Learning Tree Publications.* By The American Forest Institute, Inc., 1977.**

***Project WILD Activity Guides.* By the Western Regional Environmental Education Council, 1985.**

Public Relations in Natural Resources Management. By Douglas L. Gilbert. Burgess Publishing Company, 1964.

Restoration and Management Notes, published. By the University of Wisconsin Press.

***Replenish the Earth.* By Lewis G. Regenstein. Crossroad Publishing Company, 1991.**

Saving Our Ancient Forests. By Seth Zuckerman. The Wilderness Society, Living Planet Press, 1991.

Seeds of Change: The Living Treasure. By Kenny Ausubel. Harper San Francisco, 1994.

Sharing Nature with Children, 1980 (『ネイチャーゲーム 1 』日本ネイチャーゲーム協会監修、2000年)、 *Listening to Nature,1987* (『ネイチャーゲーム 3 』金坂留美子訳、1998年)、*Sharing the Joy of Nature,* 1989 (『ネイチャーゲーム 2 』吉田正人ほか訳、1998年、いずれも柏書房). By Joseph Cornell. Dawn publications.

***Signs, Trails, and Wayside Exhibits: Connecting People and Places* (Interpreter's Handbook Series). By Michael Gross, Jim Buchhol, Ron Zimmerman.**

***The Simple Act of Planting a Tree: Healing your Neighborhood, Your City, and Your World.* By Tree People with Andy and Katie Lipkis. Jeremy P. Tarcher, Inc., 1990.**

The Story Handbook: Language and Storytelling for Land Conservationists. A Center for Public Land

and People Book, The Trust for Public Land, 2002.
Soft Paths: How to Enjoy the Wilderness without Harming It. **By Bruce Hampton and David Cole. Stackpole Books, 1988.**
Sources of Native Seeds and Plants. By the Soil Conservation Society of America, 1987.
Successful Fund-Raising: A Complete Handbook for Volunteers and Professionals. **By Joan Flanagan. Contemporary Books, 1991.**
Take Action: An Environmental Book for Kids. By Ann Love and Jane Drake. World Wildlife Fund, 1992.
Talking to Fireflies, Shrinking the Moon: A Parent's Guide to Nature Activities. By Edward Duensing. Penguin Books, 1990.
Teaching Kids to Love the Earth. By Marina Lachecki, Joseph Passineau, Ann Linnea, and Paul Treuer. Pfeifer-Hamiliton Publishers, 1991.（『子どもが地球を愛するために』山本幹彦監訳、人文書院、1999年）
Thinking Like a Mountain: Towards a Council of All Beings. By John Seed, Joanna Macy, Pat Fleming and Arne Naess. New Society Publishers, 1988.
Touch the Earth: A Self-Portrait of Indian Existence. By T.C. McLuhan. Outerbridge and Dienstfry, 1971.
Trail Building and Maintenance, 2nd ed. By Robert D. Proudman and Reuben Rajala,. Appalachian Mountain Club and National Park Service Trails Program, 1981.
Universal Access to Outdoor Recreation: A Design Guide. **By PLAE, Inc., 1993.**
Vandalism Control Management for Parks and Recreation Areas. By Monty L. Christiansen. Venture Publishing, Inc., 1982.
The Voice of the Earth. By Theodore Roszak. Simon & Schuster, 1992.
Wilderness: The Way Ahead. Edited by Vance Martin and Mary Inglis. Lorian Press, 1984.
Wildlife Habitat Improvement. **By Joseph James Shomon et al, National Audubon Society, 1969**
Wildlife Planning for Tourism Workbook. **By Texas Parks and Wildlife Department, 1993.**
Willy Whitefeather's Outdoor Survival Handbook for Kids and Willy Whitefeather's River Book for Kids. By Willy Whitefeather, Harbinger House, 1994.
Wow! The Wonders of Wetlands: An Educator's Guide. By Alan S. Kesselheim, Britt E. Slattery, Susan Higgins and Mark R. Schilling. Environmental Concern, Inc., and The Watercourse, 1995.

日本語版ガイド

参考文献

『センス・オブ・ワンダー』レイチェル・L・カーソン著、上遠恵子訳、新潮社、1996年
『子どもが地球を愛するために──〈センス・オブ・ワンダー〉ワークブック』ジョセフ・F. パッシノほか著、山本幹彦訳、人文書院、1999年
『もっと！子どもが地球を愛するために──〈センス・オブ・ワンダー〉ワークブック』M・ラチェッキ／J・カスパーソン著、山本幹彦監訳、人文書院、2001年
『足もとの自然から始めよう』デイヴィド・ソベル著、岸由二訳、日経BP社、2009年
『ミュージアムの学びをデザインする──展示グラフィック＆学習ツール制作読本』木下周一著、ぎょうせい、2009年
『ハンズ・オンは楽しい──見て、さわって、遊べるこどもの博物館』染川香澄・吹田恭子著、工作舎、1996年
『ハンズ・オンとこれからの博物館──インタラクティブ系博物館・科学館に学ぶ理念と経営』ティム・コールトン著、染川香澄・井島真知訳、東海大学出版会、2000年
『こどものための博物館──世界の実例を見る』染川香澄著、岩波ブックレット362、1994年
『博物館をみせる──人々のための展示プランニング』K・マックリーン著、井島真知・芦谷美奈子訳、玉川大学出版部、2000年
『あなたの子どもには自然が足りない』リチャード・ルーブ著、春日井晶子訳、早川書房、2006年
『地球白書』毎年刊行、ワールドウォッチ研究所
『自然と友だちになるには』（子どものためのライフ・スタイル）モリー・ライツ文／キム・ツルガ絵、福井伸子訳、晶文社、1985年
『地球の上に生きる』アリシア・ベイ＝ローレル著、深町真理子訳、草思社、1972年
『パーマカルチャー──農的暮らしの永久デザイン』ビル モリソン／レニー・ミア・スレイ著、田口恒夫・小祝慶子訳、農山漁村文化協会、1993年
『世界のエコビレッジ』（シューマッハー双書）ジョナサン・ドーソン著、緒方俊雄ほか訳、日本経済評論社、2010年
『英国発グラウンドワーク──「新しい公共」を実現するために』渡辺豊博・松下重雄著、春風社、2010年
『NPOマネジメント』人と組織と地球のための国際研究所（IIHOE）、1号（1999年7月）〜72号（2011年4月）
『NPO理事の10の基本的責任』リチャード・T・イングラム著、川北秀人監訳、IIHOE、1999年
『理事を育てる9つのステップ』サンドラ・R・ヒューズほか著、川北 秀人監訳、IIHOE、2001年
『ボランティア・マネジメントと理事会の役割』スーザン・J・エリス著、川北秀人監訳、IIHOE、2000年
『非営利組織の経営──原理と実践』P・F・ドラッカー著、上田惇生・田代正美訳、ダイヤモンド社、1991年（『ドラッカー名著集4』2007年）
『インタープリテーション入門──自然解説技術ハンドブック』キャサリーン・レニエ、ロン・ジマーマン、マイケル・グロス著、日本環境教育フォーラム監訳、小学館、1994年

団体・情報源

NPO運営

認定NPO法人 日本NPOセンター　　　　　http://www.jnpoc.ne.jp/
公益財団法人 助成財団センター　　　　　　http://www.jfc.or.jp/
NPO法人 日本ボランティアコーディネーター協会　http://www.jvca2001.org/
人と組織と地球のための国際研究所　　　　http://blog.canpan.info/iihoe/

青年団体

公益財団法人 ボーイスカウト日本連盟　　　http://www.scout.or.jp/

（社）ガールスカウト日本連盟　　　　　　　　　http://www.girlscout.or.jp/
（財）日本YMCA同盟　　　　　　　　　　　　http://www.ymcajapan.org/
全国農業青年クラブ連絡協議会　　　　　　　　http://www.zenkyo4h.org/

ナチュラリスト
公益財団法人 日本野鳥の会　　　　　　　　　　http://www.wbsj.org/
日本鳥類保護連盟　　　　　　　　　　　　　　http://www.jspb.org/
全国水土里ネット（全国土地改良事業団体連合会）　http://www.inakajin.or.jp/
（財）日本土壌協会　　　　　　　　　　　　　　http://www.japan-soil.net/works.html
NPO法人 パーマカルチャー・センター・ジャパン　http://www.pccj.net/
NPO法人 日本コミュニティーガーデニング協会　　http://www.npojcga.org/
NPO法人 日本園芸療法士協会　　　　　　　　　http://www.engeiryohoshi.or.jp/
（社）日本植物園協会　　　　　　　　　　　　　http://www.syokubutsuen-kyokai.jp/
（社）日本動物園水族館協会　　　　　　　　　　http://www.jaza.jp/
（財）日本博物館協会　　　　　　　　　　　　　http://www.j-muse.or.jp/
一般財団法人 自然公園財団　　　　　　　　　　http://www.bes.or.jp/
NPO法人 日本エコツーリズムセンター　　　　　www.ecotourism-center.jp/
NPO法人 日本エコツーリズム協会　　　　　　　http://www.ecotourism.gr.jp/

環境教育
公益社団法人 日本環境教育フォーラム　　　　　http://www.jeef.or.jp/
日本環境教育学会　　　　　　　　　　　　　　http://www.jsoee.jp/
認定NPO法人
　　「持続可能な開発のための教育の10年」推進会議（ESD-J）　http://www.esd-j.org/
（株）自然教育研究センター（CES）　　　　　　http://www.ces-net.jp/
地球教育日本支部

野外活動
（社）全国森林レクリエーション協会　　　　　　http://www.shinrinreku.jp/top/index.html
公益財団法人 日本レクリエーション協会　　　　http://www.recreation.or.jp/
NPO法人 自然体験活動推進協議会（CONE）　　http://www.cone.ne.jp/
（社）日本ネイチャーゲーム協会　　　　　　　　http://www.naturegame.or.jp/
（社）日本キャンプ協会　　　　　　　　　　　　http://www.camping.or.jp/
日本アウトドアネットワーク（JON）　　　　　　http://www.jon.gr.jp/
（財）日本アウトワード・バウンド協会（OBS）　http://www.obs-japan.org/

野外活動プログラム
プロジェクトWILD日本事務局　（財）公園緑地管理財団　　http://www.prfj.or.jp/
プロジェクトWET日本事務局　（財）河川環境管理財団　　http://www.kasen.or.jp/
プロジェクトアドベンチャージャパン　　　　　　http://www.pajapan.com/
プロジェクトラーニングツリー日本事務局
　　ERIC国際理解教育センター　　　　　　　　http://eric-net.org/plt01.htm

索 引

ネイチャーセンターおよび関連団体

ネイチャーセンターにとって，かなりの助けとなる組織や団体がたくさんあります。ここにあげた組織は，全米で創設された組織の支援だけでなく，草の根の活動家も支援してきた先駆的な団体です。

4-H 青少年育成団（4Hクラブ） 4-H Youth Development　　207
　9歳から19歳の男女を対象とし，指導力開発，農業，家族，食物に重点をおいた農村組織。

あ 行

アイジャム・ネイチャーセンター（テネシー州） Ijams Nature Center　　45-46, 122, 138, 147, 258, 259-260
アイランドウッド（ワシントン州） IslandWood　　58-61, 132-133, 146
アースエデュケーション研究所 Institute for Earth Education　　78-80
　1974年設立の非営利団体で，子どもたちのライフスタイルの変革を目的とした環境教育プログラムの開発。日本支部もある。
アニタ・パーベス・ネイチャーセンター（イリノイ州） Anita Purves Nature Center　　32-34, 123
アメリカ・コミュニティガーデニング協会 American Community Gardening Association
アメリカ・バーディング（探鳥）協会 American Birding Association　　144,
YMCAキリスト教青年会 YMCA
アメリカ園芸協会 America Horticultural Society　　146
アメリカ園芸療法協会 American Horticultural Therapy Association　　146, 181
アメリカ植物園樹木園協会 American Association for Botanical Gardens and Arboreta　　151
アメリカ動物園水族館協会 American Zoo and Aquarium Association　　149
アメリカ博物館協会 American Association of Museum
アールウッド・オーデュボンセンター＆ファーム（オハイオ州） Aullwood Audubon Center and Farm
　35, 120, 122, 148, 156, 199, 264-265
アン・タイラー・ネイチャーセンター Ann Taylor Nature Center　　139
アンソニア・ネイチャー＆レクリエーションセンター（コネチカット州） Ansonia Nature & Recreation Center　　146
インディアンクリーク・ネイチャーセンター（アイオワ州） Indian Creek Nature Center　　119
ウィルダネスセンター（オハイオ州） The Wilderness Center, Inc　　57-58, 127, 136, 142, 150, 199, 238
ウェインバーグ・ネイチャーセンター（ニューヨーク州） Weinberg Nature Center　　123-124
ウォーターマン自然保護教育センター（ニューヨーク州） Waterman Conservation Education Center　　55-57
ウォナンビ化石センター（オーストラリア） Wonambi Fossil Centre　　139
エイコーン・ナチュラリスト商会 Acorn Naturalists　　81-82
エネルギー＆マリンセンター（フロリダ州） Energy and Marine Center　　148
エフィー・ユー・ネイチャーセンター（カルフォルニア州） Effie Yeaw Nature Center　　44
エルクホーン・スラウ国立野生動物保護区　　140
エルムフォーク自然保護区（テキサス州） Elm Fork Nature Preserve　　175, 185, 205, 253, 255
エンジェルアイランド州立公園（カルフォルニア州） Angel Island State Park　　61-62
オケフェノキー国立自然保護区（ジョージア州） Okefenokee　　140
オースティン・ネイチャー＆サイエンスセンター（テキサス州） Austin Nature & Science Center　　125
オックスボー自然学習エリア（ネバダ州） Oxbow Nature Study Area　　50-52
オーデュボン協会ルイジアナ・ネイチャーセンター（ルイジアナ州） Audubon Louisiana Nature Center
　48-49, 83, 195

オリンピック国立公園インスティテュート（ウィスコンシン州）　Olympic Park Institute　　150
オレゴンリッジ・ネイチャーセンター（メリーランド州）　Oregon Ridge Nature Center　　122

か　行

合衆国アクセス委員会　The U.S. Access Board　　147
　　バリアフリーの施設に関して役立つ情報を提供。
合衆国魚類・野生生物局　U.S. Fish and Wildlife Service　　170
カユガ・ネイチャーセンター（ニューヨーク州）　Cayuga Nature Center　　214
カラマズー・ネイチャーセンター（ミシガン州）　Kalamazoo Nature Center　　119, 141
ガールスカウト USA　Girl Scout of the U.S.A.　　66, 82, 92
キャノンビル・ビジターセンター（ユタ州）　Cannonville Visitor Center　　139
クリアクリーク・ネイチャーセンター（メリーランド州）　Clearwater Nature Center　　228
クリークフィールド・トレイル　Creek Field Trail　→ブラゾスベンド州立公園
グリーンウィッチ・オーデュボンセンター（コネチカット州）　Greenwich Audubon Center　　70
グリーンウェイ＆ネイチャーセンター・オブ・プエブロ（コロラド州）　Greenway and Nature Center of Pueblo　　126
グリーンバーグ・ネイチャーセンター（ニューヨーク州）　Greenburgh Nature Center　　126
グレートスモーキーマウンテン・インスティテュート・トレモント（テネシー州）　Great Smoky Mountains Institute at Tremont　　148
グレンヘレン・エコロジー・インスティテュート（オハイオ州）　Glen Helen Ecology Institute　　124
公有地トラスト　Trust for Public Land　　74
　　公園、庭園、レクリエーションエリア、原野などを保護するために活動。
ミズーリ国立レクリエーション川資源教育センター　Missouri National Recreational River Resources and Education Center　　134

さ　行

シェーカーレイク・ネイチャーセンター（クリーブランド州）　Nature Center at Shaker Lakes　　122-123
ジェノヴァ水族館（イタリア）　Acquario di Genova　　149
シェーバーズクリーク環境センター（ペンシルベニア州）　Shaver's Creek Environmental Center　　78, 169, 269
シエラ・クラブ　Sierra Club　　69-70, 82, 94, 207,
　　1892年にジョン・ミュアによって創設され、環境保護運動の最先端を担う。
シボロ・ネイチャーセンター（テキサス州）　Cibolo Nature Center　　9-28, 38, 52, 68, 69, 79, 89, 94-97, 105-106, 99, 110-118, 138, 142, 143, 152, 157, 160, 170-176, 179, 182, 183, 187, 201, 202, 204, 210, 219, 229-232, 237, 243, 257, 258, 262-264
シュルキル環境教育センター　The Schuylkill Center for Environmental Education Center　　76
シルバーレイク・ネイチャーセンター（ペンシルベニア州）　Silver Lake Nature Center　　100, 129
シンシナティ・ネイチャーセンター（オハイオ州）　Cincinnati Nature Center　　126
スクアウバレー・インスティテュート（カルフォルニア州）　Squaw Valley Institute　　71
スティーヴンス・ネイチャーセンター（ノースカロライナ州）　Stevens Nature Center　　120, 123, 137
ストニーキル農場環境教育センター（ニューヨーク州）　Stony Kill Farm Environmental Education Center　　121

青少年自然科学基金　Natural Science for Youth Foundation　29, 30, 71, 157,
　　ジョン・リプレイ・フォーブズ氏を中心に，50年以上にわたりネイチャーセンター運動を率い，ネイチャーセンターを奨励し，開発を手伝い，現場で活躍する専門家のために様々なサービスや出版物を提供。米国とカナダにおけるネイチャーセンターに関する情報を最も多く持っている。
セオドア・ルーズベルト・サンクチュアリ　Theodore Roosevelt Sanctuary　119
世界自然保護基金（WWF）　World Wildlife Found　71
セラー・バムバーガー牧場保護区（テキサス州）　Selah, Bamberger Ranch Preserve　46-48, 163
セントラルパーク（ニューヨーク）　Central Park　69
全米アクセサビリティセンター　National Center on Accessibility　147,
全米インタープリテーション協会　National Association for Interpretation　37, 38, 68, 82-84, 156-157
　　NAIはインタープリテーション（公園，動物園，ネイチャーセンター，史跡，博物館，水族館などで行われる教育プログラム）の専門性の向上を目的とし，米国，カナダの他，30か国4,500人を超える会員にワークショップや各種資格認定などのサービスを提供している。
全米オーデュボン協会　National Audubon Society　10, 14, 17, 30, 33, 34, 57, 70-71, 82, 94, 144, 161, 207, 223, 247
　　米国におけるネイチャーセンターの発展をリードしてきた団体で，1960年代に初のネイチャーセンターのハウツー本やトレイル作りに関する書物を出版。
全米バード・フィーディング協会　National Bird Feeding Society　144
全米野生生物リハビリテーション協会　National Wildlife Rehabilitators Association　145

た　行

体験学習協会　Association for Experiential Education　181
チッペワ・ネイチャーセンター（ミシガン州）　Chippewa Nature Center　239
チャッタフーチー・ネイチャーセンター（ジョージア州）　Chattahoochee Nature Center　121
チルドレンズ・スクールハウス自然公園（オハイオ州）　Children's Schoolhouse Nature Park　43-44
チンコティーグ国立自然保護区（オーストラリア）　Chincoteague National Wildlife Refuge　140
ツリーヘイブン・フィールドステーション（ウィスコンシン州立大学スティーブンス・ポイント校）　Tree-haven Field Station　199
ティータウンレイク保護区（ニューヨーク州）　Teatown Lake Reservation　123
ディープ・ポーテージ保護区（ミネソタ州）　Deep Portage Conservation Reserve　124
ディロン・ネイチャーセンター（カンザス州）　Dillon Nature Center　29, 131, 136, 148
デラウェア自然学会（デラウェア州）　Delaware Nature Society　126, 149, 157
　　デラウェア大学の協力により，環境関連施設運営セミナーを開講。アッシュランド・ネイチャーセンターとアボッツミル・ネイチャーセンターのほか3つの保護区を運営し，一般や教員向けの教育プログラムを実施している。
　　アッシュランド・ネイチャーセンター　Ashland Nature Center　126, 149
　　アボッツミル・ネイチャーセンター　Abbott's Mill Nature Cente　126
ドッヂ・ネイチャーセンター（ミネソタ州）　Dodge Nature Center　165
ドランゴ・ネイチャーセンター（コロラド州）　Durango Nature Center（Durango Nature Studies）　35-37, 162,

な行

ニールウッズ　Neale Woods　→フォンテネーレの森ネイチャーセンター
ザ・ネイチャー・コンサーバンシー　The Nature Conservancy　22, 41
　　生き物が生息するための土地や海，河川などの保全を通じて，地球上における生物多様性の維持に必要な動植物，自然の生態系を保護することを使命とする。世界でも最大規模の自然保護区を管理する民間団体であり，日本にも代表がある。
ネイチャー・ディスカバリーセンター（テキサス州）　Nature Discovery Center　120,
ネイチャーセンター理事協会　The Association of Nature Center Administrators（ANCA）　30, 38, 67, 100, 156-157, 185, 235
　　1989年に発足した非営利団体で，ネイチャーセンターのリーダーのための専門的な組織作りを目的とし，ネットワークをとおして自然や環境を学ぶ施設のディレクターや理事に専門的なサービスを提供するアメリカで唯一の組織。
ノースケダレン自然遺産センター（ウィスコンシン州）　Norskedalen Nature & Heritage Center　124-125, 150
ノースチャグリン・ネイチャーセンター（クリーブランド州）　North Chagrin Nature Center　133

は行

パイン・ジョグ環境教育センター（フロリダアトランティック大学教育学部）　Pine Jog Environmental Education Center　52, 199
博物館・図書館サービス研究所　Institute of Museum and Library Services
ハシャワ環境センター（メリーランド州）　Hashawha Environmental Center　199
ハートオブサンド・ネイチャーセンター　The Heart of Sands Nature Center　→ホワイトサンズ・ナショナル・モニュメント
バトルクリーク・サイプレス沼ネイチャーセンター（メリーランド州）　Battle Creek Cypress Swamp Nature Center　41
バルモレア州立公園（テキサス州）　The Balmorea State Par　149
ビスケイン国立公園（フロリダ州）　Biscayne National Park　225
ヒデンオークス・ネイチャーセンター（バージニア州）　Hidden Oaks Nature Center
ピネーラン公園ネイチャーセンター（メリーランド州）　Piney Run Park and Nature Center　123
ビーバークリーク保護区（ウィスコンシン州）　Beaver Creek Reserve　126
ファウンテンクリーク・ネイチャーセンター（コロラド州）　Fountain Creek Nature Center　74, 123
ファーンバンク科学センター（ジョージア州）　Fernbank Science Center　150
フォートワース・ネイチャーセンター＆保護区（テキサス州）　Fort Worth Nature Center and Refuge　105, 219-220
フォンテネーレの森ネイチャーセンター（ネブラスカ州）　Fontenelle Forest and Nature Centers（Fontenelle Nature Association）　30-32, 70, 119-120, 149, 199
ブラゾスベンド州立公園（テキサス州）　Brazos Bend State Park　147
ブラックエーカー州立自然保護区（ケンタッキー州）　Blackacre State Nature Preserve　42-43
ブラックストーン・リバーバレー　Blackstone River Valley　72, 84, 88
フラットロックブルック・ネイチャーセンター（ニュージャージー州）　Flat Rock Brook Nature Center　44-45, 121
ベアクリーク・ネイチャーセンター（コロラド州）　Bear Creek Nature Center-　121-122, 136, 140

ベアブランチ・ネイチャーセンター（メリーランド州） Bear Branch Nature Center　123
ベギッチ，ボグズ・ビジターセンター（アラスカ州） Begich, Boggs Visitor Center　141
ヘッドランド・インスティテュート（カルフォルニア州） Headlands Institute　71, 100, 137
ボーイスカウト・アメリカ協会　Boy Scouts of America　66, 82, 92
北海道道民の森（日本）　62-64
ポール・J・レイニー・サンクチュアリ（ルイジアナ州） Paul J. Rainey Wildlife Sanctuary　70
ホワイトサンズ・ナショナル・モニュメント（ニューメキシコ州）White Sands National Monument　37-41

ま 行
マーティンパーク・ネイチャーセンター（オクラホマ州） Martin Park Nature Center　103, 142
マニトガ協会／ラッセル・ライト・デザインセンター（ニューヨーク州） Manitoga / The Russel Wright Design Center　50
マンヤラ国立公園（タンザニア） Manyara National Park　252

や 行
ヨセミテ・インスティテュート（カルフォルニア州） Yosemite Institute　71

ら 行
ライ・ネイチャーセンター（ニューヨーク） Rye Nature Center　125,
ランジ保護ネイチャーセンター（ミズーリ州） Runge Conservation Nature Center　258-259
ランダルダヴェイ・オーデュボンセンター（ニューメキシコ州） Randall Davey Audubon Center　138
リオグランデ・ネイチャーセンター州立公園（ニューメキシコ州） Rio Grande Nature Center State Park　125-126
リバーエッジ・ネイチャーセンター（ウィスコンシン州） Riveredge Nature Center　100, 146
リバーサイド・ネイチャーセンター（テキサス州） Riverside Nature Center　52-54, 140, 228
リバーサイド公園都市環境センター（ウィスコンシン州） Urban Ecology Center Riverside Park　54-55, 126, 139
リバーベンド・ネイチャーセンター（ミネソタ州） River Bend Nature Center　110124271
ルイジアナ・ネイチャーセンター　→オーデュボン協会ルイジアナ・ネイチャーセンター
レイク|フラート設計事務所（テキサス州）　Lake|Flato　18-21, 151
レイク・ダーダネル州立公園（アーカーンソー州） Lake Dardanelle　139
レイクサイド・ネイチャーセンター（ミズーリ州）Lakeside Nature Center　145, 150
ロラドタフト・フィールドキャンパス（イリノイ州）　Lorado Taft Field Campus　77, 142, 252

わ 行
ワイメアバレー・オーデュボンセンター（ハワイ州）　Waimea Valley Audubon Center　71

事　項

NPO／非営利団体　　31, 35, 56, 61, 63, 97, 101, 161, 163, 193, 194, 217, 229, 235, 237
NPO法人設立　　193
SAGEプログラム　　116-118, 119　⇔高齢者
SEEDプログラム　　118

あ　行
安全性　　84, 164, 175, 203-204, 242, 251
委員会　　194, 197-199
インタープリテーション　　23, 39-41, 67-68, 83-84, 98, 99, 262-263, 266
インタープリテーションの仕掛け　　104-106, 143, 256
インターンシップ　　55, 98
運営方針　　265-266
エコツーリズム　→観光客
えさ場　　249
餌付け　　142, 253
園芸療法　　146, 181　⇔ガーデニング，コミュニティガーデン
お願いリスト　　19-20, 60, 209, 228
温室　　145-146

か　行
ガーデニング　　21, 45, 92, 114, 117, 145, 146, 177, 178, 181, 269　⇔園芸療法，コミュニティガーデン
会員制度　　107, 114, 132, 188, 200-203, 229, 232, 235-236, 239, 241, 255, 259, 263, 264, 266
介護施設　　117, 181
外来種／在来種管理　　112, 115, 242, 248
家族　　82, 119, 169
学　校　　15, 22-23, 32-33, 43-44, 66, 77-78, 83, 97, 111, 119, 120, 175, 206, 211, 214-215, 217, 263, 266
活動計画（アクションプラン）　　27, 191, 227, 258-259, 262-263　⇔マスタープラン
カリキュラム　　23, 44, 67, 77, 80, 111
環境活動家　　176-177, 223
環境教育　　4, 6, 10, 17, 23, 29, 32, 33, 41-43, 45, 50, 59, 62-64, 71, 76-83, 110-112, 148, 156, 157, 199, 239
観光客　　64, 66, 170-172, 174, 216, 219
管理実践エリア　　247
企業／ビジネス　　171, 175, 191, 207, 211, 214, 216-217, 228, 239
基金／財団　　18, 34, 58, 71, 99-100, 128, 139, 176, 190, 194, 203, 207, 229-237, 239, 255,
ギフトショップ／売店　　47, 49, 55, 72, 96, 104, 136-138, 229, 230, 232, 266
教育　→学校、環境教育
教育活動エリア　　247

教師　　5, 14, 23, 34, 40, 55, 59, 61, 77, 81, 97, 110-111, 163, 170, 203, 217, 247
口コミ　　209
グリーン建築／エコ建築　　18, 21-22, 138, 146-147
原生景観　　142, 146, 178
原生自然エリア　　74-75, 176, 247, 250, 264
コアグループ　　96, 164-166, 187-189, 193, 205, 209
広報／PR　　157, 159, 172, 187, 108-209, 214, 227, 235　⇔マーケティング
高齢者　　87, 116-118, 119, 148, 181, 207, 268　⇔障がい者，バリアフリー
コスト　　47-48, 85, 133, 141, 190, 210-211, 220-227
個体数調査　　249-250
子ども　　5, 10, 21, 23, 28, 31-37, 40, 43, 44, 46, 55-56, 58-61, 63, 77, 84, 86-88, 104, 108-115, 122-126, 159, 169, 181, 200, 204, 243, 245, 268, 270
ゴミ処理　　133, 135, 245, 252
コミュニティガーデン　　145, 175, 178　⇔園芸療法，ガーデニング
コミュニティの資源　　206-207
壊れやすいエリア　　132, 134, 251, 256
コンポスト／堆肥作り　　23, 66, 103, 122-123, 135, 143
コンポストトイレ　　→トイレ

さ　行

障がい者　　116-118, 147-148, 180-181, 218　⇔高齢者，バリアフリー
参加（既存のネイチャーセンターに）　　155, 158-161, 189, 260
飼育展示　　44, 143-144, 247
シェルター設置　　249
資金調達　　11, 23, 29, 30, 37, 40, 41, 55, 62, 83, 99-101, 127, 139-141, 150-151, 157, 159, 163, 173, 176, 188, 190, 196, 200, 206, 217-218, 231-240, 256, 258, 263, 264
自己開発　　155-158
自然保護　　4-6, 10, 15, 21-23, 49, 55-56, 61, 65-76, 81-84, 104, 105, 110, 112, 114, 146, 149, 157, 162, 167, 170, 175, 176-177, 179, 222-223, 242-250, 268, 270
自然保護活動家　　16, 45-46, 106, 177-178
室内展示　　137, 140-142　⇔野外展示
事務局長　　99, 100, 196-198, 212
使命／ミッション　　17, 29, 30, 67, 74, 76, 104, 106, 112, 158, 186, 188, 193, 195-197, 199-200, 228
地元住民／地域の人々　　41, 103, 167, 168, 246
宿泊施設　　99, 133, 148
樹木園／森林展示　　17, 22, 54, 119, 150, 151, 247
商工会議所　　16, 27, 28, 107, 170-171, 200, 207, 211, 216, 264
植物園　　29, 150
助成金　　37, 40, 46, 48, 54, 57, 60, 83, 99, 128, 141, 159, 163, 176, 190, 193, 229, 232, 235-236, 240, 255
人件費／給与　　100, 104, 133, 141
森林管理　　249
水族館／水槽展示　　17, 29, 83, 96, 137, 144, 148-149

水中観察エリア　148-149
政治　181, 116-117, 222-223
精神世界　10, 124, 178-179
生息地（居住地近くの）　142, 146, 242
生息地保護　93, 248-249
生物多様性　17, 60, 244, 270
戦略プラン　196, 228, 260-265
草原管理　176, 248

た　行
体験農場　54, 148
代替エネルギー　146-147
地方自治体／行政　11, 13, 24, 69, 73, 98, 99, 111, 143, 175-176, 194, 215-216, 238
駐車場　17, 107, 132, 134, 138, 164, 245, 252, 256
定款　193, 196
展示　→飼育展示，室内展示，野外展示
天文台／天体観測所　58, 150
トイレ　39, 42, 55, 107, 132-134, 137, 146, 147, 245
コンポストトイレ　42, 133, 146
都市計画　88, 175-176
土壌浸食抑制　249, 251
土地管理　22, 24, 69, 73, 76, 112, 115, 132, 241-246, 256, 266
　　湿地管理　248
　　放牧地管理　248
　　牧草地管理　112, 176, 248, 249
　　水辺管理　26, 248
「友の会」組織　11, 41, 68, 138, 164, 190
トラスト　74-76
トレイル
　　設置　97, 113, 135, 159, 164, 180, 181, 245, 250-252
　　マナー　245, 252-254

な　行
内規　97, 193, 194, 196, 223
ニュースレター　23, 91, 94, 109, 137, 155, 158, 163, 191, 203, 209-213, 216, 234, 236, 256, 263, 264
農家　146, 163, 176-177, 244
飲み水　136, 137
野焼き　119, 121, 248

は　行
バリアフリー　19, 20, 147-148　⇔高齢者，障がい者
反対意見／対立　219-222　⇔摩擦

非営利団体　→ NPO
ビジョン　　25, 41, 77, 122, 186, 189-190, 228
標識・看板／サイン　　135-136, 142, 147, 228, 242, 251, 256
ファーマーズマーケット　　146
福祉団体／サービス機関　　92, 175, 207, 214-215, 218
プレゼンテーション　　17, 70, 104, 106, 108-109, 140, 143, 208,
文化遺産・歴史遺産　　73, 83, 42, 150, 156
ヘルスケア施設　　181
法的責任　　194, 203-204
簿記会計　　137, 230-232
牧場主　　163, 176-177
ボランティア・コーディネート　　83, 91-98, 109, 157, 161, 185-186, 201
本部施設　　17, 136-140, 260

ま　行
マーケティング　　196, 235, 256　⇔広報
摩擦　　24, 25, 81, 161, 188, 205, 219-222, 255, 265　⇔対立
マスコミ／メディア　　203, 207, 213-214, 235, 236, 266
マスタープラン／基本計画　　24, 26, 32, 257, 195, 255-260　⇔活動計画
水場（動物のための）　　113, 249
未来の世代　　4, 73, 74, 78, 181-182　⇔子ども

や　行
野外展示　　142-143　⇔室内展示
野外劇場　　17, 44, 96, 137, 138, 143
　野外ステージ　　17, 96
野生動物管理　　⇔外来種／在来種管理
　捕食動物管理　　249
　猛獣管理　　249
野生動物のリハビリ　　127, 144-145
野草　　3, 33, 47, 53, 77, 95, 112, 114, 177, 247-248, 255, 262
やぶ管理　　247
用地選定　　161-164
予算　　11, 138, 196, 215, 227-232, 238, 256

ら　行
リサイクル　　2, 42, 61, 66, 83, 143,
理事会　　51, 97, 98, 158-163, 185, 188, 193-198
レクリエーション　　4, 6, 21, 55, 64, 66, 69, 71, 74, 83, 86-88, 168, 174, 175, 178, 180-181, 215, 251, 269

監訳者紹介

山本幹彦（やまもと　みきひこ）

京都生まれ。（財）京都ユースホステル協会で環境教育事業部を立ち上げた後、2000年に北海道へ移住。2002年にNPO法人　当別エコロジカルコミュニティーを設立。代表理事。道民の森での森林環境教育を中心に、幼児の森のようちえん、小学生の宿泊体験、大学での講師、現職教師や指導者育成ワークショップ、まちづくりを通してエコロジカルコミュニティー作りをめざしている。石狩郡当別町在住。訳書に『子どもが地球を愛するために』『もっと！子どもが地球を愛するために』（ともに監訳、人文書院）など。

訳者紹介

田畑世良（たばた　せら）

東京世田谷育ちの日米ハーフ。多摩美大と学芸大学大学院卒、高校美術教諭を経て、（株）自然教育研究センターの門をたたいたことをきっかけに、環境教育に関わる。持ち前の英語力と描写力を活かして、ワークショップやスタディツアーの通訳、教材や書籍の翻訳、ハンドブックや図鑑、野外展示などのイラストを手がける。高尾山1号路、6号路の野外展示、『イルカ・クジラの海』（偕成社）のイルカ解剖図等。現在は東京立川にある「ふじようちえん」で事務に勤しんでいる。

ネイチャーセンター
あなたのまちの自然を守り楽しむために

2012年2月20日　初版第1刷印刷
2012年3月10日　初版第1刷発行

著　者　ブレント・エヴァンズ／
　　　　キャロリン・チップマン−エヴァンズ

監訳者　山本幹彦

訳　者　田畑世良

発行者　渡辺博史

発行所　人文書院
　〒612-8447　京都市伏見区竹田西内畑町9
　　電話075-603-1344　FAX075-603-1814
　　URL：http://www.jimbunshoin.co.jp/

制作協力　　（株）桜風舎
装　丁　　田端　恵　（株）META
印　刷　　創栄図書印刷株式会社
製　本　　坂井製本所

落丁・乱丁は送料小社負担にてお取替えいたします。

©JIMBUN SHOIN, 2012 Printed in Japan
ISBN 978-4-409-23049-7 C0036

Ⓡ〈日本複写権センター委託出版物〉
本書の全部または一部を無断で複写複製（コピー）することは，著作権法上での例外を除き禁じられています。本書からの複写を希望される場合は，日本複写権センター（03-3401-2382）にご連絡ください。

—— 好評既刊書 ——

子どもが地球を愛するために
〈センス・オブ・ワンダー〉ワークブック

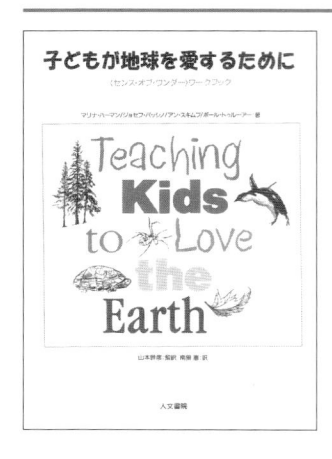

マリナ・ハーマン ほか 著
山本幹彦 監訳　南里憲 訳

総合的学習の時間に役立つ
環境教育実践編第一弾！

「探検」「発見」「わかちあい」
そして「情熱」
「好奇心」から始まる自然体験活動
マニュアル

本体価格2000円

もっと！ 子どもが地球を愛するために
〈センス・オブ・ワンダー〉ワークブック

マリナ・ラチェッキ／
ジェイムス・カスパーソン 著
山本幹彦 監訳　目崎素子 訳

好評既刊書第二弾！
レイチェル・カーソンの
〈センス・オブ・ワンダー〉
「地球と手を携えた暮らし」を
取り戻すために

本体価格2000円

—— 価格は2012年3月現在 ——